STARK

ABITUR

Prüfungsaufgaben
mit Lösungen

2013

Mathematik

Leistungskursniveau
Gymnasium
Sachsen-Anhalt
2006 – 2012

STARK

ISBN 978-3-8490-0126-1

17. ergänzte Auflage
www.stark-verlag.de

Inhalt

Abiturprüfung 2008: Leistungskursniveau

Abiturprüfung 2009: Leistungskursniveau

Abiturprüfung 2010: Leistungskursniveau

Abiturprüfung 2011: Leistungskursniveau

Abiturprüfung 2012: Leistungskursniveau

Jeweils zu Beginn des neuen Schuljahres erscheinen die
neuen Ausgaben der Abiturprüfungsaufgaben mit Lösungen.

Lösungen der Aufgaben

Wahrscheinlichkeitsrechnung/Stochastik: Ardito Messner, Schönebeck
Analysis, Analytische Geometrie: Sabine Zöllner, Magdeburg

Stichwortverzeichnis

Im Stichwortverzeichnis finden Sie eine Zuordnung von Begriffen zu den einzelnen Aufgaben bzw. Aufgabenteilen. Dadurch haben Sie die Möglichkeit, frühzeitig, also auch bereits zur Vorbereitung auf Ihre erste Klausur in der Qualifikationsphase, gezielt die geeigneten Aufgabenteile zum Üben auszuwählen.

Es bedeutet zum Beispiel

06 K-L1/a:	Abitur 2006 (Modellversuch), Aufgabe 1, Teilaufgabe a, Pflichtaufgabe Gebiet L1 – Analysis
06 L2:	Abitur 2006, Aufgabe 2, Pflichtaufgabe Gebiet L2 – Analytische Geometrie
08 L3/a, c:	Abitur 2008, Aufgabe 3, Teilaufgaben a, c, Pflichtaufgabe Gebiet L3 – Stochastik
10 L4.1/a:	Abitur 2010, Aufgabe 4, Teilaufgabe a, Wahlpflichtaufgabe Gebiet L1 – Analysis
10 L4.2:	Abitur 2010, Aufgabe 4, Wahlpflichtaufgabe Gebiet L2 – Analytische Geometrie

I. Analysis

II. Analytische Geometrie

III. Wahrscheinlichkeitsrechnung/Stochastik

Hinweise und Tipps zum Zentralabitur

Ablauf der Prüfung

Die schriftliche Abiturprüfung mit zentraler Aufgabenstellung

Seit dem Schuljahr 1991/1992 gibt es im Land Sachen-Anhalt im Fach Mathematik schriftliche Abiturprüfungen mit zentraler Aufgabenstellung durch das Kultusministerium des Landes.
Mathematik wird seit dem Schuljahr 2003/04 in der Qualifikationsphase als Kernfach im Klassenverband unterrichtet. Alle Schülerinnen und Schüler müssen eine schriftliche Prüfung – entweder auf Grund- oder auf Leistungskursniveau – ablegen. Die Inhalte der Rahmenrichtlinien Mathematik gelten einheitlich für beide Niveaustufen. Sie bestimmen schwerpunktmäßig die Inhalte und Anforderungen der Abituraufgaben. Es werden keine gesonderten Prüfungsschwerpunkte vorgegeben.

Prüfungsaufgaben

In der Prüfung werden Ihnen fünf Aufgaben vorgelegt, von denen Sie **vier Aufgaben** bearbeiten müssen:

Pflichtaufgabe 1	**Pflichtaufgabe 2**	**Pflichtaufgabe 3**
Analyis	Analytische Geometrie	Stochastik

Wahlpflichtaufgabe 4.1	**Wahlpflichtaufgabe 4.2**
Analyis	Analytische Geometrie

Wahl einer der beiden Aufgaben
durch die Schülerin/den Schüler

Die Prüfungsarbeit kann somit **entweder** aus den Aufgaben **1, 2 und 3 sowie** der Aufgabe **4.1 oder** aus den Aufgaben **1, 2 und 3 sowie** der Aufgabe **4.2** bestehen.

Dauer der Prüfung

Die Arbeitszeit im Abitur auf **Leistungskursniveau** beträgt 300 Minuten zuzüglich einer Einlesezeit von 30 Minuten. Die Einlesezeit wird gewährt, um sich mit den Aufgaben vertraut zu machen und eine der beiden Wahlpflichtaufgaben zur Bearbeitung auszuwählen.

Zugelassene Hilfsmittel

Die für die schriftliche Abiturprüfung im Fach Mathematik **zugelassenen Hilfsmittel** sind **Formel- und Tabellensammlung** (nur die von der Fachkonferenz der Schule zugelassene, im Unterricht verwendete Ausgabe), **Taschenrechner** (nicht programmierbar, nicht grafikfähig, ohne CAS), **Zeichengeräte**, die im Fach Mathematik Anwendung finden, einschließlich Kurvenschablonen, **Rechtschreibwörterbuch** (auf der Grundlage der neuen amtlichen Rechtschreibregeln).

Sämtliche Entwürfe und Aufzeichnungen gehören zur Abiturarbeit und dürfen – wie die Reinschrift – nur auf dem von der Schule ausgegebenen Papier (mit Schulstempel bzw. Aufdruck) angefertigt werden.

Inhalte und Schwerpunktthemen

Da die Inhalte der Rahmenrichtlinien Mathematik einheitlich für beide Niveaustufen gelten, sind im Folgenden Niveauunterschiede und damit Unterschiede in den Aufgaben auf Grund- und Leistungskursniveau aufgeführt:

Unterschiede im Grundkurs- und Leistungskursniveau sind insbesondere gekennzeichnet durch

- die Art und Weise der Bearbeitung der dominanten mathematischen Inhalte, die Komplexität in den Arbeitsmethoden und fachübergreifenden Betrachtungen,
- die Vielfalt des selbstständigen Anwendens und Reflektierens, des Übertragens auf neue Zusammenhänge und der Entwicklung problemlösenden Denkens.

(Prüfungs-)Aufgaben auf Grundkurs- und Leistungskursniveau unterscheiden sich folglich vornehmlich

- in der Strukturierung
  (Formulierung von Hinweisen/Impulsen, Untergliederung in Teilaufgaben, Vorgabe von Lösungswegen, ausführliche Skizzen, Ergebnisse zur Kontrolle, ...),
- im Schwierigkeitsgrad allgemein
  (Komplexität/Bekanntheitsgrad der mathematischen Inhalte, der anzuwendenden Verfahren und geforderten theoretischen Tiefe, ...).

In der folgenden Übersicht sind die **in der Qualifikationsphase dominanten Inhalte der Rahmenrichtlinien Mathematik** aufgeführt. Es ist stets zu beachten, dass darüber hinaus auch die Inhalte der Sekundarstufe relevant bleiben (z. B.: Satzgruppe des Pythagoras, Strahlensätze, Körperberechnung und Körperdarstellung, Funktionen und Gleichungen, Potenz-, Wurzel- und Logarithmengesetze, geometrische Konstruktionen und Beweise).

I. Analysis

- Zahlenfolgen (als spezielle Funktionen); Partialsummen
- Grenzwerte von Funktionen; Grenzwertsätze
- Stetigkeit; Sätze über stetige Funktionen
- Ableitung einer Funktion; Tangenten und Normalen; Ableitungsregeln
- Differenzierbarkeit; Zusammenhang zwischen Stetigkeit und Differenzierbarkeit
- Sätze der Differenzialrechnung
- Untersuchung von Funktionen und Funktionsscharen („Kurvendiskussion"; lokales/globales Extremum, Wendestellen); ganzrationale und gebrochenrationale Funktionen, Exponential- und Logarithmusfunktionen; Verknüpfungen und Verkettungen von Funktionen; grafisches Darstellen
- Näherungsverfahren zur Bestimmung von Nullstellen (grafisch, NEWTON-Verfahren)
- Bestimmen von Funktionsgleichungen aus vorgegebenen Eigenschaften
- Integration einer Funktion; bestimmtes Integral und unbestimmtes Integral; Eigenschaften des bestimmten Integrals
- Integrierbarkeit; Hauptsatz der Differenzial- und Integralrechnung
- Stammfunktionen; Integrationsregeln und Integrationsverfahren (lineare Substitution, numerische Integration)
- Anwendungen der Differenzial- und Integralrechnung (Extremalprobleme; Flächen- und Volumenberechnung; Wachstumsvorgänge)

II. Analytische Geometrie

- Koordinatensysteme der Ebene und des Raumes
- Vektoren; Rechenoperationen mit Vektoren (Addition, skalare Multiplikation) und deren Eigenschaften; Betrag eines Vektors
- Linearkombination; lineare Abhängigkeit und lineare Unabhängigkeit
- Skalarprodukt, Vektorprodukt und deren Eigenschaften (auch Spatprodukt); Winkel zwischen Vektoren
- Geraden; Gleichungen von Geraden (mit Parametern und parameterfrei); Lagebeziehungen von Geraden
- Ebenen; Gleichungen von Ebenen (Parametergleichung, Koordinatengleichung, HESSE-Normalform)
- Lagebeziehungen von Punkten, Geraden und Ebenen; analytische Beschreibung der Schnittelemente
- Winkel zwischen Geraden sowie Geraden und Ebenen
- Abstandsuntersuchungen (zwischen Punkten und Geraden in der Ebene sowie zwischen Punkten und Ebenen des Raumes)
- Kreise (in der Ebene); Gleichungen in Vektor- und Koordinatenform
- Lagebeziehungen (Punkt – Kreis, Gerade – Kreis, Kreis – Kreis); analytische Beschreibung der Schnittelemente
- Gleichung einer Tangente an einen Kreis; Tangenten an Kreise parallel zu einer Geraden
- Sachbezogene Anwendungen

III. Stochastik

- Ereignisse; Verknüpfung von Ereignissen ($A \cap B$; $A \cup B$); Vereinbarkeit und Unvereinbarkeit; (stochastische) Abhängigkeit und Unabhängigkeit
- Zufallsgrößen; Lage- und Streumaße (absolute Abweichung / mittlere Abweichung); Kenngrößen (Erwartungswert, Varianz und Standardabweichung)
- Wahrscheinlichkeit und bedingte Wahrscheinlichkeit; Pfadregeln (Produkt- und Summenregel); (spezieller und allgemeiner) Additions- und Multiplikationssatz
- Arbeiten mit Baumdiagrammen und Vierfeldertafeln
- Verteilung von (diskreten) Zufallsgrößen; Zufallsgrößen als Funktionen (Tabellennutzung)
- Binomialverteilung; BERNOULLI-Versuch; BERNOULLI-Kette; BERNOULLI-Formel
- Approximation der Binomialverteilung durch die Standard-Normalverteilung
- Näherungsbedingungen / empirische Kriterien; Bezüge zur Analysis; Eigenschaften der GAUSS'schen Glockenkurve)
- Stichproben; Repräsentativität; Mindestumfänge; Mindestwahrscheinlichkeiten
- Testen von Hypothesen; Alternativ- und Signifikanztests (Hypothesenarten, Ablehnungsbereich, Entscheidungsregel); Fehler 1. und 2. Art; Signifikanzniveau

Leistungsanforderungen und Bewertung

Die Bewertung Ihrer Prüfungsarbeit erfolgt auf der Grundlage einer Erst- und einer Zweitkorrektur. Die Erstkorrektur führt in der Regel Ihr Mathematiklehrer durch, der im letzten Kurshalbjahr den Unterricht regelmäßig erteilt hat. Die Zweitkorrektur erfolgt in der Regel durch einen anderen Mathematiklehrer Ihrer Schule. Beide Korrektoren legen gemeinsam die Bewertung durch Notenpunkte und Worturteil fest.
In die Bewertung geht zunächst einmal die **fachliche Richtigkeit** und **Vollständigkeit** ein. Ein weiteres wichtiges Bewertungskriterium ist die **Darstellungsqualität**, in welche der richtige Einsatz der Fachsprache und die Strukturierung der Ausführungen einfließen.

Sollten Sie in Ihrer Lösung unkonventionelle, aber richtige Wege gehen, so werden diese natürlich entsprechend gewürdigt.
Selbstverständlich geht auch die **Sprachrichtigkeit** (Rechtschreibung, Grammatik, Zeichensetzung) bei Erläuterungen, Beschreibungen etc. in die Bewertung ein. Hier führen Verstöße gegen die sprachliche Korrektheit oder die saubere äußere Form zur Absenkung der Leistungsbewertung um bis zu zwei Notenpunkte.

Insgesamt sind für die vier Abituraufgaben auf **Leistungskursniveau** 100 Bewertungseinheiten (BE; Aufgaben-Punkte) erreichbar, die wie folgt in Notenpunkte umgesetzt werden:

Bewertungseinheiten	96–100	91–95	86–90	81–85	76–80	71–75	66–70	61–65
Notenpunkte	15	14	13	12	11	10	09	08

Bewertungseinheiten	56–60	51–55	46–50	41–45	35–40	28–34	21–27	0–20
Notenpunkte	07	06	05	04	03	02	01	00

In den einzelnen Aufgaben der Prüfungsarbeit können Sie folgende Bewertungseinheiten erreichen:

Pflichtaufgabe 1 (Analysis) 35 BE
Pflichtaufgabe 2 (Analytische Geometrie) 25 BE
Pflichtaufgabe 3 (Stochastik) 25 BE
Wahlpflichtaufgabe 4.1 (Analysis) <u>oder</u>
Wahlpflichtaufgabe 4.2 (Analytische Geometrie) 15 BE

Signalworte

Bei der Formulierung der zentralen Prüfungsaufgaben werden sogenannte Signalworte verwendet, die sicherstellen sollen, dass alle Schülerinnen/Schüler und Lehrkräfte unter bestimmten Aufgabenstellungen das Gleiche verstehen. Damit Sie die Aufgabenstellungen korrekt erfassen können, ist es zu empfehlen, sich mit diesen Signalworten auseinanderzusetzen.

Im Folgenden finden Sie Signalworte, wie sie in Prüfungsaufgaben auftreten:

Signalworte	Beschreibung/erwartete Schülertätigkeit	Beispiele
nennen, angeben, benennen, formulieren	Das Ergebnis symbolisch, numerisch oder verbal mitteilen. Die geforderte Ausführlichkeit hängt dabei vom Kontext ab.	2009 L3/c; 2010 L3/b; 2011 L1/c; 2012 L1/b
skizzieren, grafisch darstellen	Ein Objekt bzw. einen Sachverhalt grafisch darstellen, sodass wesentliche Eigenschaften widergespiegelt werden.	2008 L1/a
zeichnen, konstruieren	Ein Objekt maßgetreu oder maßstäblich zeichnerisch darstellen. „Zeichnen" erfordert dabei gegenüber „Skizzieren" ein genaueres Beachten quantitativer Aspekte (wie Größen, Längen und Proportionen).	2007 K-L4.2; 2009 L4.1/a; 2011 L1/a; 2012 L4.1/a

Signalworte	Beschreibung/erwartete Schülertätigkeit	Beispiele
lösen, bestimmen, ermitteln	Das Ergebnis unter freier Wahl eines Lösungsverfahrens (z. B. auf grafischem Wege, auch näherungsweise oder durch systematisches Probieren) finden. Auch eine Berechnung ist möglich.	2006 K-L4.1/a; 2008 L1/a; 2010 L2/b; 2011 L3/b; 2012 L1/d
berechnen	Eine Bestimmungsaufgabe rechnerisch lösen. Dabei dürfen nur gegebene und/oder berechnete Werte verwendet werden.	2006 L2/b; 2010 L1/b; 2011 L3/a
entwickeln, konstruieren	Ein mathematisches Modell erarbeiten (z. B. für einen Hypothesentest oder Gleichungen zu einem Sachverhalt).	2007 L3/c; 2009 L3/b; 2010 L2/a
zeigen, nachweisen, beweisen, begründen	Die Wahrheit einer gegebenen Aussage bestätigen (z. B. durch Berechnungen oder Argumentationsketten). Diese Signalworte zielen auf die Sicherung von Erkenntnissen aus einer *gegebenen* Aussage.	2009 L3/a; 2010 L1/a; 2011 L1/c; 2011 L4.2; 2012 L2
schlussfolgern, herleiten, untersuchen, entscheiden, beurteilen	Aussagen aus gegebenen Sachverhalten ableiten und die Wahrheit dieser Aussagen bestätigen (z. B. durch Berechnungen oder Argumentationsketten). Diese Signalworte zielen auf die Gewinnung *und* Sicherung von Erkenntnissen.	2008 L1/c; 2009 L4.1/c; 2010 L1/a; 2011 L3/c; 2012 L3/c
erläutern, erklären, beschreiben, charakterisieren	Einen Sachverhalt (z. B. Begriffe, Sätze, Verfahren) mithilfe textgebundener Darstellungen verständlich machen.	2007 L2/b; 2008 L1/b; 2010 L3/c; 2012 L4.2/a
vergleichen, klassifizieren	Gemeinsamkeiten und Unterschiede von Sachverhalten nach vorgegebenen oder selbst gewählten Gesichtspunkten ermitteln und darstellen.	
interpretieren, diskutieren	Begriffe, Sachverhalte, Ergebnisse, Darstellungen, … (im Sachkontext) erläutern oder deuten. Sowohl beim Vergleichen/Klassifizieren als auch beim Interpretieren/Diskutieren soll über ein Objekt oder einen Sachverhalt reflektiert werden und Zusammenhänge sollen herausgestellt werden.	2007 K-L3/a; 2011 L3/a; 2012 L3/a

Methodische Hinweise und allgemeine Tipps zur schriftlichen Prüfung

Vorbereitung

- Bereiten Sie sich **langfristig** auf die Abiturprüfung vor und fertigen Sie eine Übersicht über die von Ihnen bereits bearbeiteten Themen, Inhalte und Verfahren an. Teilen Sie die Inhalte in sinnvolle Teilbereiche ein und legen Sie fest, bis wann Sie welche Teilbereiche bearbeitet haben wollen. Es ist zweckmäßig, alle schriftlichen Bearbeitungen dieser Aufgaben übersichtlich aufzubewahren, das erleichtert spätere Wiederholungen.

- Benutzen Sie zur Prüfungsvorbereitung neben diesem Übungsbuch Ihre **Unterrichtsaufzeichnungen** und das Lehrbuch.
- Verwenden Sie während der Prüfungsvorbereitung grundsätzlich die **Hilfsmittel**, die auch in der Prüfung zugelassen sind. Prägen Sie sich wichtige Seiten in Ihrer Formelsammlung ein und nutzen Sie Ihren Taschenrechner mit allen Funktionen.
- Oft ist der Zeitfaktor ein großes Problem. Testen Sie, ob Sie eine Aufgabe in der dafür vorgegebenen Zeit allein lösen können. **Simulieren Sie selbst eine Prüfungssituation.**
- Gehen Sie optimistisch in die Prüfung. Wer gut vorbereitet ist, braucht sich keine Sorgen zu machen.
- Nutzen Sie die **Checkliste** aus diesem Übungsbuch.

Während der Prüfung

- Nutzen Sie die Einlesezeit tatsächlich zum Vertrautmachen mit den Aufgaben und zur Aufgabenauswahl.
- Lesen Sie alle Aufgabenstellungen genau durch, bevor Sie mit dem eigentlichen Bearbeiten beginnen. Achten Sie dabei auf die Signalworte und Zusammenhänge in den Aufgabenstellungen.
- Es ist hilfreich, wenn Sie bei den einzelnen Aufgaben wichtige Angaben oder Informationen (z. B. gegebene Größen, Lösungshinweise) **farbig markieren** bzw. die fertig bearbeitete Teilaufgabe abhaken, um keinen Aufgabenteil zu vergessen.
- Um einen Lösungsansatz zu einer Aufgabe zu finden oder die gegebene Problemstellung zu veranschaulichen, kann das **Anfertigen einer Skizze** nützlich sein.
- Beachten Sie, dass zu manchen Teilaufgaben **„Zwischenlösungen"** angegeben sind, die Ihnen als Kontrolle dienen bzw. mit denen Sie weiterarbeiten können.
- Falls Sie mit einer Aufgabe gar nicht weiterkommen, so halten Sie sich nicht zu lange daran auf. Versuchen Sie, mit der nächsten Teilaufgabe oder mit einer anderen Aufgabe weiterzumachen. Wenn Sie die andere Aufgabe bearbeitet haben, kommen Sie nochmals auf die angefangene Aufgabe zurück und versuchen Sie in Ruhe, eine Lösung zu finden.
- Achten Sie auf die **sprachliche Richtigkeit** und eine **saubere äußere Form** Ihrer Lösungen.

Lösungsplan

Aufgrund des Umfangs und der Komplexität von Aufgaben auf Abiturniveau empfiehlt es sich, beim Lösen sehr systematisch zu arbeiten. Folgende Vorgehensweise kann Ihnen dabei helfen:

Schritt 1:
Nehmen Sie sich ausreichend Zeit zum **Analysieren** der Aufgabenstellung. Stellen Sie fest, zu welchem Themengebiet die Aufgabe gehört. Sammeln Sie alle Informationen, welche direkt gegeben sind, und achten Sie darauf, ob evtl. versteckte Informationen enthalten sind.

Schritt 2:
Markieren Sie die **Signalworte** in der Aufgabenstellung. Diese geben an, was in der Aufgabe von Ihnen verlangt wird. Vergegenwärtigen Sie sich die Bedeutung der verwendeten Fachbegriffe.

Schritt 3:
Versuchen Sie, den Sachverhalt zu veranschaulichen. Fertigen Sie gegebenenfalls mithilfe der Angaben und Zwischenergebnisse aus vorherigen Teilaufgaben eine **Skizze** an. Prüfen Sie unbedingt, ob eine hier bereits angefertigte Zeichnung/grafische Darstellung genutzt werden kann.

Schritt 4:
Erarbeiten Sie schrittweise einen **Lösungsplan**, um aus den gegebenen Größen die gesuchte Größe zu erhalten. Notieren Sie, welche Einzel- bzw. Zwischenschritte auf dem Lösungsweg notwendig sind. Prinzipiell haben Sie zwei Möglichkeiten, oft hilft auch eine Kombination beider Vorgehensweisen:

- Sie gehen vom Gegebenen aus und versuchen, das Gesuchte zu erschließen.
- Sie gehen vom Gesuchten aus und überlegen „rückwärts", wie Sie zur Ausgangssituation kommen.

Schritt 5:
Suchen Sie nach geeigneten Möglichkeiten, das Endergebnis zu **kontrollieren**. Oftmals sind bereits Überschläge, Punktproben oder Grobskizzen ausreichend.

Anhand folgender **Teilaufgaben** aus dem Abitur 2007/13 K, Pflichtaufgabe 1 (Analysis) werden diese Schritte verdeutlicht:

Gegeben sind die Funktionen f_a und die Funktion g jeweils in ihrem größtmöglichen Definitionsbereich D_{f_a} bzw. D_g durch:

$$f_a:\ y = f_a(x) = \frac{2x-4}{x+a};\quad x \in D_{f_a},\ a \in \mathbb{R},\ a \neq -2$$

$$g:\ y = g(x) = 2x - 8\ln(x+2);\quad x \in D_g$$

a) Geben Sie die Definitionsbereiche D_{f_a} und D_g an.
Ermitteln Sie die Koordinaten der Schnittpunkte der Graphen der Funktionen f_a mit den Koordinatenachsen.
Untersuchen Sie die Graphen der Funktionen f_a auf die Existenz lokaler Extrempunkte.

b) Weisen Sie nach, dass die Funktion f_2 für $x > -2$ die Funktion g als Stammfunktion hat.
Berechnen Sie die Maßzahl des Inhalts der Fläche, die vom Graphen der Funktion f_2 und den Koordinatenachsen eingeschlossen wird.

Lösungsüberlegungen zu Teilaufgabe a:

Schritt 1:

- Themenbereich: Kurvendiskussion einer gebrochenrationalen Funktion mit Parameter (Funktionenschar)
- Der Funktionsterm weist einen Parameter a im Nenner auf. Dieser bereitet jedoch beim Rechnen keine Probleme, da $a \in \mathbb{R}$, $a \neq -2$, vorgegeben ist.

Schritt 2:

- Das Signalwort „Angeben" bedeutet, das Ergebnis mitzuteilen.
- Das Signalwort „Ermitteln" bedeutet, das Ergebnis und einen dazugehörigen Lösungsweg, der aber keine ausführliche Rechnung sein muss, anzugeben.
- Das Signalwort „Untersuchen" bedeutet, eine Aussage aus dem gegebenen Sachverhalt abzuleiten.
- Der Definitionsbereich ist die Menge aller x-Werte, die in den Funktionsterm eingesetzt werden dürfen.
- Unter der Existenz lokaler Extrempunkte versteht man das Vorhandensein lokaler Hoch- bzw. Tiefpunkte.

Schritt 3:
Eine grafische Veranschaulichung ist aufgrund des Parameters nicht bzw. nur für ausgewählte Parameterwerte möglich.

Schritt 4:
- Da ein Bruchterm vorliegt, darf der Nenner nicht null werden, also D_{f_a}: $x \in \mathbb{R}, x \neq -a$
  Da eine Logarithmusfunktion vorliegt, muss das Argument des Logarithmus positiv sein, also D_g: $x \in \mathbb{R}, x > -2$
- Die Abszisse des Schnittpunktes mit der x-Achse ist eine Nullstelle von f_a. Es muss gelten: $f_a(x) = 0$

  $$\frac{2x-4}{x+a} = 0 \;\Rightarrow\; 2x-4=0,\; x=2$$

  Ergebnis: $S_x(2\,|\,0)$
- Die Koordinaten des Schnittpunktes mit der y-Achse erhält man durch Nullsetzen von x. Es muss $f_a(0) = y$ gelten, ohne dass der Nenner gleichzeitig null ist:

  $$y = \frac{-4}{a};\; a \neq 0$$

  Ergebnis: $S_y\left(0 \,\middle|\, -\frac{4}{a}\right)$
- Ausgehend von der gegebenen Funktionenschar werden mögliche Extremstellen berechnet. Da der Funktionsterm ein Bruch ist, findet zum Ableiten die Quotientenregel Anwendung:

  $$f_a'(x) = \frac{2(x+a)-(2x-4)\cdot 1}{(x+a)^2} = \frac{2a+4}{(x+a)^2}$$

  Die Nullstellen der Ableitungsfunktion sind mögliche Extremstellen:
  Die Gleichung $2a+4=0$ hat für $a \neq -2$ keine Lösung, also existieren keine Extremstellen.

Schritt 5:
Die Ergebnisse könnte man z. B. für den Parameterwert $a = 2$ „nachrechnen“ oder den Graphen der Funktion f_2 skizzieren und seinen Verlauf auf Widerspruchsfreiheit zu den vorliegenden Berechnungen prüfen.

Lösungsüberlegungen zu Teilaufgabe b:

Schritt 1:
- Themenbereich: Zusammenhang Funktion und Stammfunktion; Flächenberechnung mithilfe einer Stammfunktion
- Es sind die Funktion, die Stammfunktion und der Parameterwert $a = 2$ gegeben.
- Im Aufgabenteil a wurden die Schnittpunkte der Funktion mit den Koordinatenachsen berechnet. Diese werden jetzt benötigt, da der Graph der Funktion mit den Koordinatenachsen eine Fläche begrenzt.

Schritt 2:
- Das Signalwort „Nachweisen“ bedeutet, die Wahrheit einer Aussage zu bestätigen, also einen nachvollziehbaren Zusammenhang zwischen Ursache und Wirkung herzustellen.
- Die Funktion und die zugehörige Stammfunktion sind gegeben.
- Das Signalwort „Berechnen“ bedeutet, einen Lösungsweg und die Ergebnisse anzugeben und zwar mithilfe von Rechnungen.

Schritt 3:
Eine Skizze eines Teils des Graphen der Funktion f_2 (anhand der Ergebnisse aus Teilaufgabe a) wäre zur Veranschaulichung sinnvoll.

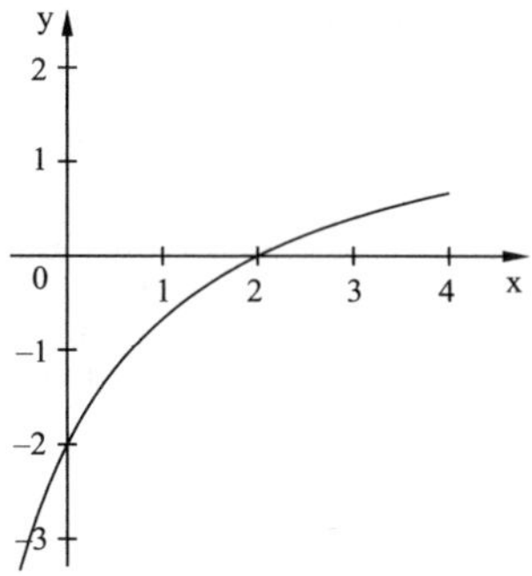

Schritt 4:
- Um nachzuweisen, dass die Funktion f_2 die Funktion g als Stammfunktion hat, kann entweder f_2 integriert oder g abgeleitet werden. Es muss dann $g'(x) = f_2(x)$ gelten. Da das Bilden der Ableitung leichter als das Integrieren ist, bietet es sich hier an, die Stammfunktion g abzuleiten und den erhaltenen Term umzuformen:

$$g'(x) = 2 - \frac{8}{x+2} = \frac{2(x+2)-8}{x+2} = \frac{2x-4}{x+2} = f_2(x) \quad \text{q. e. d.}$$

- Die Berechnung der Maßzahl des Inhalts der Fläche ist nun mithilfe des Hauptsatzes der Differenzial- und Integralrechnung möglich:

$$A = \left| \int_0^2 f_2(x)\,dx \right| = \left| \int_0^2 \frac{2x-4}{x+2}\,dx \right| = \left| [2x - 8\ln(x+2)]_0^2 \right| = |4 - 8\ln 2| \approx 1{,}55$$

Schritt 5:
Um die Fläche zur Kontrolle abzuschätzen, können in der Skizze die entsprechenden Kästchen ausgezählt werden. Man erhält ca. 1,5 Kästchen, was annähernd mit dem berechneten Wert übereinstimmt.

Zur Arbeit mit dem Übungsbuch

Das Buch enthält die in Sachsen-Anhalt in den Jahren 2006 bis 2012 auf Leistungskursniveau zentral gestellten Abituraufgaben. Von den Aufgaben der Jahre 2006 und 2007 wurden neben den Aufgaben für das Abitur nach 12 bzw. 13 Schuljahren auch die gleichwertigen Aufgaben für das Abitur nach 12 ½ Schuljahren (Modellversuch 13 K an ausgewählten Gymnasien des Landes) einbezogen. Zu allen Aufgaben wurden ausführliche **Lösungsvorschläge** sowie **Lösungshinweise und Tipps** erarbeitet.
Sie sollten stets versuchen, die Aufgaben zunächst ohne Einsichtnahme in die Lösungsvorschläge bzw. Hinweise und Tipps zu lösen. Bei auftretenden Schwierigkeiten geben die Lösungshinweise und Tipps „Schritt für Schritt“ gezielte erste Hilfen.
Alle Aufgaben und Lösungsvorschläge finden Sie geordnet nach den drei Prüfungsgebieten. Das „L“ steht dabei jeweils für Leistungskursniveau, das zusätzlich vorangestellte „K“ für die Abituraufgaben des Modellversuchs. Im Zusammenhang mit der **Übersicht der dominanten Inhalte** soll Ihnen durch die **Inhaltsübersicht** und das **Stichwortverzeichnis** das gezielte Auffinden von gewünschten Übungsinhalten in den einzelnen Aufgaben erleichtert werden.

Weiterführende Informationen

Sie finden weitere Informationen und Aufgabenmaterialien zur schriftlichen Abiturprüfung unter der Adresse **http://www.bildung-lsa.de** im Internet. Denken Sie auch daran, bei konkreten Fragen Ihre Fachlehrerin / Ihren Fachlehrer zu konsultieren.

Sollten nach Erscheinen dieses Bandes noch wichtige Änderungen in der Abitur-Prüfung 2013 vom Kultusministerium Sachsen-Anhalt bekannt gegeben werden, finden Sie aktuelle Informationen dazu im Internet unter:
http://www.stark-verlag.de/info.asp?zentrale-pruefung-aktuell

Checkliste zur Vorbereitung auf das Abitur

			Erledigt? ja	nein
1	**Zugelassene Hilfsmittel im schriftlichen Abitur**	Verwenden Sie diese Hilfsmittel unbedingt bei Ihrer Vorbereitung!	☐	☐
1.1	**Umgang mit dem Taschenrechner (TR)** Kennen Sie die Möglichkeiten Ihres TR? Sind Sie sicher im effektiven Bedienen des TR (z. B. Speichernutzung)?	Lesen Sie ggf. in der Bedienungsanleitung nach!	☐	☐
1.2	**Gebrauch der Formel- und Tabellensammlung** Wo steht was zu den drei Gebieten Analysis, Analytische Geometrie, Stochastik? Wie werden die Tabellen (Stochastik) genutzt? Arbeiten Sie gezielt mit dem Register?	Orientieren Sie sich an der Übersicht zu den dominanten Inhalten der RRL! (HINWEISE im vorliegenden Buch)	☐	☐
1.3	**Gebrauch des Rechtschreibwörterbuchs** Es nutzt Ihnen insbesondere auch zum inhaltlichen Erschließen von Begriffen.	Üben Sie die Handhabung beim Lösen von Aufgaben!	☐	☐
2	**Abiturvorbereitung anhand des vorliegenden Buches**	Lesen Sie unbedingt die HINWEISE!	☐	☐
2.1	**Persönliche Zeitplanung** Erstellen Sie einen persönlichen Zeitplan unter Beachtung inhaltlicher Schwerpunkte! Wiederholen Sie kontinuierlich mindestens einmal wöchentlich (zusammenhängende Arbeitszeit einplanen)!	Orientieren Sie sich an den Empfehlungen Ihres Fachlehrers! (Fragen Sie ggf. nach.)	☐	☐
	Konzentrieren Sie sich auf Aufgaben und Aufgabenteile, wo Sie unsicher sind bzw. Schwierigkeiten vermuten. Kennzeichnen Sie die bearbeiteten Aufgaben bzw. Aufgabenteile im Buch. Notieren Sie Fragen zu Problemen, die Sie nicht eigenständig bewältigen konnten.	Bearbeiten Sie insbesondere Aufgaben aus den Gebieten, die im Unterricht zurzeit nicht behandelt werden! Bitten Sie Ihren Fachlehrer um Hilfe! Auch Mitschüler können helfen!	☐	☐

		Erledigt? ja	nein
2.2 Vor den Klausuren Wählen Sie Aufgaben bzw. Aufgabenteile nach den Klausurschwerpunkten aus! Nutzen Sie zum Nachschlagen auch Ihre eigenen Aufzeichnungen aus dem Unterricht, Ihr Lehrbuch und ggf. weitere Medien!	Bei der Auswahl hilft das Stichwortverzeichnis! Fragen Sie Ihren Fachlehrer nach Schwerpunkten!	☐	☐
2.3 Vor der Klausur unter Abiturbedingungen („Vorabitur“) Bearbeiten Sie (mindestens) eine vollständige Abiturklausur nur mit den zugelassenen Hilfsmitteln unter Beachtung der verfügbaren Zeit! Lesen Sie alle Aufgaben der Klausur zunächst gründlich (Einlesezeit). Entscheiden Sie, mit welcher Aufgabe Sie beginnen und welche Wahlpflichtaufgabe Sie bearbeiten werden.	Sie können auch eine Klausur aus den Aufgaben verschiedener Jahrgänge zusammenstellen.	☐	☐
Kontrollieren Sie Ihre Arbeitsergebnisse anhand der Lösungen; schätzen Sie zu Ihrer Orientierung auch die erreichte Punktzahl ein. Berichtigen Sie unter Verwendung der Lösungshinweise/Tipps sowie Lösungen!	Eine Berichtigung ist nur sinnvoll, wenn Sie versuchen, Wissenslücken mithilfe Ihrer Aufzeichnungen aus dem Unterricht (auch Klausurauswertungen!), Ihres Lehrbuches und ggf. weiterer Medien zu schließen.	☐	☐
2.4 Vor der Abitur-Klausur – *noch **vier Wochen** bis zum Abitur* Wählen Sie Einzel-Aufgaben aus den drei Gebieten zur Bearbeitung aus. Legen Sie sich vor dem Bearbeiten alle (zugelassenen) Hilfsmittel einschließlich Konzeptpapier bereit. Unterbrechen Sie das Bearbeiten der jeweiligen Aufgabe möglichst nicht.	Beziehen Sie auch die eine oder andere bereits bearbeitete Aufgabe ein! So erkennen Sie, was behalten worden ist oder noch Schwierigkeiten bereitet.	☐	☐
– *noch **drei Wochen** bis zum Abitur* Wählen Sie eine vollständige Klausur zur Bearbeitung aus (siehe auch 2.3).	Beachten Sie besonders die Position 1 der Checkliste! Ihre Klausur könnte auch von einem Mitschüler korrigiert werden.	☐	☐
– *noch **zwei Wochen** bis zum Abitur* Wo haben Sie noch besonders Schwierigkeiten? Welche Fehler haben Sie gemacht? Es ist ratsam, gezielt Einzelaufgaben zum Üben auszuwählen!		☐	☐
– *noch **eine Woche** bis zum Abitur* Sie sollten grundsätzliche Vorgehensweisen durchdenken, an Einzelaufgaben erproben und sich nochmals mit den zugelassenen Hilfsmitteln vertraut machen.	Wenn nun alle Positionen der Checkliste mit einem ehrlichen „ja“ belegt sind, haben Sie sich gut vorbereitet – viel Erfolg!	☐	☐

Kernfach Mathematik (Sachsen-Anhalt): Abiturprüfung (Modellversuch) 2006
Leistungskursniveau – Pflichtaufgabe K-L1: Analysis

Gegeben sind die Funktionen f_t durch

$$y = f_t(x) = 1 + tx + e^{-x}, \quad x \in \mathbb{R}, t \in \mathbb{R}, t > 0.$$

Ihre Graphen werden mit G_t bezeichnet.

a) Untersuchen Sie das Verhalten der Funktionen f_t für $x \to +\infty$ und geben Sie eine Gleichung der Asymptoten der Graphen G_t an.
Ermitteln Sie die Art und Lage der lokalen Extrempunkte der Graphen G_t und zeigen Sie, dass die Graphen G_t keine Wendepunkte besitzen.

[mögliches Ergebnis zur Kontrolle: Ordinate der Extrempunkte: $1 + t - t \cdot \ln t$]

Ermitteln Sie eine Gleichung der Ortskurve der lokalen Extrempunkte der Graphen G_t.

Im Bild ist die Ortskurve der lokalen Extrempunkte in einem Koordinatensystem dargestellt. Zeichnen Sie den Graphen G_1 und dessen Asymptote in dieses Koordinatensystem im Intervall $-2 \leq x \leq 3$.
Weisen Sie nach, dass alle Graphen G_t genau einen gemeinsamen Punkt besitzen.
Schlussfolgern Sie aus vorhergehenden Untersuchungen den Einfluss des Parameters t auf den Verlauf der Graphen G_t. (25 BE)

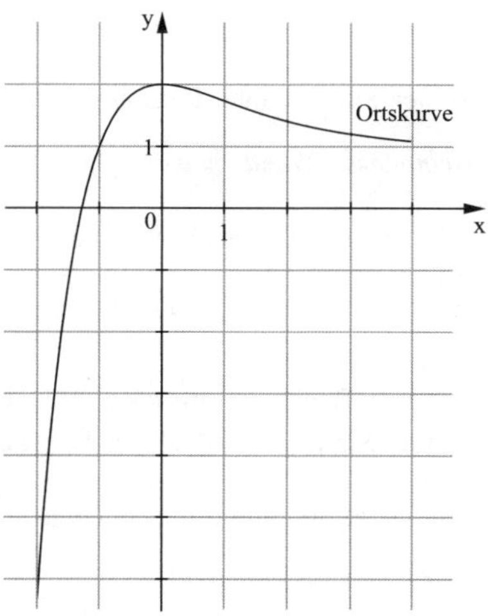

b) Berechnen Sie mithilfe eines Näherungsverfahrens den Wert des Parameters t für den Fall, dass der lokale Extrempunkt auf der x-Achse liegt (auf Hundertstel genau). (5 BE)

c) Der Graph G_1, die Koordinatenachsen und die Gerade mit der Gleichung $x = 3$ begrenzen eine Fläche vollständig.
Berechnen Sie die Maßzahl des Inhaltes dieser Fläche. (5 BE)

(35 BE)

Tipps und Hinweise zum Lösen von Pflichtaufgabe K-L1: Analysis

a) *Untersuchen des Verhaltens der Funktion im Unendlichen*

Tipps:

- Untersuchen Sie den Grenzwert $\lim\limits_{x \to \infty} f_t(x)$.
- Beachten Sie, dass gilt: $e^{-x} = \frac{1}{e^x}$; $\lim\limits_{x \to \infty} e^x = \infty$
- Welchen Einfluss hat der Parameter t auf den betrachteten Grenzwert?

Angeben einer Asymptotengleichung

Hinweis:
Eine Gerade mit der Gleichung $y = mx + n$ ist Asymptote an G_f für $x \to \infty$, wenn gilt:
$\lim\limits_{x \to \infty} (f(x) - mx - n) = 0$

Tipps:

- $f_t(x) - mx - n = 1 - n + (t - m)x + e^{-x}$
- $\lim\limits_{x \to \infty} (f_t(x) - mx - n) = 1 - n + \lim\limits_{x \to \infty} (t - m)x + \lim\limits_{x \to \infty} e^{-x}$
- Bestimmen Sie nun unter Beachtung des obigen Hinweises die Werte m und n.

Lokale Extrempunkte, Wendepunkte

Hinweis:
Verwenden Sie beim Ableiten die Summen- und Kettenregel:
$f(x) = u(x) + v(x) \quad \Rightarrow \quad f'(x) = u'(x) + v'(x)$
$f(x) = u(v(x)) \quad \Rightarrow \quad f'(x) = u'(v(x)) \cdot v'(x)$

Tipps:

- Hinreichende Bedingung für lokale Extrema: $f_t'(x) = 0 \wedge f_t''(x) \neq 0$
- Bestimmen Sie die vollständigen Koordinaten der Extrempunkte, nicht nur die Extremstellen.
- Notwendige Bedingung für Wendepunkte: $f_t''(x) = 0$

Ortskurve der lokalen Extrempunkte

Hinweis:
Auf der Ortskurve liegen alle lokalen Extrempunkte, die sich beim Einsetzen aller zulässigen t-Werte ergeben.

Tipp:

- Die Extrempunkte besitzen die Koordinaten $x = -\ln t$ und $y = f_t(-\ln t)$.
- Stellen Sie die x-Gleichung nach t um.
- Einsetzen von $t = e^{-x}$ in die y-Gleichung ergibt die Ortskurve der Extrempunkte.

Nachweisen des gemeinsamen Punktes

Tipps:

- Beachten Sie, dass bei einem gemeinsamen Punkt die Ordinaten $f_t(x)$ unabhängig vom Parameter t sein müssen.
- Überlegen Sie, für welchen x-Wert dies der Fall wäre.

Einfluss des Parameters t

Tipps:

- Welchen Einfluss hat t auf den gemeinsamen Punkt?
- Untersuchen Sie die Ordinaten der Tiefpunkte.
- Überlegen Sie, bei welchem Wert für t die Ordinaten ein Maximum annehmen.
- Überlegen Sie, was für $t \to 0$ und $t \to \infty$ passiert.

b) *Berechnen des Wertes von t*

Hinweis:
Der lokale Extrempunkt liegt auf der x-Achse, wenn die Ordinate der Tiefpunkte null ist. Nutzen Sie das NEWTON'sche Näherungsverfahren.

Tipps:

- Suchen Sie einen günstigen Startwert t_0. Denken Sie dabei an den Vorzeichenwechsel.
- Setzen Sie den Startwert in die Rekursionsformel ein:

$$t_{n+1} = t_n - \frac{h(t_n)}{h'(t_n)}, \text{ wobei } h(t_n) = 1 + t_n - t_n \cdot \ln t_n \text{ ist.}$$

- Führen Sie das Verfahren solange fort, bis die gewünschte Genauigkeit erreicht ist.

c) *Berechnen der Maßzahl des Flächeninhalts*

Hinweis:
Die Maßzahl der Fläche unter dem Graphen einer Funktion lässt sich berechnen nach

$$A = \left| \int_a^b f(x)\,dx \right|.$$

Tipps:

- Verwenden Sie beim Integrieren die lineare Substitution.
- Setzen Sie die vorgegebenen Grenzen ein.

Lösungen

$y = f_t(x) = 1 + tx + e^{-x}; \quad x \in \mathbb{R}, t \in \mathbb{R}, t > 0$

$f_t'(x) = t - e^{-x}$

$f_t''(x) = e^{-x}$

a) Verhalten der Funktionen im positiven Unendlichen:

$$\lim_{x \to \infty} (1 + tx + e^{-x}) = \lim_{x \to \infty} \left(1 + tx + \frac{1}{e^x}\right) = \infty,$$

da $t > 0$ und

$$\lim_{x \to \infty} \frac{1}{e^x} = 0$$

Gleichung der Asymptoten:

$y = tx + 1,$

denn $\lim\limits_{x \to \infty} (f_t(x) - tx - 1) = \lim\limits_{x \to \infty} e^{-x} = 0$

Extrempunkte:

$$f_t'(x) = 0$$
$$t - e^{-x} = 0$$
$$t - \frac{1}{e^x} = 0$$
$$t = \frac{1}{e^x}$$
$$e^x = \frac{1}{t}$$
$$\ln e^x = \ln \frac{1}{t}$$
$$x = \ln \frac{1}{t}$$
$$x = -\ln t$$

$f_t''(-\ln t) = e^{-(-\ln t)} = t > 0$

also Minimum

$T(-\ln t \mid f_t(-\ln t))$

y-Koordinate des Minimums:

$$f_t(-\ln t) = 1 + t(-\ln t) + e^{-(-\ln t)}$$
$$= 1 - t \cdot \ln t + t$$

und damit

$T(-\ln t \mid 1 + t - t \cdot \ln t)$

Wendepunkte:

$f_t''(x) = 0$

$e^{-x} = 0$

$\frac{1}{e^x} = 0$

$1 = 0$

$\Rightarrow$ Widerspruch, keine Wendepunkte.

Ortskurve der lokalen Extrempunkte:

$T(-\ln t \mid 1 + t - t \cdot \ln t)$, also

$x = -\ln t$ und $y = 1 + t - t \cdot \ln t$

Die Gleichung $x = -\ln t$ wird nach t umgestellt und in $y = 1 + t - t \cdot \ln t$ eingesetzt:

$x = -\ln t$

$e^x = \frac{1}{t}$, $t = \frac{1}{e^x}$ und damit

$$y = 1 + \frac{1}{e^x} - \frac{1}{e^x}\ln\left(\frac{1}{e^x}\right) = 1 + \frac{1}{e^x} - \frac{1}{e^x}\cdot(-x) = 1 + \frac{1}{e^x} + \frac{x}{e^x} = 1 + \frac{x+1}{e^x} = 1 + (x+1)e^{-x}$$

Graph G_1 ($f_1(x) = 1 + x + e^{-x}$):

x	−2	−1	0	1	2	3
$f_1(x)$	6,4	2,7	2	2,4	3,1	4,05

Graph:

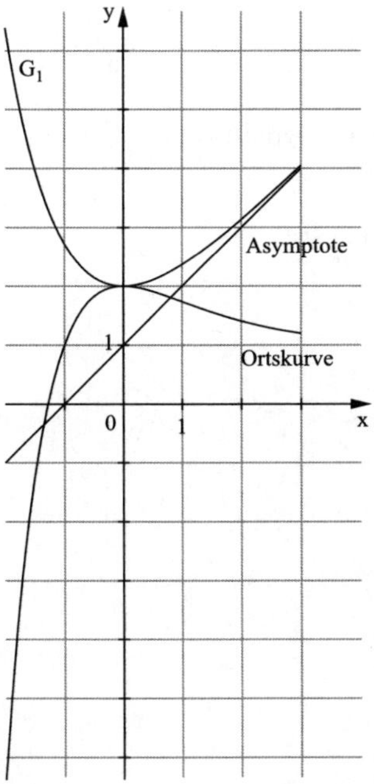

Nachweisen des gemeinsamen Punktes:
Nur für $x = 0$ sind die Werte $f_t(x)$ unabhängig von t, also ist $S_y(0\,|\,2)$ gemeinsamer Punkt aller Graphen G_t.

Einfluss des Parameters t:

Auf die Koordinaten des Schnittpunktes S_y der Graphen G_t mit der y-Achse hat der Parameter t keinen Einfluss.

Aus der Untersuchung für $x \to \infty$ und der Asymptotengleichung folgt, dass die Graphen G_t für $t \to \infty$ Asymptoten mit zunehmendem Anstieg haben.

Aus den Koordinaten der Tiefpunkte und der Ortskurve folgt:

– Ordinaten der Tiefpunkte haben für $t = 1$ das Maximum 2:

  $y = g(t) = 1 + t - t\ln t$

  $g'(t) = 1 - \left[1 \cdot \ln t + t\frac{1}{t}\right] = 1 - \ln t - 1 = -\ln t$

  $-\ln t = 0 \;\Rightarrow\; \ln t = 0, \quad e^{\ln t} = e^0, \quad t = 1$

  $g''(t) = -\frac{1}{t}$

  $g''(1) = -1 < 0$, also Maximum;

  $t = 1$ eingesetzt in $g(t)$:

  $g(1) = 1 + 1 - 1\ln 1 = 2$

– Ordinaten der Tiefpunkte nähern sich für $t \to 0$ dem Wert 1:

  Die Berechnung $\lim\limits_{t\to 0}(1 + t - t\ln t)$ kann mit der Regel von DE L'HOSPITAL erfolgen.

  $$\lim_{\substack{t\to 0\\(t>0)}}(1 + t - t\ln t) = \lim_{t\to 0}(1+t) + \lim_{t\to 0}\frac{\ln t}{-\frac{1}{t}} = 1 + \lim_{t\to 0}\frac{\frac{1}{t}}{\frac{1}{t^2}} = 1 + \lim_{t\to 0} t = 1$$

– Ordinaten der Tiefpunkte nehmen für $t \to \infty$ unbegrenzt ab:

  $\lim\limits_{t\to\infty}(1 + t - t\ln t) = 1 + \lim\limits_{t\to\infty} t(1 - \ln t) = -\infty$

  wegen $\lim\limits_{t\to\infty} t = \infty$ und $\lim\limits_{t\to\infty}(1 - \ln t) = 1 - \lim\limits_{t\to\infty}\ln t = -\infty$.

b) Berechnen des Wertes von t:

Der lokale Extrempunkt soll auf der x-Achse liegen, also muss die Ordinate der Extrempunkte null sein:

$0 = 1 + t - t \cdot \ln t$

Wir nutzen das NEWTON'sche Näherungsverfahren:

Startwert $t_0 = 4$ wegen

$t = 3 \Rightarrow 1 + 3 - 3\ln 3 \approx 0{,}7$
$t = 4 \Rightarrow 1 + 4 - 4\ln 4 \approx -0{,}5$

$\Rightarrow$ Vorzeichenwechsel, also

$$t_{n+1} = t_n - \frac{h(t_n)}{h'(t_n)} \qquad h(t) = 1 + t - t \cdot \ln t$$

$$t_1 = 4 - \frac{1 + 4 - 4\ln 4}{-\ln 4} \qquad h'(t) = 1 - \left[1 \cdot \ln t + t \cdot \frac{1}{t}\right]$$

$$t_1 = 3{,}6067376 \qquad = 1 - \ln t - 1$$

$$t_2 = 3{,}5911479 \qquad = -\ln t$$

$$t_3 = 3{,}5911215$$

$$t \approx 3{,}59.$$

Für $t = 3{,}59$ liegt der lokale Extrempunkt auf der x-Achse.

c) Berechnen der Maßzahl des Flächeninhalts:

$$A = \int_0^3 (1 + x + e^{-x})\,dx$$

$$A = \left[x + \frac{1}{2}x^2 - e^{-x}\right]_0^3$$

$$A = 3 + \frac{9}{2} - e^{-3} - (-1)$$

$$A = \frac{17}{2} - e^{-3}$$

$$A \approx 8{,}45.$$

Die Maßzahl der Fläche beträgt rund 8,45.

Kernfach Mathematik (Sachsen-Anhalt): Abiturprüfung (Modellversuch) 2006
Leistungskursniveau – Pflichtaufgabe K-L2: Analytische Geometrie

Gegeben seien in einem kartesischen Koordinatensystem der Vektor $\vec{v} = \begin{pmatrix} 1 \\ 2 \\ 2 \end{pmatrix}$ sowie die Punkte $A(2\,|\,3\,|\,5)$ und $C(8\,|\,-3\,|\,2)$.

a) Geben Sie eine Gleichung für die Gerade g an, die den Punkt A enthält und in Richtung des Vektors $\vec{v}$ verläuft.
Begründen Sie, dass die Gerade g nicht parallel zu der durch die Punkte A und C bestimmten Geraden h verläuft.
Berechnen Sie das Gradmaß des Winkels zwischen den Geraden g und h.
Berechnen Sie die Maßzahl des Abstandes der gegebenen Punkte und ermitteln Sie die Koordinaten jenes Punktes M, der die Strecke $\overline{AC}$ im Verhältnis $\overline{AM} : \overline{MC} = 1 : 2$ teilt. (9 BE)

[Ergebnis zur Kontrolle: $M(4\,|\,1\,|\,4)$]

b) Durch den Punkt M verlaufe eine Gerade k senkrecht zur Geraden h; ihr Durchstoßpunkt durch die x-y-Ebene sei D.
Ermitteln Sie eine Gleichung dieser Geraden k und die Koordinaten des Punktes D für den Fall, dass die Maßzahl des Abstandes der Punkte D und M den Wert $\sqrt{18}$ hat. (8 BE)

[Ergebnis zur Kontrolle: $D(3\,|\,2\,|\,0)$]

c) Ermitteln Sie eine Koordinatengleichung für die durch die Punkte A, C und D aufgespannte Ebene.
Die Punkte A, C und D sowie ein weiterer Punkt B sind Eckpunkte eines ebenen Drachenvierecks ABCD.
Berechnen Sie die Koordinaten des Punktes B. (8 BE)

(25 BE)

Tipps und Hinweise zum Lösen von Pflichtaufgabe K-L2: Analytische Geometrie

a) *Aufstellen der Geradengleichung g*

Tipps:

- Stellen Sie die Punkt-Richtungsgleichung der Geraden g auf.
- Ansatz: $g\colon \vec{x} = \overrightarrow{OA} + t \cdot \vec{v};\ t \in \mathbb{R}$

Begründen der Nichtparallelität

Hinweis:
Zwei Geraden sind parallel, wenn ihre Richtungsvektoren Vielfache voneinander sind.

Tipps:

- Untersuchen Sie die Richtungsvektoren der Geraden g und h.
- Führen Sie die Annahme, dass die Richtungsvektoren linear abhängig sind, zu einem Widerspruch.

Berechnen des Gradmaßes des Winkels

Hinweis:
Die Formel für die Berechnung des Winkels zwischen zwei Geraden lautet
$\cos\alpha = \frac{|\vec{u} \circ \vec{v}|}{|\vec{u}| \cdot |\vec{v}|}$. Dabei bezeichnen $\vec{u}$ und $\vec{v}$ die Richtungsvektoren der beiden Geraden.

Berechnen der Maßzahl des Abstandes der Punkte A und C

Hinweis:
Die Maßzahl des Abstandes zweier Punkte X und Y ist gleich der Länge des Verbindungsvektors $|\overrightarrow{XY}|$.

Ermitteln der Koordinaten des Punktes M

Tipps:
- Fertigen Sie eine Skizze an.
- Überlegen Sie, in wie viele Teile die Strecke $\overline{AC}$ geteilt werden muss.
- Stellen Sie dann zur Ermittlung von M eine entsprechende Vektorgleichung auf.

b) *Ermitteln der Geradengleichung k(M, D)*

Tipps:
- Fertigen Sie zuerst eine Skizze an.
- Überlegen Sie, welche Koordinaten der Punkt D haben muss, wenn er in der x-y-Ebene liegt. Haben Sie erkannt, dass $z_D = 0$ sein muss?
- Was bedeutet $k \perp h$?
- Nutzen Sie die Beziehung $\overrightarrow{MD} \circ \overrightarrow{AC} = 0$; damit erhalten Sie eine erste Gleichung.
- Übersetzen Sie die Angabe über den Abstand von M und D in eine Formel; damit erhalten Sie eine zweite Gleichung.
- Lösen Sie das entstandene Gleichungssystem und ermitteln Sie die Koordinaten des Punktes D. Nutzen Sie zum Aufstellen der Geradengleichung die Zwei-Punkteform.

c) *Ermitteln einer Koordinatengleichung der Ebene E(A, C, D)*

Hinweis:
Ermitteln Sie zunächst die Ebenengleichung in Parameterform und dann eine Koordinatengleichung der Form $ax + by + cz = d$.

Tipps:
- Ermitteln Sie einen Normalenvektor $n = \begin{pmatrix} n_1 \\ n_2 \\ n_3 \end{pmatrix}$ aus dem Kreuzprodukt der Spannvektoren der Ebene E.
- Dann gilt: E: $n_1x + n_2y + n_3z = d$, wobei sich d durch Punktprobe mit A ermitteln lässt.

Berechnen der Koordinaten des Punktes B

Hinweis:
Ein Viereck ist genau dann ein Drachenviereck, wenn eine seiner Diagonalen Symmetrieachse ist.

Tipps:
- Überlegen Sie anhand einer Skizze, welche Diagonale Symmetrieachse sein kann.
- Wegen $\overline{AM} : \overline{MC} = 1:2$ kann nur $\overline{AC}$ Symmetrieachse sein.
- Punkt B erhält man durch Spiegelung des Punktes D an der Geraden AC.

Lösungen

a) Aufstellen der Geradengleichung g:

g(A; $\vec{v}$), gegeben ist also ein Punkt und die Richtung von g und damit:

$$g\colon \vec{x} = \overrightarrow{OA} + t\vec{v}$$

$$\vec{x} = \begin{pmatrix} 2 \\ 3 \\ 5 \end{pmatrix} + t\begin{pmatrix} 1 \\ 2 \\ 2 \end{pmatrix}, \quad t \in \mathbb{R}$$

Begründen der Nichtparallelität:

$g \nparallel h(A; C)$. Würden die zwei Geraden parallel zueinander verlaufen, so müssten ihre Richtungsvektoren linear abhängig sein, also

$$\vec{v} = k \cdot \overrightarrow{AC}, \quad \begin{pmatrix} 1 \\ 2 \\ 2 \end{pmatrix} = k\begin{pmatrix} 6 \\ -6 \\ -3 \end{pmatrix} \qquad \begin{matrix} 1 = 6k & k = \frac{1}{6} \\ 2 = -6k & k = -\frac{1}{3} \\ 2 = -3k & k = -\frac{2}{3} \end{matrix}$$

$\Rightarrow$ Widerspruch, Richtungsvektoren sind kein Vielfaches voneinander, also linear unabhängig und damit verlaufen die Geraden g und h nicht parallel zueinander.

Berechnen des Gradmaßes des Winkels:

$\sphericalangle(g; h)$, also

$$\cos\alpha = \frac{|\vec{v} \circ \overrightarrow{AC}|}{|\vec{v}| \cdot |\overrightarrow{AC}|} = \frac{\left|\begin{pmatrix} 1 \\ 2 \\ 2 \end{pmatrix} \circ \begin{pmatrix} 6 \\ -6 \\ -3 \end{pmatrix}\right|}{\left|\begin{pmatrix} 1 \\ 2 \\ 2 \end{pmatrix}\right| \cdot \left|\begin{pmatrix} 6 \\ -6 \\ -3 \end{pmatrix}\right|} = \frac{|6 - 12 - 6|}{\sqrt{9} \cdot \sqrt{81}} = \frac{|-12|}{3 \cdot 9} = \frac{4}{9}$$

$$\alpha \approx 63{,}6°$$

Berechnen der Maßzahl des Abstandes der Punkte A und C:

d(A; C), der Abstand zweier Punkte ist gleich dem Betrag des Vektors der beiden Punkte, also

$$|\overrightarrow{AC}| = \left|\begin{pmatrix} 6 \\ -6 \\ -3 \end{pmatrix}\right| = \sqrt{6^2 + (-6)^2 + (-3)^2} = 9$$

Ermitteln der Koordinaten des Punktes M:

$$\overrightarrow{OM} = \overrightarrow{OA} + \frac{1}{3}\overrightarrow{AC}$$

$$\overrightarrow{OM} = \begin{pmatrix} 2 \\ 3 \\ 5 \end{pmatrix} + \frac{1}{3}\begin{pmatrix} 6 \\ -6 \\ -3 \end{pmatrix}$$

M(4 | 1 | 4)

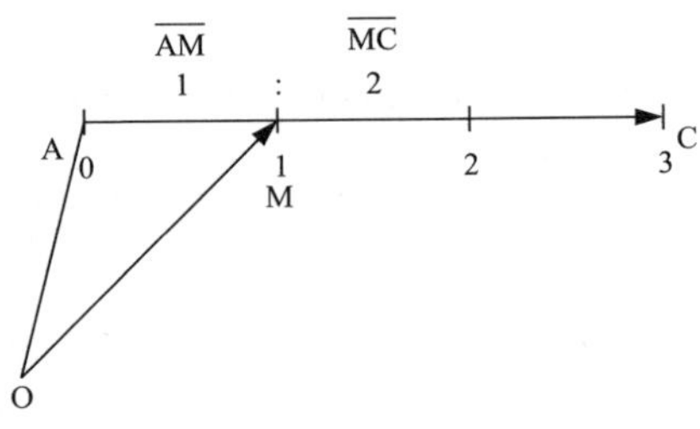

b) Ermitteln der Geradengleichung k(M, D):

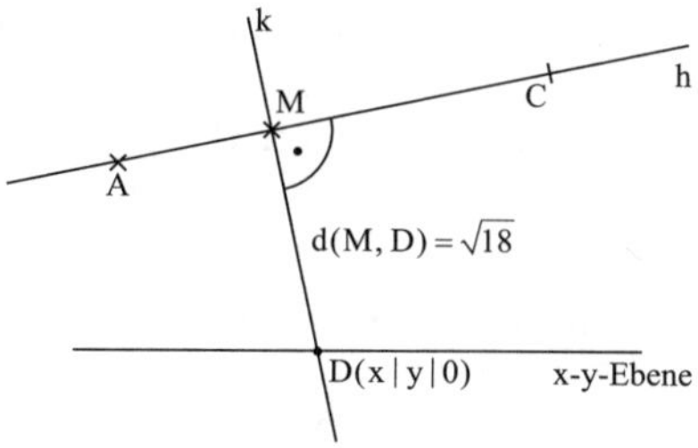

Da der Punkt D in der x-y-Ebene liegt, hat er die Koordinaten D(x | y | 0) und es gilt: $|\overrightarrow{MD}| = \sqrt{18}$.

Da $k \perp h$ gilt $\overrightarrow{MD} \circ \overrightarrow{AC} = 0$, also

$$\begin{pmatrix} x-4 \\ y-1 \\ -4 \end{pmatrix} \circ \begin{pmatrix} 6 \\ -6 \\ -3 \end{pmatrix} = 0$$

$$\begin{aligned} (x-4)\cdot 6 + (y-1)\cdot(-6) + (-4)\cdot(-3) &= 0 \\ 6x - 24 - 6y + 6 + 12 &= 0 \\ 6x - 6y - 6 &= 0 \\ x - y &= 1 \end{aligned}$$

und

$$|\overrightarrow{MD}| = \left| \begin{pmatrix} x-4 \\ y-1 \\ -4 \end{pmatrix} \right| = \sqrt{18}$$

$$\begin{aligned} (x-4)^2 + (y-1)^2 + (-4)^2 &= 18 \\ x^2 - 8x + 16 + y^2 - 2y + 1 + 16 &= 18 \\ x^2 - 8x + y^2 - 2y &= -15 \end{aligned}$$

Aus beiden Gleichungen können nun x und y ermittelt werden:

I. $x^2 - 8x + y^2 - 2y = -15$

II. $x - y = 1$

II umstellen nach x und einsetzen in I, also

$$\begin{aligned} (y+1)^2 - 8(y+1) + y^2 - 2y &= -15 \\ y^2 + 2y + 1 - 8y - 8 + y^2 - 2y &= -15 \\ 2y^2 - 8y + 8 &= 0 \\ y^2 - 4y + 4 &= 0 \end{aligned}$$

Lösungsformel:

$y_{1,2} = 2 \pm \sqrt{4-4}$

$y_{1,2} = 2$

eingesetzt in II ergibt sich $x = 3$ und damit D(3 | 2 | 0).

Geradengleichung k(M, D):

$\vec{x} = \overrightarrow{OM} + s \cdot \overrightarrow{MD}$

$$\vec{x} = \begin{pmatrix} 4 \\ 1 \\ 4 \end{pmatrix} + s \begin{pmatrix} -1 \\ 1 \\ -4 \end{pmatrix}, \quad s \in \mathbb{R}$$

c) Ermitteln einer Koordinatengleichung der Ebene E(A, C, D):

E(A, C, D): $\vec{x} = \overrightarrow{OA} + t \cdot \overrightarrow{AC} + r \cdot \overrightarrow{AD}$

$$\vec{x} = \begin{pmatrix} 2 \\ 3 \\ 5 \end{pmatrix} + t \begin{pmatrix} 6 \\ -6 \\ -3 \end{pmatrix} + r \begin{pmatrix} 1 \\ -1 \\ -5 \end{pmatrix}; \quad t, r \in \mathbb{R} \text{ (Parametergleichung)}$$

1. Möglichkeit:

Den Normalenvektor $\vec{n}$ der Ebene E berechnet man mithilfe des Vektorprodukts aus den Spannvektoren der Ebene:

$$\begin{pmatrix} 6 \\ -6 \\ -3 \end{pmatrix} \times \begin{pmatrix} 1 \\ -1 \\ -5 \end{pmatrix} = \begin{pmatrix} -6 \cdot (-5) - (-1) \cdot (-3) \\ -3 \cdot 1 - (-5) \cdot 6 \\ 6 \cdot (-1) - 1 \cdot (-6) \end{pmatrix} = \begin{pmatrix} 30 - 3 \\ -3 + 30 \\ -6 + 6 \end{pmatrix} = \begin{pmatrix} 27 \\ 27 \\ 0 \end{pmatrix} = 27 \begin{pmatrix} 1 \\ 1 \\ 0 \end{pmatrix}$$

Mit dem Ansatz

$x + y = a$

und durch Einsetzen der Koordinaten des Punktes $A(2\,|\,3\,|\,5) \in E$ ergibt sich

$2 + 3 = a$

$a = 5$

also

E: $x + y = 5$

2. Möglichkeit:

Der Normalenvektor $\vec{n}$ steht senkrecht auf den Spannvektoren der Ebene E,

$\vec{n} \perp \begin{pmatrix} 6 \\ -6 \\ -3 \end{pmatrix}$ und $\vec{n} \perp \begin{pmatrix} 1 \\ -1 \\ -5 \end{pmatrix}$, damit gilt $\vec{n} \circ \begin{pmatrix} 6 \\ -6 \\ -3 \end{pmatrix} = 0$ und $\vec{n} \circ \begin{pmatrix} 1 \\ -1 \\ -5 \end{pmatrix} = 0$.

$$\begin{aligned} 6n_1 - 6n_2 - 3n_3 &= 0 \\ n_1 - n_2 - 5n_3 &= 0 \quad | \cdot (-6) \\ \hline 27n_3 &= 0 \\ n_3 &= 0 \\ n_1 - n_2 &= 0 \\ n_1 &= n_2 \end{aligned}$$

wähle z. B. $n_1 = 1, n_2 = 1$:

$$\vec{n} = \begin{pmatrix} 1 \\ 1 \\ 0 \end{pmatrix}$$

Mit dem Ansatz

$x + y = a$

und durch Einsetzen der Koordinaten des Punktes $A(2\,|\,3\,|\,5) \in E$ ergibt sich

$2 + 3 = a$

$a = 5$

also

E: $x + y = 5$

3. Möglichkeit:

Aus der Parametergleichung von E

$$\vec{x}=\begin{pmatrix}2\\3\\5\end{pmatrix}+t\begin{pmatrix}6\\-6\\-3\end{pmatrix}+r\begin{pmatrix}1\\-1\\-5\end{pmatrix}$$

bzw.

$$\vec{x}=\begin{pmatrix}2\\3\\5\end{pmatrix}+s\begin{pmatrix}2\\-2\\-1\end{pmatrix}+r\begin{pmatrix}1\\-1\\-5\end{pmatrix}$$

folgt das Gleichungssystem

I. $x = 2 + 2s + r$
II. $y = 3 - 2s - r$
III. $z = 5 - s - 5r$

Aus den Gleichungen II und III wird einmal der Parameter s und dann der Parameter r eliminiert:

$$\begin{array}{ll} \text{II.} & y = 3 - 2s - r \\ \text{III.} & z = 5 - s - 5r \quad |\cdot(-2) \quad + \\ \hline & y - 2z = -7 + 9r \end{array}$$

also $\quad r = \frac{1}{9}y - \frac{2}{9}z + \frac{7}{9} \qquad (1)$

und

$$\begin{array}{ll} \text{II.} & y = 3 - 2s - r \quad |\cdot(-5) \quad + \\ \text{III.} & z = 5 - s - 5r \\ \hline & -5y + z = -10 + 9s \end{array}$$

also $\quad s = -\frac{5}{9}y + \frac{1}{9}z + \frac{10}{9} \qquad (2)$

Gleichung (1) und (2) werden nun in I eingesetzt und entsprechend umgeformt:

$$x = 2 + 2\cdot\left(-\frac{5}{9}y + \frac{1}{9}z + \frac{10}{9}\right) + \frac{1}{9}y - \frac{2}{9}z + \frac{7}{9}$$

$$x = 2 - \frac{10}{9}y + \frac{2}{9}z + \frac{20}{9} + \frac{1}{9}y - \frac{2}{9}z + \frac{7}{9}$$

$$x = 5 - y$$

also

E: $x + y = 5$.

Berechnen der Koordinaten des Punktes B:

Ein Viereck ist dann ein Drachenviereck, wenn eine seiner Diagonalen Symmetrieachse ist. Wegen $\overline{AM} : \overline{MC} = 1:2$ kann nur die Diagonale $\overline{AC}$ Symmetrieachse sein. Damit erhält man den Punkt B durch Spiegelung des Punktes D an der Geraden h, also

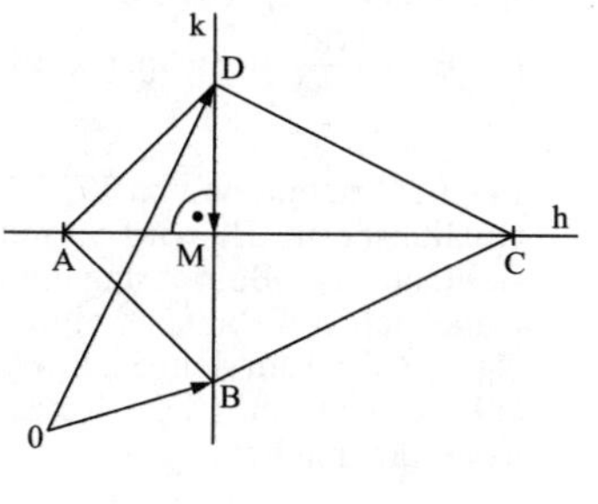

$$\overrightarrow{OB} = \overrightarrow{OD} + 2\overrightarrow{DM}, \quad \overrightarrow{OB} = \begin{pmatrix}3\\2\\0\end{pmatrix} + 2\begin{pmatrix}1\\-1\\4\end{pmatrix}$$

$\Rightarrow \; B(5\,|\,0\,|\,8)$

Monitore wurden im Dauerbetrieb getestet. Dabei ist festgestellt worden, wie lange die Monitore die Qualitätsnorm erfüllen.
Die Übersicht zeigt die Wahrscheinlichkeit für das Erfüllen der Qualitätsnorm bezogen auf die Monitore der Typen MA und MB in Abhängigkeit von der Anzahl der Betriebstage.

Betriebstage / Wahrscheinlichkeit	101	183	366	549	732
Monitor MA	0,99	0,98	0,94	0,86	0,50
Monitor MB	0,98	0,96	0,91	0,80	0,40

Die Testergebnisse werden unter Annahme von Binomialverteilung ausgewertet.

a) Berechnen Sie, mit welcher Wahrscheinlichkeit am 732. Betriebstag von 100 Monitoren MB höchstens 45 die Qualitätsnorm nicht erfüllen.

Die Wahrscheinlichkeit dafür, dass von 100 Monitoren MB mehr als 35 und weniger als k am 732. Betriebstag die Qualitätsnorm erfüllen, soll mindestens 0,7 betragen.
Ermitteln Sie den kleinstmöglichen Wert für k. (6 BE)

b) Es werden Monitore MA und MB betrachtet, die am 101. Betriebstag die Qualitätsnorm erfüllt haben. Diese Monitore sind im Folgenden mit MA 101 bzw. MB 101 bezeichnet.

Ermitteln Sie jeweils die Wahrscheinlichkeit, mit der die Ereignisse eintreten:

E1: Ein Monitor MA 101 erfüllt am 549. Betriebstag die Qualitätsnorm.

E2: Zwei Monitore verschiedenen Typs (MA 101 bzw. MB 101) erfüllen beide am 549. Betriebstag die Qualitätsnorm.

E3: Von zwei verschiedenen Monitoren (MA 101 bzw. MB 101) erfüllt mindestens einer am 732. Betriebstag die Qualitätsnorm.

Begründen Sie, dass die Wahrscheinlichkeit des Ereignisses E1 mittels

$P_A(B) = \frac{P(B)}{P(A)}$ berechnet werden kann. (9 BE)

c) In einer Stichprobe von 175 Monitoren MB erfüllen 96 am 732. Betriebstag die Qualitätsnorm. Es wird vermutet, dass mehr Monitore MB, als bisher festgestellt, am 732. Betriebstag die Qualitätsnorm erfüllen.
Untersuchen Sie anhand eines Signifikanztests, ob die Nullhypothese
H_0: $p_0 \leq 0{,}40$ auf dem Signifikanzniveau $\alpha = 0{,}05$ abgelehnt werden kann.
Erläutern Sie mögliche Konsequenzen von Fehlentscheidungen aus Sicht des Monitorherstellers. (10 BE)

(25 BE)

Tipps und Hinweise zum Lösen von Pflichtaufgabe K-L3: Stochastik

a) *Berechnen der gesuchten Wahrscheinlichkeit*

Hinweis:
Bei einem n-stufigen BERNOULLI-Versuch (BERNOULLI-Kette der Länge n) ist eine Binomialverteilung die passende Wahrscheinlichkeitsverteilung.

Tipps:

- Überlegen Sie, was durch die festzulegende Zufallsgröße X beschrieben werden soll und wie diese verteilt ist.
- Die Zufallsgröße X ist $B_{n;\,p}$-verteilt; ermitteln Sie die Parameter n und p.
- Die Parameterwerte sind $n = 100$ (Stichprobenumfang) und $p = 1 - 0{,}40 = 0{,}60$ (Wahrscheinlichkeit); benutzen Sie zur Bestimmung der gesuchten Wahrscheinlichkeit die Tabelle der kumulativen Binomialverteilung.

Ermitteln des kleinstmöglichen Wertes für k

Hinweis: $P(X \geq k) = 1 - P(X \leq k-1)$, $P(k_1 < X < k_2) = P(X \leq k_2 - 1) - P(X \leq k_1)$

Tipps:

- Überlegen Sie wie vorher, was durch die festzulegende Zufallsgröße Y beschrieben werden soll, wie diese verteilt ist und wie die Parameterwerte n und p lauten.
- Die Zufallsgröße Y ist $B_{100;\,0{,}40}$-verteilt.
- Übersetzen Sie den Text „mehr als 35 und weniger als k" bzgl. der Zufallsgröße und unter Beachtung der Bedingung „soll mindestens 0,7 betragen" in eine Ungleichungskette.
- Möglicher Lösungsansatz: $P(35 < Y < k) \geq 0{,}7$
- Formen Sie den Lösungsansatz um und bestimmen Sie k mithilfe der Tabelle.

b) *Ereignis E1; P(E1)*

Hinweis:
Wenn das Ereignis B das Ereignis A einschließt, dann gilt $A \cap B = B$. Es kann hilfreich sein, zunächst über die am Schluss der Teilaufgabe geforderte Begründung der Beziehung

$P_A(B) = \dfrac{P(B)}{P(A)}$ nachzudenken.

Tipps:

- Nur von allen Monitoren, die am 101. Betriebstag die Qualitätsnorm (mit der gegebenen Wahrscheinlichkeit) erreicht haben, können *anteilig* (mit der gegebenen Wahrscheinlichkeit) Monitore auch am 549. Betriebstag die Qualitätsnorm erreichen.
- Haben Sie erkannt, dass es sich um eine bedingte Wahrscheinlichkeit handelt und dass die im Hinweis genannte Beziehung anwendbar ist?

Ereignis E2; P(E2)

Hinweis:
Der allgemeine Multiplikationssatz für Wahrscheinlichkeiten lautet:
$P(A \cap B) = P(A) \cdot P_A(B)$

Tipps:

- Überlegen Sie, welcher Zusammenhang zum Vorgehen bei der Berechnung der Wahrscheinlichkeit des Ereignisses E1 besteht.
- Beachten Sie den Hinweis und überlegen Sie, wie der Multiplikationssatz zur Berechnung von P(E2) verwendet werden kann.

Ereignis E3; P(E3)

Hinweis:
Der allgemeine Additionssatz für Wahrscheinlichkeiten lautet:
$P(A \cup B) = P(A) + P(B) - P(A \cap B)$

Tipps:

- Was bedeutet „mindestens einer von zwei verschiedenen Monitoren"?
  Welche Möglichkeiten der Verknüpfung gibt es, und wie werden die einzelnen Wahrscheinlichkeiten berechnet?
- Beachten Sie den Hinweis, und orientieren Sie sich an den Besonderheiten beim Berechnen der Wahrscheinlichkeiten P(E1) und P(E2).

Begründen der Berechnung für die Wahrscheinlichkeit des Ereignisses E1

Hinweis:
Für das Berechnen bedingter Wahrscheinlichkeiten gilt die Beziehung $P_A(B) = \frac{P(A \cap B)}{P(A)}$.

Tipps:

- Beachten Sie den Hinweis zu Ereignis E1 bzw. P(E1).
- Überlegen Sie, wie Sie beim Berechnen von P(E1) vorgegangen sind und welche Besonderheit (warum) aufgetreten ist.
- Formulieren Sie konkrete Ereignisse A, B, $A \cap B$ zum vorliegenden Sachverhalt. Warum schließt das Ereignis B das Ereignis A ein, und was folgt daraus?

c) *Signifikanztest, Testen der Nullhypothese*

Hinweise:
Ist die Binominalverteilung einer Zufallsgröße X für die Parameter n, p nicht tabelliert, dann näherungsweise Berechnung durch (Standard-)Normalverteilung prüfen:
Die näherungsweise Berechnung ist im Allgemeinen bei genügend großen n-Werten sinnvoll. Ist das empirische Kriterium (Faustregel) $V(X) > 9$ erfüllt, gelten die Näherungswerte als hinreichend genau. Gelegentlich wird auch als Kriterium $V(X) > \frac{1}{2}\sqrt{n}$ verwendet.
Näherungsformel nach dem Grenzwertsatz von DE MOIVRE-LAPLACE:

$$P(X \le k) = B_{n;\,p}(\{0; 1; \ldots; k\}) \approx \Phi\left(\frac{k + 0{,}5 - \mu}{\sigma}\right)$$

Tipps:

- Legen Sie die Zufallsgröße Z fest und überlegen Sie, welche Werte der Zufallsgröße gegen die Nullhypothese H_0 sprechen. Hieraus folgt, ob links- oder rechtsseitig zu testen ist.
- Warum gilt zum Ermitteln des kritischen Wertes k im größtmöglichen rechtsseitigen Ablehnungsbereich die Beziehung $P(Z \le k - 1) \ge 0{,}95$?
- Warum ist die Berechnung des kritischen Wertes nur näherungsweise möglich? Benutzen Sie die Näherungsformel von DE MOIVRE-LAPLACE (siehe Hinweis).

Konsequenzen von Fehlentscheidungen

Tipps:

- Überlegen Sie, welche Fehlentscheidungen beim Testen von Hypothesen möglich sind.
- Denken Sie an den Fehler 1. Art und 2. Art. Konkretisieren Sie die zugehörigen Fehlentscheidungen sachbezogen.

Lösungen

a) **Berechnen der gesuchten Wahrscheinlichkeit:**
Die Zufallsgröße X beschreibe die Anzahl der Monitore MB, die die Qualitätsnorm am 732. Betriebstag nicht erfüllen. Sie ist binomialverteilt mit $n = 100$ und $p = 1 - 0{,}40 = 0{,}60$; $X \sim B_{100;\,0{,}60}$. (Beachten Sie, dass die Wahrscheinlichkeiten *für das Erfüllen* der Qualitätsnorm gegeben sind.)
$P(X \leq 45) = B_{100;\,0{,}60}(\{0;\ 1;\ \ldots;\ 45\}) = 0{,}00171$ (Tabellenwert)
$\mathbf{P(X \leq 45) \approx 0{,}2\ \%}$

Ermitteln des kleinstmöglichen Wertes für k:
Die Zufallsgröße Y beschreibe die Anzahl der Monitore MB, die die Qualitätsnorm am 732. Betriebstag erfüllen. Sie ist binomialverteilt mit $n = 100$ und $p = 0{,}40$; $Y \sim B_{100;\,0{,}40}$.
Es wird die Bedingung $P(35 < Y < k) \geq 0{,}7$ gefordert.
Mit $P(Y > 35) = 1 - P(Y \leq 35)$ und $P(Y < k) = P(Y \leq k - 1)$ erhält man
$P(Y \leq k - 1) \geq 0{,}7 + P(Y \leq 35)$.

$B_{100;\,0{,}40}(\{0;\ 1;\ \ldots;\ k-1\}) \geq 0{,}7 + B_{100;\,0{,}40}(\{0;\ 1;\ \ldots;\ 35\}) = 0{,}7 + 0{,}17947 = 0{,}87947$
(Tabellenwert)

Die Ungleichung $B_{100;\,0{,}40}(\{0;\ 1;\ \ldots;\ k-1\}) \geq 0{,}87947$ ist erstmalig erfüllt für $k - 1 = 46$ [Tabellenwert: $B_{100;\,0{,}40}(\{0;\ 1;\ \ldots;\ 46\}) = 0{,}90702$], womit folgt $k = 47$.

b) **Berechnen der Wahrscheinlichkeiten der Ereignisse E1, E2 und E3:**

Ereignis E1; P(E1):
Die Wahrscheinlichkeit P(E1) ist zu berechnen als Anteil derjenigen Monitore MA, die mit der Wahrscheinlichkeit 0,86 am 549. Betriebstag die Qualitätsnorm erfüllen werden, von denjenigen Monitoren MA, die mit der Wahrscheinlichkeit 0,99 die Qualitätsnorm bereits am 101. Betriebstag erfüllt haben (vgl. auch untenstehende Begründung).

$$P(E1) = \frac{0{,}86}{0{,}99} \approx 0{,}86869;\quad \mathbf{P(E1) \approx 87\ \%}$$

Ereignis E2; P(E2):
E1* sei das Ereignis „Ein Monitor MB101 erfüllt am 549. Betriebstag die Qualitätsnorm".
Die Wahrscheinlichkeit des Ereignisses E1* lässt sich analog der Wahrscheinlichkeit des Ereignisses E1 berechnen:

$$P(E1^*) = \frac{0{,}80}{0{,}98}$$

Für die Wahrscheinlichkeit des Ereignisses E2 (mit $E2 = E1 \cap E1^*$) gilt dann nach dem Multiplikationssatz:

$$P(E2) = P(E1) \cdot P(E1^*) = \frac{0{,}86}{0{,}99} \cdot \frac{0{,}80}{0{,}98} \approx 0{,}70913;\quad \mathbf{P(E2) \approx 71\ \%}$$

Ereignis E3; P(E3):
A sei das Ereignis „Ein Monitor MA101 erfüllt am 732. Betriebstag die Qualitätsnorm".
B sei das Ereignis „Ein Monitor MB101 erfüllt am 732. Betriebstag die Qualitätsnorm."
Da die Ereignisse A und B gleichzeitig eintreten können, sind sie nicht unvereinbar. Für die Wahrscheinlichkeit des Ereignisses E3 (mit $E3 = A \cup B$) gilt dann nach dem allgemeinen Additionssatz:

$P(E3) = P(A \cup B) = P(A) + P(B) - P(A \cap B)$; wobei $P(A \cap B) = P(A) \cdot P(B)$

Die Wahrscheinlichkeit des Ereignisses A bzw. des Ereignisses B lässt sich analog der Wahrscheinlichkeit des Ereignisses E1 berechnen:

$$P(A)=\frac{0,50}{0,99};\ P(B)=\frac{0,40}{0,98}$$

Somit folgt für die Wahrscheinlichkeit des Ereignisses E3:

$$P(E3)=\frac{0,50}{0,99}+\frac{0,40}{0,98}-\frac{0,50}{0,99}\cdot\frac{0,40}{0,98}\approx 0,70707;\ \mathbf{P(E3)\approx 71\ \%}$$

Andere Möglichkeit zur Berechnung der Wahrscheinlichkeit des Ereignisses E3:
In Formelsammlungen findet man bei Gesetzen für logische Operationen mit Mengen u. a.

$\overline{A\cup B}=\overline{A}\cap\overline{B}$ bzw. $A\cup B=\overline{\overline{A}\cap\overline{B}}$ (Regeln von DE MORGAN).

Demnach gilt

$$P(A\cup B)=P(\overline{\overline{A}\cap\overline{B}})=1-P(\overline{A}\cap\overline{B})=1-(1-P(A))\cdot(1-P(B)),$$

was auf $P(E3)=1-\left(1-\frac{0,50}{0,99}\right)\cdot\left(1-\frac{0,40}{0,98}\right)\approx 0,70707$ führt.

Begründen der Berechnung für die Wahrscheinlichkeit des Ereignisses E1:

(1) Die gegebene Beziehung $P_A(B)=\frac{P(B)}{P(A)}$ berücksichtigt, dass die zu ermittelnde Wahrscheinlichkeit P(E1) eine bedingte Wahrscheinlichkeit ist, denn das Erfüllen der Qualitätsnorm am 101. Betriebstag ist Bedingung für das Erfüllen der Qualitätsnorm an nachfolgenden Betriebstagen.

(2) A sei nunmehr das Ereignis „Ein Monitor MA101 erfüllt am 101. Betriebstag die Qualitätsnorm."
B sei nunmehr das Ereignis „Ein Monitor MA101 erfüllt am 549. Betriebstag die Qualitätsnorm".
Da das Ereignis B das Ereignis A einschließt (Erfüllen der Qualitätsnorm am 549. Betriebstag schließt das Erfüllen am 101. Betriebstag ein), gilt:
$A\cap B=B.$
Wegen (1) und (2) folgt somit

$$P(E1)=P_A(B)=\frac{P(A\cap B)}{P(A)}=\frac{P(B)}{P(A)}$$

aus der Definition der bedingten Wahrscheinlichkeit.

c) **Untersuchen anhand eines Signifikanztests, ob die gegebene Nullhypothese abgelehnt werden kann:**
Die Zufallsgröße Z beschreibe die Anzahl der Monitore MB, die die Qualitätsnorm am 732. Betriebstag erfüllen. Die Zufallsgröße Z ist binomialverteilt mit $n=175$ und $p=0,40$; $Z\sim B_{175;\,0,40}$ (bei wahrer Nullhypothese). In der Stichprobe ist der Wert $Z=96$ festgestellt worden.

(1) Nullhypothese H_0: $p_0\leq 0,40$ [Gegenhypothese H_1: $p_1>0,40$]

(2) Stichprobenumfang n: $n=175$; Signifikanzniveau α: $\alpha=0,05$

Da große Werte der Zufallsgröße Z gegen die Nullhypothese sprechen, wird der **Test als rechtsseitiger Signifikanztest** entwickelt mit dem größtmöglichen rechtsseitigen Ablehnungsbereich $\overline{A} = \{k; k+1; \ldots; 175\}$; $P(Z \geq k) = 1 - P(Z \leq k-1) \leq 0{,}05$.

Die Beziehung ist äquivalent mit $P(Z \leq k-1) \geq 0{,}95$.

Im vorliegenden Fall ist n hinreichend groß (Faustregel bzw. empirisches Kriterium: $V(Z) > 9$ mit $V(Z) = 42 > 9$ erfüllt); die Zufallsgröße Z darf daher hinreichend genau als normalverteilt betrachtet werden. Somit kann der kritische Wert k mithilfe der Φ-Funktion der (Standard-)Normalverteilung näherungsweise ermittelt werden.

(3) Ermitteln des kritischen Werts k:
Aus der Näherungsformel nach dem Grenzwertsatz von De Moivre-Laplace

$$P(Z \leq k) \approx \Phi\left(\frac{k+0{,}5-\mu}{\sigma}\right)$$

folgt unter den gegebenen Bedingungen

$$P(Z \leq k-1) \approx \Phi\left(\frac{(k-1)+0{,}5-\mu}{\sigma}\right) \geq 0{,}95.$$

k: kritischer Wert
0,5: Korrektursummand
μ: Erwartungswert $\quad \mu = E(Z) = n \cdot p = 175 \cdot 0{,}40 = 70$
σ: Standardabweichung $\quad \sigma = \sqrt{V(Z)} = \sqrt{n \cdot p \cdot (1-p)} = \sqrt{175 \cdot 0{,}40 \cdot 0{,}60} = \sqrt{42}$

Mit k, $\mu = 70$ und $\sigma = \sqrt{42}$ erhält man

$$P(Z \leq k-1) \approx \Phi\left(\frac{k-70{,}5}{\sqrt{42}}\right) \geq 0{,}95$$

und ermittelt aus der Tabelle der Funktionswerte $\Phi(x)$ der Normalverteilung (unter Beachtung der Bedingung $\Phi(x) \geq 0{,}95$) den Tabellenwert $\Phi(1{,}65) \approx 0{,}95$.

Es folgt

$$\frac{k-70{,}5}{\sqrt{42}} \geq 1{,}65$$

und nach Umformung

$$k \geq 1{,}65 \cdot \sqrt{42} + 70{,}5 = 81{,}19\ldots, \quad \text{also } k = 82.$$

Der größtmögliche Ablehnungsbereich ist somit $\overline{A} = \{82; 83; \ldots; 175\}$.

(4) Entscheidung:
Da $Z = 96$ und $96 \in \overline{A}$, kann die Nullhypothese abgelehnt werden.

Erläutern möglicher Konsequenzen von Fehlentscheidungen:

Ein Fehler 1. Art liegt vor, wenn die Nullhypothese irrtümlich abgelehnt wird.

Obwohl die Monitore die Qualitätsnorm nicht erfüllen, wird dann nicht von Qualitätsmängeln ausgegangen. Aus der Sicht des Monitorherstellers bedeutet diese Fehlentscheidung, dass (auf lange Sicht) Imageverluste und finanzielle Einbußen zu erwarten sind.

Ein Fehler 2. Art liegt vor, wenn die Nullhypothese nicht abgelehnt werden kann, obwohl sie (in Wirklichkeit) falsch ist.

Aus der Sicht des Monitorherstellers bedeutet diese Fehlentscheidung, dass (auf lange Sicht) zwar – im Allgemeinen unbemerkt – finanzielle Verluste entstehen, ein guter Ruf des Herstellers aber nicht leiden wird.

Kernfach Mathematik (Sachsen-Anhalt): Abiturprüfung (Modellversuch) 2006
Leistungskursniveau – Wahlpflichtaufgabe K-L4.1: Analysis

Gegeben ist ein Kreis, dessen Radius die Maßzahl

$r_1 = a \quad (a \in \mathbb{R}, a > 0)$

hat. Dieser Kreis sei die Figur 1.

Zwei Kreise haben jeweils den Radius mit der Maßzahl $r_2 = \frac{a}{2}$.
Diese beiden Kreise seien die Figur 2.

Jede weitere Figur entsteht aus ihrer Vorgängerfigur durch Halbieren der Radien der Kreise und durch Verdoppeln der Anzahl der Kreise (siehe Abbildung).

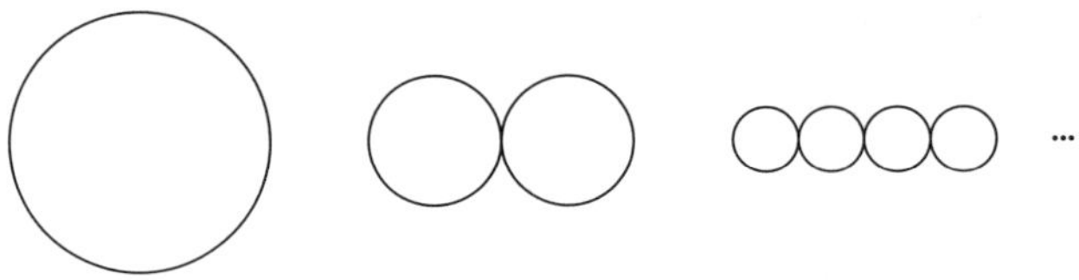

Figur 1 Figur 2 Figur 3

a) Ermitteln Sie für die Figur k (k sei die Nummer der Figur; $k \in \mathbb{N}$; $k \geq 1$) die Anzahl der Kreise, die Maßzahl des Umfangs u_k und die Maßzahl des Flächeninhaltes A_k in Abhängigkeit von k.
Ermitteln Sie die Grenzwerte der Folgen (u_k) und (A_k) für $k \to \infty$. (10 BE)

b) Zeigen Sie, dass die Folge (A_k) eine geometrische Zahlenfolge ist und berechnen Sie den Grenzwert der Summe der Maßzahlen der Flächeninhalte aller so entstehenden Figuren für $k \to \infty$. (5 BE)

(15 BE)

Tipps und Hinweise zum Lösen von Wahlpflichtaufgabe K-L4.1: Analysis

a) *Ermitteln der Anzahl der Kreise in Figur k*

Tipps:

- Schreiben Sie die Nummer der Figur und die Anzahl der Kreise in eine Tabelle.
- Erkennen Sie die Zahlenfolge und überlegen Sie, ob es sich um eine arithmetische oder eine geometrische Zahlenfolge handelt.
- Geben Sie die Anzahl a_k der Kreise in Figur k allgemein an.

Ermitteln des Radius der Kreise in Figur k

Tipps:

- Figur 1 hat den Radius $r_1 = a$. Welchen Radius hat dann ein Kreis in Figur 2, 3, 4, …?
- Geben Sie den Radius r_k der Kreise in Figur k allgemein an.

Ermitteln des Umfangs u_k der Figur k

Hinweis: Der Umfang eines Kreises lässt sich berechnen mit der Formel $u = 2\pi r$.

Tipps:

- Ermitteln Sie mithilfe des Radius r_k zunächst den Umfang eines Kreises in Figur k.
- Ermitteln Sie den Gesamtumfang der Figur k, indem Sie den Umfang eines Kreises mit der Anzahl aller Kreise multiplizieren.

Ermitteln des Flächeninhalts der Figur k

Hinweis: Die Flächenformel für den Kreis lautet $A = \pi r^2$.

Tipps:

- Ermitteln Sie zunächst wieder den Inhalt eines Kreises.
- Ermitteln Sie die Gesamtfläche, indem Sie mit der Anzahl der Kreise multiplizieren.

Ermitteln der Grenzwerte der Folgen

Tipps:

- Haben Sie erkannt, dass der Umfang unabhängig von k ist?
- Lassen Sie in der Flächenformel „k gegen unendlich" gehen.

b) *Zeigen, dass (A_k) eine geometrische Zahlenfolge ist*

Tipps:

- Bilden Sie allgemein den Quotienten $\frac{A_{k+1}}{A_k}$. Was stellen Sie fest?
- Eine geometrische Zahlenfolge liegt vor, wenn der Quotient $\frac{A_{k+1}}{A_k}$ für alle k den gleichen Wert ergibt, also konstant ist.

Berechnen des Grenzwertes der Summe der Flächeninhalte

Hinweis: Es gilt $\lim\limits_{n \to \infty} \sum\limits_{k=0}^{n} \frac{1}{2^k} = 2$ (geometrische Reihe)

Lösungen

a) Ermitteln der Anzahl der Kreise in Figur k:

Nummer der Figur k:	1	2	3	4	5	…
Anzahl der Kreise:	1	2	4	8	16	…

Die ersten drei Angaben liest man aus der Darstellung ab, die weiteren Angaben erhält man durch Verdoppeln der Anzahl.

Man erhält eine geometrische Folge:

$$\underbrace{1 \quad 2}_{\cdot 2} \quad \underbrace{2 \quad 4}_{\cdot 2} \quad \underbrace{4 \quad 8}_{\cdot 2} \quad \underbrace{8 \quad 16}_{\cdot 2} \quad \dots \quad \text{mit } q = 2$$

und damit

$a_k = a_1 \cdot q^{k-1} = 1 \cdot 2^{k-1}$

ist die Anzahl der Kreise der Figur k.

Ermitteln des Radius der Kreise in Figur k:

$$r_1 = a \qquad r_2 = \frac{a}{2} \qquad r_3 = \frac{a}{4} \qquad r_4 = \frac{a}{8} \qquad \dots$$

also

$$r_k = \frac{a}{2^{k-1}}$$

Ermitteln des Umfangs u_k der Figur k:
Die Umfangsformel für den Kreis lautet $u = 2\pi r$, also

$$u_k = a_k \cdot 2\pi \cdot r_k = \underbrace{2^{k-1}}_{\substack{\text{Anzahl der} \\ \text{Kreise } a_k}} \cdot 2\pi \cdot \underbrace{\frac{a}{2^{k-1}}}_{\text{Radius } r_k} = 2\pi a$$

Ermitteln des Flächeninhalts der Figur k:
Die Flächenformel für den Kreis lautet $A = \pi r^2$, also

$$A_k = a_k \cdot \pi \cdot r_k^2 = \underbrace{2^{k-1}}_{\substack{\text{Anzahl der} \\ \text{Kreise } a_k}} \cdot \pi \cdot \underbrace{\left(\frac{a}{2^{k-1}}\right)}_{\text{Radius } r_k}^2 = \pi \cdot \frac{a^2}{2^{k-1}}$$

Ermitteln der Grenzwerte der Folgen:

Folge (u_k): $\quad \lim\limits_{k \to \infty} (2\pi a) = 2\pi a$

und

Folge (A_k): $\quad \lim\limits_{k \to \infty} \left(\pi \cdot \frac{a^2}{2^{k-1}}\right) = 0$

b) Zeigen, dass die Folge (A_k) eine geometrische Zahlenfolge ist:

Man schreibt sich die ersten Folgeglieder dieser Zahlenfolge auf:

k:	1	2	3	4	...
A_k:	πa^2	$\frac{1}{2}\pi a^2$	$\frac{1}{4}\pi a^2$	$\frac{1}{8}\pi a^2$	...
	$\cdot\frac{1}{2}$	$\cdot\frac{1}{2}$	$\cdot\frac{1}{2}$		

also der Quotient zweier benachbarter Folgeglieder ist stets konstant,

$$\frac{A_{k+1}}{A_k} = \frac{1}{2}$$

Damit liegt eine geometrische Folge vor.

Berechnen des Grenzwertes der Summe der Flächeninhalte:

$$\sum_{k=1}^{n} A_k = \pi a^2 + \frac{1}{2}\pi a^2 + \frac{1}{4}\pi a^2 + \ldots + \frac{1}{2^{n-1}}\pi a^2$$

$$= \left(1 + \frac{1}{2} + \frac{1}{4} + \ldots + \frac{1}{2^{n-1}}\right)\pi a^2$$

und somit

$$\lim_{n\to\infty} \sum_{k=1}^{n} A_k = \lim_{n\to\infty}\left(\sum_{k=1}^{n}\frac{1}{2^{k-1}}\right)\pi a^2 = \pi a^2 \underbrace{\lim_{n\to\infty}\left(\sum_{k=1}^{n}\frac{1}{2^{k-1}}\right)}_{=2} = 2\pi a^2$$

Kernfach Mathematik (Sachsen-Anhalt): Abiturprüfung (Modellversuch) 2006
Leistungskursniveau – Wahlpflichtaufgabe K-L4.2: Analytische Geometrie

Gegeben seien in einem kartesischen Koordinatensystem der Punkt $A(4|6|9)$ sowie die Vektoren

$$\vec{v}_1 = \begin{pmatrix} 3 \\ -3 \\ 3 \end{pmatrix}, \ \vec{v}_2 = \begin{pmatrix} 1 \\ -1 \\ -5 \end{pmatrix} \text{ und } \vec{u} = \begin{pmatrix} 2 \\ -2 \\ -4 \end{pmatrix}.$$

Durch Verschiebung des Punktes A mit dem Vektor $\vec{v}_1$ bzw. mit dem Vektor $\vec{v}_2$ werden die Punkte B bzw. C bestimmt.

a) Weisen Sie nach, dass

$$\vec{u} = r_1\vec{v}_1 + r_2\vec{v}_2; \quad (r_1, r_2 \in \mathbb{R})$$

ist und schlussfolgern Sie daraus Eigenschaften der Vektoren $\vec{u}$, $\vec{v}_1$ und $\vec{v}_2$. (4 BE)

b) Das durch die Punkte A, B und C gebildete Dreieck hat einen stumpfen Innenwinkel mit dem Scheitelpunkt A.
Berechnen Sie die Koordinaten der Punkte B und C und begründen Sie, dass das Dreieck ABC gleichschenklig ist.
Geben Sie eine Gleichung für die Winkelhalbierende w des stumpfen Innenwinkels an. (6 BE)

$$\left[\text{Teilergebnis zur Kontrolle: Richtungsvektor von w ist } \vec{w} = \begin{pmatrix} 2 \\ -2 \\ -1 \end{pmatrix}\right]$$

c) Die Geraden AB und AC seien Tangenten eines Kreises k.
Der Mittelpunkt M des Kreises k liegt auf der Winkelhalbierenden w.
Weiterhin sei $\overrightarrow{TM} = \vec{u}$, wobei T einer der Berührungspunkte der Tangenten an den Kreis k ist.
Ermitteln Sie die Koordinaten des Mittelpunktes des Kreises k. (5 BE)

(15 BE)

Tipps und Hinweise zum Lösen von Wahlpflichtaufgabe K-L4.2: Analytische Geometrie

a) *Nachweisen der Beziehung und Schlussfolgern*

Tipps:

- Setzen Sie die Vektoren in die gegebene Gleichung ein.
- Stellen Sie das dazugehörige Gleichungssystem auf und lösen Sie dies.
- Denken Sie an Begriffe wie „komplanar“ bzw. „paarweise nicht parallel“.

b) *Berechnen der Koordinaten der Punkte B und C*

Tipps:

- Sollten Sie nicht sofort auf eine rechnerische Lösung kommen, versuchen Sie es zunächst zeichnerisch.
- Der Punkt B bzw. C entsteht aus dem Punkt A durch Verschiebung um den Vektor $\vec{v}_1$ bzw. $\vec{v}_2$.
- Verschiebung von A um $\vec{v}_1$ ergibt B, also: $\overrightarrow{OB} = \overrightarrow{OA} + \vec{v}_1$
- Ermitteln Sie unter Berücksichtigung des vorhergehenden Tipps noch den Punkt C.

Begründen der Gleichschenkligkeit

Hinweis: Ein Dreieck ist gleichschenklig, wenn zwei Seiten gleich lang sind.

Tipps:

- Berechnen und vergleichen Sie die Seitenlängen des Dreiecks ABC.
- $\overline{AB}$ ist die Länge des Verbindungsvektors $\overrightarrow{AB}$, entsprechendes gilt für $\overline{BC}$ und $\overline{AC}$.

Gleichung der Winkelhalbierenden w

Hinweis:
In einem gleichschenkligen Dreieck halbiert die Winkelhalbierende sowohl den Winkel, der von den beiden Schenkeln eingeschlossen wird, als auch die Basis des Dreiecks.

Tipps:

- Überlegen Sie, wie Sie zum Mittelpunkt D der Strecke $\overline{BC}$ kommen.
- Die Winkelhalbierende verläuft damit durch die Punkte A und D.

c) *Ermitteln der Koordinaten des Mittelpunktes*

Tipps:

- Eine Skizze ist hilfreich, um sich den Sachverhalt zu veranschaulichen.
- Überlegen Sie zuerst, auf welcher Geraden der Punkt T liegt.
- Denken Sie daran, dass $\overline{TM}$ der Radius ist und senkrecht auf der Tangente steht.
- Haben Sie erkannt, dass dann $\overrightarrow{TM} \circ \vec{v}_1 = 0$ bzw. $\overrightarrow{TM} \circ \vec{v}_2 = 0$ gelten muss?
- Schreiben Sie eine Vektorkette durch die Punkte A, M und T auf (z. B. $t\vec{w} = s\vec{v}_1 + \vec{u}$).
- Lösen Sie das entstehende Gleichungssystem und ermitteln Sie die Koordinaten des Punktes M.

Lösungen

a) Nachweisen der Beziehung und Schlussfolgern:

$\vec{u} = r_1\vec{v}_1 + r_2\vec{v}_2; \quad (r_1, r_2 \in \mathbb{R})$

$$\begin{pmatrix} 2 \\ -2 \\ -4 \end{pmatrix} = r_1 \begin{pmatrix} 3 \\ -3 \\ 3 \end{pmatrix} + r_2 \begin{pmatrix} 1 \\ -1 \\ -5 \end{pmatrix}$$

Daraus wird ein Gleichungssystem aufgestellt und gelöst.

$$\begin{array}{lrl} \text{I.} & 2 = & 3r_1 + r_2 \\ \text{II.} & -2 = & -3r_1 - r_2 \\ \text{III.} & -4 = & 3r_1 - 5r_2 \quad (\text{II} + \text{III}) \\ \hline & -6 = & \quad -6r_2 \end{array}$$

$r_2 = 1$ und $r_1 = \frac{1}{3}$, also

$$\vec{u} = \frac{1}{3} \cdot \begin{pmatrix} 3 \\ -3 \\ 3 \end{pmatrix} + 1 \cdot \begin{pmatrix} 1 \\ -1 \\ -5 \end{pmatrix}$$

$$= \begin{pmatrix} 1 \\ -1 \\ 1 \end{pmatrix} + \begin{pmatrix} 1 \\ -1 \\ -5 \end{pmatrix}$$

$$= \begin{pmatrix} 2 \\ -2 \\ -4 \end{pmatrix} \qquad \Rightarrow \text{ wahre Aussage}$$

Da das Gleichungssystem eine eindeutige Lösung besitzt und weder r_1 noch r_2 null ist, sind die Vektoren $\vec{u}$, $\vec{v}_1$ und $\vec{v}_2$ komplanar und paarweise nicht parallel.

b) Berechnen der Koordinaten der Punkte B und C:

Der Punkt A wird mit dem Vektor $\vec{v}_1$ in den Punkt B und mit dem Vektor $\vec{v}_2$ in den Punkt C verschoben:

$A \xrightarrow{\vec{v}_1} B$ bzw. $A \xrightarrow{\vec{v}_2} C$

$\overrightarrow{OA} + \vec{v}_1 = \overrightarrow{OB}$

$$\begin{pmatrix} 4 \\ 6 \\ 9 \end{pmatrix} + \begin{pmatrix} 3 \\ -3 \\ 3 \end{pmatrix} = \begin{pmatrix} 7 \\ 3 \\ 12 \end{pmatrix}$$

$\Rightarrow B(7|3|12)$

$\overrightarrow{OA} + \vec{v}_2 = \overrightarrow{OC}$

$$\begin{pmatrix} 4 \\ 6 \\ 9 \end{pmatrix} + \begin{pmatrix} 1 \\ -1 \\ -5 \end{pmatrix} = \begin{pmatrix} 5 \\ 5 \\ 4 \end{pmatrix}$$

$\Rightarrow C(5|5|4)$

Begründen der Gleichschenkligkeit:

$$|\overrightarrow{AB}| = \left|\begin{pmatrix} 3 \\ -3 \\ 3 \end{pmatrix}\right| = \sqrt{27}$$

$$|\overrightarrow{BC}| = \left|\begin{pmatrix} -2 \\ 2 \\ -8 \end{pmatrix}\right| = \sqrt{72}$$

$$|\overrightarrow{AC}| = \left|\begin{pmatrix} 1 \\ -1 \\ -5 \end{pmatrix}\right| = \sqrt{27}$$

Die Seiten $\overline{AB}$ und $\overline{AC}$ sind gleich lang, damit ist das Dreieck ABC gleichschenklig.

Gleichung der Winkelhalbierenden w:

Da die Seiten $\overline{AB}$ und $\overline{AC}$ gleich lang sind, halbiert die Winkelhalbierende w die Seite $\overline{BC}$, also

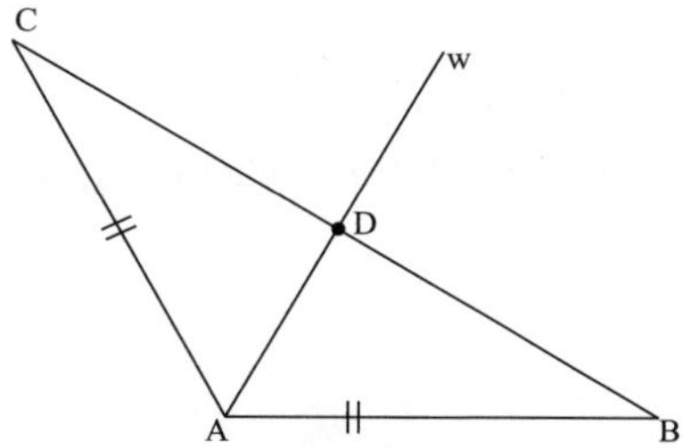

$$\overrightarrow{OD} = \overrightarrow{OB} + \frac{1}{2}\overrightarrow{BC}$$

$$\overrightarrow{OD} = \begin{pmatrix} 7 \\ 3 \\ 12 \end{pmatrix} + \frac{1}{2}\begin{pmatrix} -2 \\ 2 \\ -8 \end{pmatrix}$$

$\Rightarrow$ D(6 | 4 | 8)

Die Gerade w enthält die Punkte A und D, also

w(A, D): $\vec{x} = \overrightarrow{OA} + t\overrightarrow{AD}$

$$\vec{x} = \begin{pmatrix} 4 \\ 6 \\ 9 \end{pmatrix} + t\begin{pmatrix} 2 \\ -2 \\ -1 \end{pmatrix}; \quad t \in \mathbb{R}$$

c) **Ermitteln der Koordinaten des Mittelpunktes:**

Es ist zu überlegen, auf welcher der Geraden AB oder AC der Punkt T liegt.

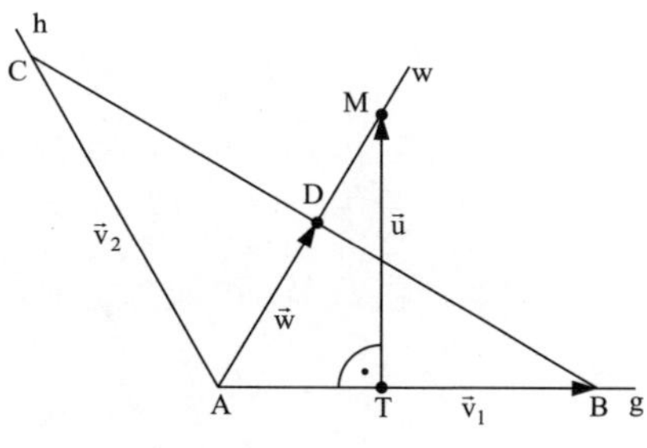

Da der Radius $r = \overline{TM}$ senkrecht auf der Tangente g(A, B) bzw. h(A, C) steht, muss $\overrightarrow{TM} \circ \vec{v}_1 = 0$ bzw. $\overrightarrow{TM} \circ \vec{v}_2 = 0$ gelten.

Wegen $\overrightarrow{TM} = \vec{u}$ bedeutet dies:

$$\begin{pmatrix} 2 \\ -2 \\ -4 \end{pmatrix} \circ \begin{pmatrix} 3 \\ -3 \\ 3 \end{pmatrix} = 0 \text{ bzw. } \begin{pmatrix} 2 \\ -2 \\ -4 \end{pmatrix} \circ \begin{pmatrix} 1 \\ -1 \\ -5 \end{pmatrix} = 0$$

$6 + 6 - 12 = 0 \quad \Rightarrow$ wahre Aussage bzw.

$2 + 2 + 20 = 0 \quad \Rightarrow$ falsche Aussage

Also liegt Punkt T auf der Geraden AB.

Es ergibt sich die Vektorkette $t\vec{w} = s\vec{v}_1 + \vec{u}$, also

$$t\begin{pmatrix} 2 \\ -2 \\ -1 \end{pmatrix} = s\begin{pmatrix} 3 \\ -3 \\ 3 \end{pmatrix} + \begin{pmatrix} 2 \\ -2 \\ -4 \end{pmatrix}$$

Aufstellen des Gleichungssystems:

$$\begin{array}{lrl} \text{I.} & 2t = & 3s + 2 \\ \text{II.} & -2t = & -3s - 2 \\ \text{III.} & -t = & 3s - 4 \\ \hline & -3t = & -6 \\ & t = & 2 \end{array}$$

(II + III)

und damit

$$\overrightarrow{OM} = \overrightarrow{OA} + t\vec{w}$$

$$\overrightarrow{OM} = \begin{pmatrix} 4 \\ 6 \\ 9 \end{pmatrix} + 2\begin{pmatrix} 2 \\ -2 \\ -1 \end{pmatrix}$$

also sind $M(8\,|\,2\,|\,7)$ die Koordinaten des Mittelpunktes des Kreises k.

Kernfach Mathematik (Sachsen-Anhalt): Abiturprüfung 2006
Leistungskursniveau – Pflichtaufgabe L1: Analysis

Gegeben sind die Funktionen f_a in ihrem größtmöglichen Definitionsbereich durch

$$y = f_a(x) = 3 \cdot \frac{\ln x + a}{x}, \quad a \in \mathbb{R}.$$

Ihre Graphen seien G_a.

a) Geben Sie den größtmöglichen Definitionsbereich der Funktionen f_a an und untersuchen Sie diese auf Nullstellen.

Ermitteln Sie die Art und Lage der lokalen Extrempunkte sowie eine Gleichung der Ortskurve der lokalen Extrempunkte.

[Ergebnis zur Kontrolle: $E_a(e^{1-a} \mid f_a(e^{1-a}))$]

Zeichnen Sie den Graphen G_1 und diese Ortskurve im Intervall $0 < x \leq 8$. (19 BE)

b) Die Gerade durch den Punkt $(1 \mid f_1(1))$ und den Schnittpunkt des Graphen G_1 mit der Abszissenachse sei g. Es gibt genau eine Stelle, an welcher der Graph G_1 den gleichen Anstieg wie die Gerade g hat.
Berechnen Sie diese Stelle näherungsweise auf Hundertstel genau. (6 BE)

c) Nennen Sie Schritte zum Ermitteln des Wertebereichs der Funktionen f_a. (4 BE)

d) Weisen Sie nach, dass $y = F_a(x) = 1{,}5 \cdot (\ln x)^2 + 3a \cdot \ln x$ eine Gleichung von Stammfunktionen der Funktionen f_a ist.

Jeder der Graphen G_a, die x-Achse und die zur y-Achse parallele Gerade durch den jeweiligen Extrempunkt begrenzen eine Fläche vollständig.
Zeigen Sie, dass der Inhalt dieser Fläche unabhängig vom Wert des Parameters a ist. (6 BE)

(35 BE)

Tipps und Hinweise zum Lösen von Pflichtaufgabe L1: Analysis

a) *Definitionsbereich*

Hinweis:
Der größtmögliche Definitionsbereich ist die Menge aller x-Werte, die in den Funktionsterm eingesetzt werden dürfen.

Tipps:

- Im Zähler befindet sich u. a. eine Logarithmusfunktion, welche Zahlen dürfen darin eingesetzt werden?
- Beachten Sie, dass der Nenner nicht null werden darf.

Lokale Extrempunkte

Hinweis:
Verwenden Sie beim Ableiten die Quotientenregel:

$$f(x)=\frac{u(x)}{v(x)} \Rightarrow f'(x)=\frac{u'(x)\cdot v(x)-u(x)\cdot v'(x)}{(v(x))^2}$$

Tipps:

- Hinreichende Bedingung für lokale Extrema: $f_a'(x)=0 \wedge f_a''(x)\neq 0$
- Lassen Sie den Faktor 3 beim Bilden von Ableitungen vor dem Bruch stehen.

Ortskurve

Hinweis:
Auf der Ortskurve liegen alle lokalen Extrempunkte, die sich beim Einsetzen aller zulässigen a-Werte ergeben.

Tipps:

- Vergleichen Sie die x- und y-Koordinate der Extrempunkte.
- Sie erhalten die Ortskurve ohne weitere Rechnung, denn im Nenner der y-Koordinate der Extrempunkte $y=\frac{3}{e^{1-a}}$ steht die x-Koordinate $x=e^{1-a}$ der Extrempunkte.

b) *Berechnen der gesuchten Stelle*

Hinweis: Nutzen Sie das NEWTON'sche Näherungsverfahren zur Nullstellenberechnung.

Tipps:

- Der Anstieg m einer Geraden kann mit dem Differenzenquotienten ermittelt werden.
- Der Ansatz $m=f_1'(x)$ führt auf eine Bestimmungsgleichung für x.
- Suchen Sie einen günstigen Startwert für das Newton-Verfahren.
- Setzen Sie den Startwert in die Rekursionsformel

  $$x_{n+1}=x_n-\frac{h(x_n)}{h'(x_n)}$$

  ein und führen Sie das Verfahren fort, bis die gewünschte Genauigkeit erreicht ist.

c) *Schritte zum Ermitteln des Wertebereichs*

Hinweis: Der Wertebereich ist die Menge aller y-Werte, die als Funktionswerte auftreten.

Tipps:

- Nutzen Sie für Ihre Überlegungen den in Teilaufgabe a gezeichneten Graphen G_1.
- Denken Sie an die verschiedenen Schritte einer Kurvendiskussion wie Extrempunkte, Asymptoten, Verhalten an den Intervallenden, usw.

d) *Nachweisen der Stammfunktion*

Hinweis:
Zusammenhang zwischen Funktion und Stammfunktion: $f(x) \underset{\text{ableiten}}{\overset{\text{int egrieren}}{\rightleftarrows}} F(x)$

Tipp: Denken Sie beim Ableiten auch an die innere Ableitung („Kettenregel").

Berechnen der Maßzahl des Flächeninhalts

Hinweis:
Die Fläche unter dem Graphen einer Funktion lässt sich berechnen nach $A = \left| \int_a^b f(x)\,dx \right|$.

Tipps:

- Nutzen Sie die vorgegebene Stammfunktion.
- Ermitteln Sie die Integrationsgrenzen.
- Prüfen Sie, ob das Ergebnis vom Parameter a abhängt.

Lösungen

$$y = f_a(x) = 3 \cdot \frac{\ln x + a}{x}; \quad a \in \mathbb{R}$$

$$f_a'(x) = 3 \cdot \frac{1 - \ln x - a}{x^2}$$

$$f_a''(x) = 3 \cdot \frac{-3 + 2\ln x + 2a}{x^3}$$

a) **Definitionsbereich:**

$\mathbb{D}_{f_a} = \{x \in \mathbb{R}: x > 0\}$

Nullstellen:

$f_a(x) = 0, \quad 3 \cdot \frac{\ln x + a}{x} = 0, \quad \ln x + a = 0, \quad \ln x = -a, \quad e^{\ln x} = e^{-a}$

und damit

$x = e^{-a}$

Lokale Extrempunkte:

Berechnen der Ableitungen mit der Quotientenregel:

$$f_a(x) = 3 \cdot \frac{\ln x + a}{x}$$

$u = \ln x + a; \quad u' = \frac{1}{x}$

$v = x; \quad v' = 1$

$$f_a'(x) = 3 \cdot \frac{\frac{1}{x} \cdot x - (\ln x + a) \cdot 1}{x^2} = 3 \cdot \frac{1 - \ln x - a}{x^2}$$

$u = 1 - \ln x - a; \quad u' = -\frac{1}{x}$

$v = x^2; \quad v' = 2x$

$$f_a''(x) = 3 \cdot \frac{-\frac{1}{x} \cdot x^2 - (1 - \ln x - a) \cdot 2x}{x^4}$$

$$f_a''(x) = 3 \cdot \frac{-x - 2x + 2x\ln x + 2ax}{x^4}$$

$$f_a''(x) = 3 \cdot \frac{-3x + 2x\ln x + 2ax}{x^4} = 3 \cdot \frac{\cancel{x}(-3 + 2\ln x + 2a)}{x^{\cancel{4}3}}$$

$$f_a''(x) = 3 \cdot \frac{-3 + 2\ln x + 2a}{x^3}$$

Berechnung der Extrema:

$f_a'(x) = 0, \quad 3 \cdot \frac{1 - \ln x - a}{x^2} = 0, \quad 1 - \ln x - a = 0, \quad \ln x = 1 - a, \quad e^{\ln x} = e^{1-a}$

also:

$x = e^{1-a}$

Damit folgt:

$$f_a''(e^{1-a}) = 3 \cdot \frac{-3 + 2\ln e^{1-a} + 2a}{(e^{1-a})^3} = 3 \cdot \frac{-3 + 2(1-a) + 2a}{(e^{1-a})^3} = 3 \cdot \frac{-1}{(e^{1-a})^3} < 0$$

$\Rightarrow$ Maximum $H_a(e^{1-a} | f_a(e^{1-a}))$

y-Werte der Maxima:

$$y = f_a(e^{1-a}) = 3 \cdot \frac{\ln e^{1-a} + a}{e^{1-a}} = 3 \cdot \frac{1 - a + a}{e^{1-a}} = \frac{3}{e^{1-a}}$$

also:

$$H_a\left(e^{1-a} \,\middle|\, \frac{3}{e^{1-a}}\right)$$

Ortskurve:

I. $x = e^{1-a}$ und II. $y = \frac{3}{e^{1-a}}$

Gleichung I in II einsetzen:

$$y = \frac{3}{x}; \quad x \in \mathbb{R}; \quad x \neq 0$$

Die Gleichung der Ortskurve lautet:

$$y = \frac{3}{x}$$

Zeichnen des Graphen G_1 und der Ortskurve:

Wertetabelle für $f_1(x) = 3 \cdot \frac{\ln x + 1}{x}$ im Intervall $0 < x \leq 8$:

x	e^{-1}	0,5	1	2	3	4	5	6	7	8
$f_1(x)$	0	1,8	3	2,5	2,1	1,8	1,6	1,4	1,3	1,2

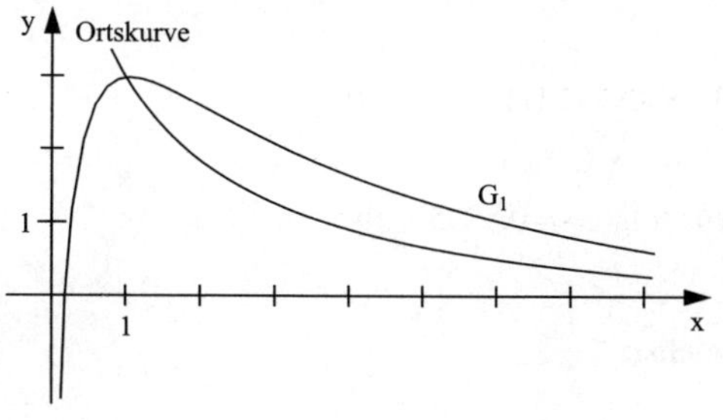

b) Berechnen der gesuchten Stelle:

$f_1(1) = 3 \cdot \frac{\ln 1 + 1}{1} = 3, \quad f_1(e^{-1}) = 0$

$\Rightarrow$ Die Gerade $g(P, S_x)$ verläuft durch $P(1\,|\,3)$ und $S_x(e^{-1}\,|\,0)$.

Steigung von $g(P, S_x)$:

$$m = \frac{\Delta y}{\Delta x} = \frac{3-0}{1-e^{-1}} = \frac{3}{1-e^{-1}}$$

Ansatz:

$m = f_1'(x)$, also:

$$\frac{3}{1-e^{-1}} = 3 \cdot \frac{1-\ln x - 1}{x^2}$$

$$\frac{3}{1-e^{-1}} = 3 \cdot \frac{-\ln x}{x^2} \qquad |:3$$

$$\frac{1}{1-e^{-1}} = \frac{-\ln x}{x^2}$$

$$x^2 = -\ln x \cdot (1-e^{-1})$$

$$x^2 + (1-e^{-1})\ln x = 0 \;\Rightarrow\; h(x) = x^2 + (1-e^{-1})\ln x$$

NEWTON'sches Näherungsverfahren:

Startwert $x_0 = \frac{1}{2}$ wegen

$$\left.\begin{aligned} x &= \frac{1}{2} \;\Rightarrow\; h\left(\frac{1}{2}\right) = -0{,}18815 \\ x &= 1 \;\Rightarrow\; h(1) = +1 \end{aligned}\right\} \text{ Vorzeichenwechsel, also:}$$

$$x_{n+1} = x_n - \frac{h(x_n)}{h'(x_n)} \quad \text{mit} \quad h'(x) = 2x + \frac{1-e^{-1}}{x}$$

$$x_1 = \frac{1}{2} - \frac{\left(\frac{1}{2}\right)^2 + (1-e^{-1})\ln\frac{1}{2}}{2\cdot\frac{1}{2} + \frac{1-e^{-1}}{\frac{1}{2}}} = \frac{1}{2} - (-0{,}0830974147) \approx 0{,}58310$$

Durch erneute Ausführung des Verfahrens folgt $x_2 \approx 0{,}58353$, also:

$x \approx 0{,}58$

c) Schritte zum Ermitteln des Wertebereichs:

Mögliche Schritte sind z. B.

- Untersuchen von f_a auf Stetigkeit
- Untersuchen von f_a auf lokale Extrema
- Untersuchen von f_a auf globale Extrema
- Untersuchen des Verhaltens von f_a an den Intervallenden

d) Nachweisen der Stammfunktion:

z. B. durch Ableiten von $F_a(x)$, also

$$F_a'(x) = 1{,}5 \cdot 2 \cdot (\ln x)^1 \cdot \frac{1}{x} + 3a \cdot \frac{1}{x}$$

$$= \frac{3\ln x}{x} + \frac{3a}{x} = \frac{3\ln x + 3a}{x}$$

$$= 3 \cdot \frac{\ln x + a}{x} = f_a(x)$$

Berechnen der Maßzahl des Flächeninhalts:

$$A = \int_{e^{-a}}^{e^{1-a}} \left(3 \cdot \frac{\ln x + a}{x}\right) dx = \left[1{,}5(\ln x)^2 + 3a\ln x\right]_{e^{-a}}^{e^{1-a}}$$

$$A = 1{,}5(\ln(e^{1-a}))^2 + 3a\ln(e^{1-a}) - 1{,}5(\ln(e^{-a}))^2 - 3a\ln(e^{-a})$$

$$A = 1{,}5(1-a)^2 + 3a(1-a) - 1{,}5(-a)^2 - 3a(-a)$$

$$A = 1{,}5 - \cancel{3a} + \cancel{1{,}5a^2} + \cancel{3a} - \cancel{3a^2} - \cancel{1{,}5a^2} + \cancel{3a^2}$$

$$A = 1{,}5$$

Damit ist gezeigt, dass die Maßzahl des Flächeninhalts vom Parameter a unabhängig ist.

Kernfach Mathematik (Sachsen-Anhalt): Abiturprüfung 2006
Leistungskursniveau – Pflichtaufgabe L2: Analytische Geometrie

Ein Werkstück hat die Form eines schiefen Prismas ABCDEFGH, mit Parallelogrammen als Begrenzungsflächen. Dieses Prisma wird durch die Koordinaten der Eckpunkte

$A(0\,|\,0\,|\,0)$, $B(-2\,|\,8\,|\,0)$, $C(-11\,|\,14\,|\,0)$ und $E(3\,|\,3\,|\,15)$

in einem kartesischen Koordinatensystem beschrieben; eine Einheit entspricht 10 mm.

a) Ermitteln Sie die Koordinaten des Punktes D der Fläche ABCD sowie des Punktes H der Fläche ADHE und stellen Sie eine Koordinatengleichung derjenigen Ebene auf, in der die Fläche ADHE liegt. (7 BE)

b) Berechnen Sie das Volumen des Werkstücks. (4 BE)

c) In das Werkstück soll jeweils eine Bohrung senkrecht von der Fläche ABCD und senkrecht von der Fläche ADHE bis zum Punkt $S(-3\,|\,8\,|\,4)$ erfolgen. Berechnen Sie die Längen der einzelnen Bohrungen.

Begründen Sie, dass der Punkt S im Innern des Werkstücks liegt.

Ermitteln Sie die Koordinaten der Punkte, in denen jeweils der Bohrer anzusetzen ist. (Ein Nachweis der Existenz der Punkte innerhalb der genannten Flächen ist nicht gefordert.) (14 BE)

(25 BE)

Tipps und Hinweise zum Lösen von Pflichtaufgabe L2: Analytische Geometrie

a) *Koordinaten der Punkte D, H*

Tipps:

- Fertigen Sie eine Skizze an und überlegen Sie, wie Sie vom Koordinatenursprung zum Punkt D bzw. H kommen.
- Denken Sie daran, dass $\overrightarrow{AD} = \overrightarrow{BC}$ bzw. $\overrightarrow{DH} = \overrightarrow{AE}$ gilt.

Aufstellen einer Koordinatengleichung der Ebene E_{ADHE}

Hinweis:
Stellen Sie zunächst eine vektorielle Ebenengleichung (Parametergleichung) auf, in der die Punkte liegen. Ermitteln Sie dann eine Koordinatengleichung der Form $ax + by + cz = d$.

Tipps:

- Ein Normalenvektor der Ebene lässt sich mit dem Kreuzprodukt der Spannvektoren berechnen.
- Beachten Sie den obigen Hinweis und ermitteln Sie d durch Punktprobe mit A.
- Vergessen Sie nicht, die aufgestellte Koordinatengleichung so weit wie möglich zu kürzen; das erleichtert Ihnen die Arbeit bei weiteren Rechnungen.

b) *Berechnen des Volumens des Werkstücks*

Hinweis: Nutzen Sie das Spatprodukt zur Volumenberechnung.

Tipps:

- Überlegen Sie, warum kein Faktor (z. B. $\frac{1}{2}$, $\frac{1}{3}$ oder $\frac{1}{6}$) benötigt wird.
- Beachten Sie, dass zuerst das Kreuzprodukt zu berechnen ist.
- Denken Sie an die gegebene Einheit.

c) *Berechnen der Länge der Bohrungen*

Hinweis:
Der Abstand eines Punktes von einer Ebene kann durch Einsetzen in die HESSE'sche Normalenform ermittelt werden.

Tipps:

- Stellen Sie aus den ermittelten Ebenengleichungen jeweils die HESSE'sche Normalenform auf.
- Setzen Sie zur Abstandsbestimmung die Koordinaten des Punktes S ein.
- Denken Sie auch hier an die korrekten Einheiten.

Begründen, dass der Punkt S im Innern des Werkstücks liegt

Hinweis:
Ein Punkt X liegt genau dann im Innern des von den Vektoren $\vec{a}$, $\vec{b}$ und $\vec{c}$ aufgespannten Spats, wenn $\vec{x} = r \cdot \vec{a} + s \cdot \vec{b} + t \cdot \vec{c}$ mit $r, s, t \in \,]0; 1[$ gilt.

Tipps:

- Beachten Sie den Hinweis und versuchen Sie, den Punkt S mithilfe der Vektoren $\overrightarrow{AB}$, $\overrightarrow{BC}$ und $\overrightarrow{CE}$ darzustellen.
- Lösen Sie das dazugehörige Gleichungssystem.

Ermitteln der Koordinaten der Bohrpunkte

Hinweis:
Das Problem lässt sich zurückführen auf die Lagebeziehung von Gerade und Ebene: $g \cap E = \{F\}$

Tipps:

- Fertigen Sie eine Skizze an; zeichnen Sie den Normalenvektor $\vec{n}$ der Ebene ein.
- Stellen Sie die Geradengleichung $g(\vec{n}, S)$ auf.
- Setzen Sie die Geradengleichung in die Ebenengleichung ein; so erhalten Sie die Koordinaten des gesuchten Punktes.

Lösungen

a) Koordinaten der Punkte D, H:

$\overrightarrow{OD} = \overrightarrow{OA} + \overrightarrow{AD}$ mit $\overrightarrow{AD} = \overrightarrow{BC}$

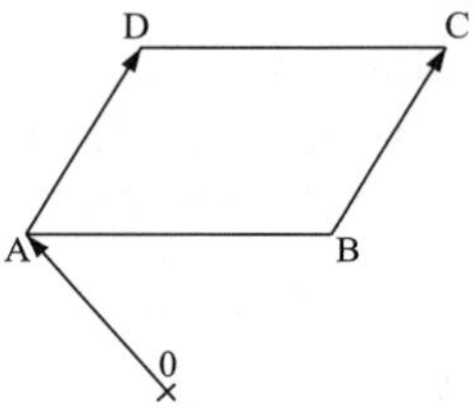

$$\overrightarrow{OD} = \begin{pmatrix} 0 \\ 0 \\ 0 \end{pmatrix} + \begin{pmatrix} -9 \\ 6 \\ 0 \end{pmatrix} = \begin{pmatrix} -9 \\ 6 \\ 0 \end{pmatrix}, \quad D(-9\,|\,6\,|\,0)$$

analog

$\overrightarrow{OH} = \overrightarrow{OD} + \overrightarrow{DH}$ mit $\overrightarrow{DH} = \overrightarrow{AE}$

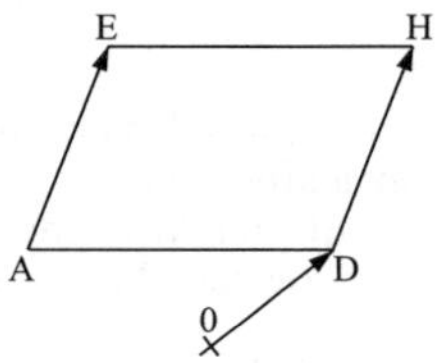

$$\overrightarrow{OH} = \begin{pmatrix} -9 \\ 6 \\ 0 \end{pmatrix} + \begin{pmatrix} 3 \\ 3 \\ 15 \end{pmatrix} = \begin{pmatrix} -6 \\ 9 \\ 15 \end{pmatrix}, \quad H(-6\,|\,9\,|\,15)$$

Aufstellen einer Koordinatengleichung der Ebene E_{ADHE}:

$\vec{x} = \overrightarrow{OA} + s \cdot \overrightarrow{AD} + t \cdot \overrightarrow{AE}; \quad s, t \in \mathbb{R}$

$$\vec{x} = \begin{pmatrix} 0 \\ 0 \\ 0 \end{pmatrix} + s \cdot \begin{pmatrix} -9 \\ 6 \\ 0 \end{pmatrix} + t \cdot \begin{pmatrix} 3 \\ 3 \\ 15 \end{pmatrix} \quad \text{(Parametergleichung von } E_{ADHE})$$

1. Möglichkeit:

Einen Normalenvektor $\vec{n}$ der Ebene berechnet man mit

$$\begin{pmatrix} -9 \\ 6 \\ 0 \end{pmatrix} \times \begin{pmatrix} 3 \\ 3 \\ 15 \end{pmatrix} = \begin{pmatrix} 90 \\ 135 \\ -45 \end{pmatrix} = 45 \cdot \begin{pmatrix} 2 \\ 3 \\ -1 \end{pmatrix}, \quad \text{also } \vec{n} = \begin{pmatrix} 2 \\ 3 \\ -1 \end{pmatrix}$$

und mit dem Ansatz $2x + 3y - z = a$ und wegen $A \in E_{ADHE}$ ergibt sich
E_{ADHE}: $2x + 3y - z = 0$.

2. Möglichkeit:

Der Normalenvektor $\vec{n}$ steht senkrecht auf den Spannvektoren der Ebene, also

$$\vec{n} \perp \begin{pmatrix} -9 \\ 6 \\ 0 \end{pmatrix} \quad \text{und} \quad \vec{n} \perp \begin{pmatrix} 3 \\ 3 \\ 15 \end{pmatrix}, \quad \text{damit gilt}$$

$$\vec{n} \circ \begin{pmatrix} -9 \\ 6 \\ 0 \end{pmatrix} = 0 \quad \text{und} \quad \vec{n} \circ \begin{pmatrix} 3 \\ 3 \\ 15 \end{pmatrix} = 0$$

$$\begin{array}{rl|l} -9n_1 + 6n_2 & = 0 & \\ 3n_1 + 3n_2 + 15n_3 & = 0 & \cdot 3 \quad (+) \\ \hline 15n_2 + 45n_3 & = 0, & \end{array}$$

$15n_2 + 45n_3 = 0, \quad n_2 + 3n_3 = 0, \quad n_2 = -3n_3$

Setzt man $n_3 = 1$, dann ergibt sich:
$n_2 = -3, \quad n_1 = -2$

also

$-2x-3y+z=a$

und wegen $A \in E_{ADHE}$ erhält man:

E_{ADHE}: $-2x-3y+z=0$ bzw.

$2x+3y-z=0$

3. Möglichkeit:

Aus der Parametergleichung von E_{ADHE} folgt:

$$\begin{array}{ll} \text{I.} & x=-9s+3t \\ \text{II.} & y=\ \ 6s+3t \\ \text{III.} & z=\qquad\ \ 15t \\ \hline \end{array}$$

$t=\frac{1}{15}z$ eingesetzt in I und II

$$\begin{array}{l} x=-9s+3\cdot\frac{1}{15}z \\ y=\ \ 6s+3\cdot\frac{1}{15}z \\ \hline \end{array}$$

$$\begin{array}{lll} x=-9s+\frac{1}{5}z & |\cdot 2 & \\ & & + \\ y=\ \ 6s+\frac{1}{5}z & |\cdot 3 & \\ \hline \end{array}$$

$2x+3y=z$

E_{ADHE}: $2x+3y-z=0$

b) Berechnen des Volumens des Werkstücks:

z. B. über das Spatprodukt

$V=(\overrightarrow{AB}\times\overrightarrow{AD})\circ\overrightarrow{AE}$

$$V=\left[\begin{pmatrix}-2\\8\\0\end{pmatrix}\times\begin{pmatrix}-9\\6\\0\end{pmatrix}\right]\circ\begin{pmatrix}3\\3\\15\end{pmatrix}=\begin{pmatrix}0\\0\\60\end{pmatrix}\circ\begin{pmatrix}3\\3\\15\end{pmatrix}=900$$

Das Volumen des Werkstücks beträgt 900 cm^3.

Andere Möglichkeit:

$V=A_G\cdot h$ mit $A_G=|\overrightarrow{AB}\times\overrightarrow{AD}|=\left|\begin{pmatrix}-2\\8\\0\end{pmatrix}\times\begin{pmatrix}-9\\6\\0\end{pmatrix}\right|=\left|\begin{pmatrix}0\\0\\60\end{pmatrix}\right|$

$A_G=60$ und

$h=z_E$, da die Punkte A, B, C, D in der x-y-Ebene liegen

$V=60\cdot 15=900$

Das Volumen des Werkstücks beträgt 900 cm^3.

c) Berechnen der Länge der Bohrungen:

Die HESSE-Form der Ebene E_{ABCD} lautet: $\frac{z}{\sqrt{1}}=0,\ z=0$

Einsetzen von S liefert den gesuchten Abstand:

$$d_1(S, E_{ABCD}) = \frac{4}{\sqrt{1}} = 4$$

(Einfacher: Die Punkte ABCD liegen in der x-y-Ebene, daher gilt $d_1(S, E_{ABCD}) = z_S = 4$.)

Die HESSE-Form der Ebene E_{ADHE} lautet:

$$\frac{2x+3y-z-0}{\sqrt{2^2+3^2+(-1)^2}} = 0,\quad \frac{1}{\sqrt{14}}(2x+3y-z)=0$$

Einsetzen von S liefert den gesuchten Abstand:

$$d_2(S, E_{ADHE}) = \frac{1}{\sqrt{14}}(2\cdot(-3)+3\cdot 8-1\cdot 4) = \frac{14}{\sqrt{14}} = \sqrt{14} \approx 3{,}74$$

Die Längen der Bohrungen betragen 40 mm bzw. 37 mm.

Weitere Möglichkeit:

$d_1 = |\overrightarrow{SF_1}|$ mit $\{F_1\} = g(\vec{n}_{E_{ABCD}}, S) \cap E_{ABCD}$, also

$$g:\ \vec{x} = \begin{pmatrix} -3 \\ 8 \\ 4 \end{pmatrix} + t\begin{pmatrix} 0 \\ 0 \\ 1 \end{pmatrix}$$

Einsetzen in E_{ABCD}: $z=0$ ergibt:

$4+t=0,\quad t=-4$

und damit

$$F_1(-3|8|0),\quad d_1 = |\overrightarrow{SF_1}| = \left|\begin{pmatrix} 0 \\ 0 \\ -4 \end{pmatrix}\right| = 4 \quad \text{und}$$

$d_2 = |\overrightarrow{SF_2}|$ mit $\{F_2\} = h(\vec{n}_{E_{ADHE}}, S) \cap E_{ADHE}$, also

$$h:\ \vec{x} = \begin{pmatrix} -3 \\ 8 \\ 4 \end{pmatrix} + s\begin{pmatrix} 2 \\ 3 \\ -1 \end{pmatrix}$$

Einsetzen in E_{ADHE}: $2x+3y-z=0$ ergibt:

$$\begin{aligned} 2(-3+2s)+3(8+3s)-(4-s) &= 0 \\ -6+4s+24+9s-4+s &= 0 \\ 14s &= -14 \\ s &= -1 \end{aligned}$$

und damit

$$F_2(-5|5|5),\quad d_2 = |\overrightarrow{SF_2}| = \left|\begin{pmatrix} -2 \\ -3 \\ 1 \end{pmatrix}\right| = \sqrt{14}$$

Begründen, dass der Punkt S im Innern des Werkstücks liegt:

$\overrightarrow{OS} = r_1\overrightarrow{AB} + r_2\overrightarrow{BC} + r_3\overrightarrow{CG}$ mit $\overrightarrow{OG} = \overrightarrow{OC} + \overrightarrow{DH}$, also $G(-8\,|\,17\,|\,15)$

$$\begin{pmatrix}-3\\8\\4\end{pmatrix} = r_1\begin{pmatrix}-2\\8\\0\end{pmatrix} + r_2\begin{pmatrix}-9\\6\\0\end{pmatrix} + r_3\begin{pmatrix}3\\3\\15\end{pmatrix}$$

$$\begin{array}{ll} \text{I.} & -3 = -2r_1 - 9r_2 + 3r_3 \\ \text{II.} & 8 = 8r_1 + 6r_2 + 3r_3 \\ \text{III.} & 4 = 15r_3 \end{array}$$

$\Rightarrow\ 15r_3 = 4,\ r_3 = \frac{4}{15}$

Eingesetzt in I und II ergibt sich:

$$\begin{array}{ll} -3 = -2r_1 - 9r_2 + \frac{4}{5} & |\cdot 4 \\ 8 = 8r_1 + 6r_2 + \frac{4}{5} & + \end{array}$$

$-4 = \quad -30r_2 + 4,\quad r_2 = +\frac{8}{30} = \frac{4}{15}$

und

$-3 = -2r_1 - 9\cdot\frac{4}{15} + \frac{4}{5},\quad -\frac{7}{5} = -2r_1,\quad r_1 = \frac{7}{10}$

also

$0 < r_i < 1\ (i = 1; 2; 3)$

Damit liegt S im Innern des Werkstücks.

Ermitteln der Koordinaten der Bohrpunkte:

Hinweis: Haben Sie bei der Berechnung der Länge der jeweiligen Bohrung nicht mit der Hesseform gearbeitet, sondern mit Abstandsberechnungen (siehe Teilaufgabe c, „Weitere Möglichkeit"), so haben Sie die Koordinaten der Bohrpunkte F_1 und F_2 schon ermittelt.

$g(\vec{n}_{E_{ABCD}}, S) \cap E_{ABCD} = \{F_1\}$

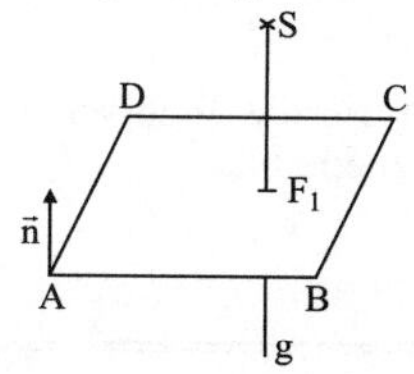

$$g:\ \vec{x} = \begin{pmatrix}-3\\8\\4\end{pmatrix} + t\begin{pmatrix}0\\0\\1\end{pmatrix}$$

E_{ABCD}: $z = 0$, also

$4 + t = 0,\quad t = -4$

und damit $F_1(-3\,|\,8\,|\,0)$.

$h(\vec{n}_{ADHE}, S) \cap E_{ADHE} = \{F_2\}$

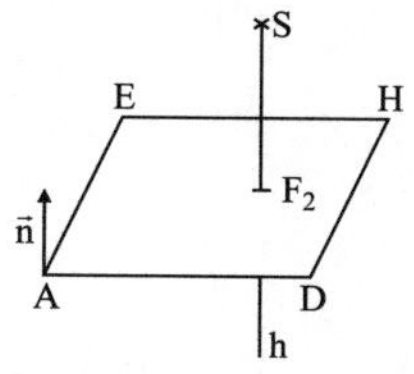

$$h:\ \vec{x} = \begin{pmatrix}-3\\8\\4\end{pmatrix} + s\begin{pmatrix}2\\3\\-1\end{pmatrix}$$

E_{ADHE}: $2x + 3y - z = 0$, also

$2(-3 + 2s) + 3(8 + 3s) - (4 - s) = 0,\quad s = -1$

und damit $F_2(-5\,|\,5\,|\,5)$.

Ein Optik-Unternehmen fertigt optische Linsen verschiedener Art in sehr großer Anzahl. Erfahrungsgemäß hat eine Linse mit einer Wahrscheinlichkeit von 0,98 die geforderte Präzision.

a) Eine Serie umfasst 50 Linsen. Die Zufallsgröße X beschreibe die Anzahl derjenigen Linsen, die nicht die geforderte Präzision haben. Die Zufallsgröße X werde als binomialverteilt angenommen.
Berechnen Sie die Wahrscheinlichkeit dafür, dass eine Serie mehr als eine Linse enthält, die nicht die geforderte Präzision hat.

Ermitteln Sie, welchen Umfang eine Stichprobe mindestens besitzen muss, damit sie mit einer Wahrscheinlichkeit von mindestens 95 % mindestens eine Linse enthält, die nicht die geforderte Präzision hat. (8 BE)

b) Für Linsensysteme werden jeweils drei Linsen zufällig ausgewählt.
Begründen Sie, warum dies als BERNOULLI-Kette angesehen werden kann und berechnen Sie die Wahrscheinlichkeit dafür, dass höchstens eine der ausgewählten Linsen die geforderte Präzision hat.

Für verschiedene Linsensysteme werden insgesamt 500 Linsen der geforderten Präzision benötigt.
Berechnen Sie, wie viele Linsen mindestens verfügbar sein müssen, um mit einer Wahrscheinlichkeit von mindestens 99 % nur Linsen der geforderten Präzision in diesen Systemen zu verwenden. (14 BE)

Das Optik-Unternehmen hat die Qualität der Linsen verbessert. In einer Stichprobe von 50 Linsen haben mit einer Wahrscheinlichkeit von 0,6 alle Linsen die geforderte Präzision. Die Zufallsgröße Z beschreibe die Anzahl der Linsen, die die geforderte Präzision haben. Diese Zufallsgröße werde als binomialverteilt angenommen.

c) Ermitteln Sie die Wahrscheinlichkeit, mit der nunmehr eine Linse die geforderte Präzision hat. (3 BE)

(25 BE)

Tipps und Hinweise zum Lösen von Pflichtaufgabe L3: Stochastik

a) *Berechnen der gesuchten Wahrscheinlichkeit*

Hinweis: Die BERNOULLI-Formel lautet: $P(X=k)=\binom{n}{k}\cdot p^k\cdot(1-p)^{n-k};\quad (0\leq k\leq n)$

Tipps:

- Ermitteln Sie die Parameter n und p der binomialverteilten Zufallsgröße X.
- Möglicher Lösungsansatz: $P(X\geq 2)=1-P(X\leq 1)$, BERNOULLI-Formel nutzen!

Mindestumfang n der Stichprobe (Mindestlänge einer BERNOULLI-Kette)

Hinweis: Es gilt: $P(X\geq 1)=1-P(X=0)$

Tipps:

- Mit welchen Parameterwerten ist die Zufallsgröße binomialverteilt?
- Die Zufallsgröße X_n ist $B_{n;\,p}$-verteilt, wobei n der unbekannte Stichprobenumfang und $p=0{,}02$ der Parameterwert für die Wahrscheinlichkeit ist.
- Haben Sie erkannt, dass die Bedingung $P(X\geq 1)\geq 0{,}95$ gefordert ist?
- Beachten Sie den obigen Hinweis, und wenden Sie für die Berechnung von $P(X=0)\leq 0{,}05$ die BERNOULLI-Formel an.
- Ermitteln Sie n unter Beachtung der Logarithmengesetze und der Umkehrung des Relationszeichens.

b) *Begründen, dass eine BERNOULLI-Kette vorliegt*

Hinweis:
Eine BERNOULLI-Kette der Länge n beschreibt einen n-stufigen BERNOULLI-Versuch.

Tipps:

- Überlegen Sie, unter welchen Bedingungen ein BERNOULLI-Versuch vorliegt (mögliche Versuchsausgänge, zugehörige Wahrscheinlichkeiten, ...).
- Erfassen Sie für die Begründung die Bedingungen sachbezogen (siehe Aufgabentext).

Wahrscheinlichkeit, dass höchstens eine Linse die geforderte Präzision hat

Tipps:

- Überlegen Sie, was durch die festzulegende Zufallsgröße beschrieben werden soll und wie diese verteilt ist.
- Die Zufallsgröße X_3 ist $B_{n;\,p}$-verteilt, die Parameterwerte sind $n=3$ (Stichprobenumfang) und $p=0{,}98$ (Wahrscheinlichkeit).
- Haben Sie erkannt, welche Bedingung (Text: „höchstens") für die Zufallsgröße X_3 gefordert wird?
- Möglicher Lösungsansatz:
  $P(X\leq 1)=P(X=0)+P(X=1)$, BERNOULLI-Formel zur Berechnung nutzen!

Berechnen der Mindestanzahl n der Linsen (Mindestlänge einer BERNOULLI-Kette)

Hinweise:
Ist die Binomialverteilung einer Zufallsgröße nicht tabelliert und auch nicht ohne Weiteres mithilfe der BERNOULLI-Formel zu ermitteln, dann näherungsweise Berechnung unter Verwendung von (Standard-)Normalverteilung prüfen: Die näherungsweise Berechnung ist im Allgemeinen bei genügend großen n-Werten sinnvoll. Ist das empirische Kriterium

(Faustregel) $V(X) > 9$ erfüllt, so gelten die Näherungswerte als hinreichend genau. Gelegentlich wird auch als Kriterium $V(X) > \frac{1}{2}\sqrt{n}$ verwendet.

Näherungsformel nach dem Grenzwertsatz von DE MOIVRE-LAPLACE:

$$P(Y \leq k) = B_{n;\,p}(\{0; 1; \ldots; k\}) \approx \Phi\left(\frac{k + 0{,}5 - \mu}{\sigma}\right)$$

Tipps:

- Überlegen Sie, was durch die festzulegende Zufallsgröße Y beschrieben werden soll und wie diese verteilt ist.
- Die Zufallsgröße Y ist $B_{n;\,p}$-verteilt, wobei n ($n \geq 500$) die unbekannte Anzahl Linsen und $p = 0{,}98$ der Parameterwert für die Wahrscheinlichkeit ist.
- Überlegen Sie unter Beachtung des obigen Hinweises, warum für die Berechnung die Näherungsformel nach dem Grenzwertsatz von DE MOIVRE-LAPLACE angewendet werden kann.
- Mögliches Zwischenergebnis:
  $-\dfrac{499{,}5 - 0{,}98n}{\sqrt{0{,}0196n}} \geq 2{,}33$, formen Sie das Zwischenergebnis geeignet um!
- Die Substitution $\sqrt{n} = z$ bzw. $n = z^2$ führt auf eine quadratische Ungleichung. Lösen Sie diese (Un-)Gleichung mithilfe der Lösungsformel.
- Der kleinstmögliche Wert für n kann ebenso aus dem oben angegebenen Zwischenergebnis durch systematisches Probieren ermittelt werden.

c) *Ermitteln der gesuchten Wahrscheinlichkeit*

Hinweis:
Für $k = n$ vereinfacht sich die BERNOULLI-Formel zu: $P(X = n) = \binom{n}{n} \cdot p^n \cdot (1-p)^0 = p^n$

Tipps:

- Überlegen Sie, mit welchen Parameterwerten die Zufallsgröße Z binomialverteilt ist. Beachten Sie: Die Wahrscheinlichkeit p ist zu ermitteln!
- Überlegen Sie, welchen Wert $P(Z = 50)$ gemäß Aufgabenstellung annimmt.
- Möglicher Lösungsansatz: $p^{50} = 0{,}6$

Lösungen

a) Berechnen der gesuchten Wahrscheinlichkeit:

Die Zufallsgröße X beschreibt die Anzahl derjenigen Linsen, die *nicht* die geforderte Präzision haben. Sie wird als binomialverteilt angenommen mit $n = 50$ und $p = 1 - 0{,}98 = 0{,}02$, also $X \sim B_{50;\,0{,}02}$.
(Beachten Sie, dass die Wahrscheinlichkeit *für das Erreichen* der Präzision gegeben ist.)

$P(X \geq 2) = 1 - P(X \leq 1) = 1 - [P(X = 0) + P(X = 1)]$

Anwenden der BERNOULLI-Formel $P(X = k) = \binom{n}{k} \cdot p^k \cdot (1-p)^{n-k}$; $(0 \leq k \leq n)$:

$$P(X = 0) = \binom{50}{0} \cdot 0{,}02^0 \cdot 0{,}98^{50} = 0{,}98^{50} \approx 0{,}36417$$

$$P(X = 1) = \binom{50}{1} \cdot 0{,}02^1 \cdot 0{,}98^{49} = 50 \cdot 0{,}02 \cdot 0{,}98^{49} \approx 0{,}37160$$

$\Rightarrow \quad P(X \geq 2) \approx 1 - (0{,}36417 + 0{,}37160) = 0{,}26423$

$\mathbf{P(X \geq 2) \approx 26{,}4\ \%}$

Mindestumfang n der Stichprobe (Mindestlänge einer BERNOULLI-Kette):

Die Zufallsgröße X_n gebe die Anzahl derjenigen Linsen in der Stichprobe an, die nicht die geforderte Präzision haben. Die Zufallsgröße X_n ist binomialverteilt mit unbekanntem n und $p = 1 - 0{,}98 = 0{,}02$, also $X_n \sim B_{n;\,0{,}02}$.
Es wird die Bedingung $P(X_n \geq 1) \geq 0{,}95$ gefordert.
Wegen $P(X_n \geq 1) = 1 - P(X_n = 0)$ ist diese Bedingung äquivalent mit $P(X_n = 0) \leq 0{,}05$.

Mit $P(X_n = 0) = \binom{n}{0} \cdot 0{,}02^0 \cdot 0{,}98^n = 0{,}98^n$ (Anwenden der BERNOULLI-Formel) folgt:

$$0{,}98^n \leq 0{,}05$$

$$n \cdot \ln 0{,}98 \leq \ln 0{,}05 \qquad \text{(Logarithmieren; Logarithmengesetz)}$$

$$n \geq \frac{\ln 0{,}05}{\ln 0{,}98} \qquad \text{(Umkehrung des Relationszeichens wegen } \ln 0{,}98 < 0\text{)}$$

$$n \geq 148{,}28\ldots \qquad \Rightarrow \quad n \geq 149$$

Zur Stichprobe müssen mindestens 149 Linsen gehören.

b) Begründen, dass eine BERNOULLI-Kette vorliegt:

- Bei der Zufallsauswahl jeder der drei Linsen werden genau zwei Ereignisse unterschieden, nämlich das Ereignis „Linse hat die geforderte Präzision“ und das zugehörige Gegenereignis „Linse hat nicht die geforderte Präzision“.
- Die Wahrscheinlichkeit für das Ereignis bzw. das Gegenereignis kann (aufgrund der sehr großen Anzahl von Linsen) bei jeder Zufallsauswahl als unverändert angesehen werden.
- Die Zufallsauswahl besteht aus n $(n = 3)$ voneinander unabhängigen Versuchen.

Wahrscheinlichkeit, dass höchstens eine Linse die geforderte Präzision hat:

Die Zufallsgröße X_3 beschreibt die Anzahl derjenigen Linsen, die die geforderte Präzision haben. Die Zufallsgröße X_3 ist binomialverteilt mit $n = 3$ und $p = 0{,}98$; $X_3 \sim B_{3;\,0{,}98}$.

$P(X_3 \leq 1) = P(X_3 = 0) + P(X_3 = 1)$

Anwenden der BERNOULLI-Formel:

$$P(X_3 = 0) = \binom{3}{0} \cdot 0{,}98^0 \cdot 0{,}02^3 = 0{,}02^3 = 0{,}000008$$

$$P(X = 1) = \binom{3}{1} \cdot 0{,}98^1 \cdot 0{,}02^2 = 3 \cdot 0{,}98 \cdot 0{,}02^2 = 0{,}001176$$

$\Rightarrow \quad P(X_3 \leq 1) = 0{,}000008 + 0{,}001176 = 0{,}001184$

$\mathbf{P(X_3 \leq 1) \approx 0{,}1\ \%}$

Berechnen der Mindestanzahl n der Linsen (Mindestlänge einer BERNOULLI-Kette):

Die Zufallsgröße Y beschreibe unter n Linsen die Anzahl k derjenigen Linsen, die die geforderte Präzision haben. Die Zufallsgröße Y ist binomialverteilt ($Y \sim B_{n;\,0,98}$) und wird näherungsweise als normalverteilt mit unbekanntem n ($n \geq 500$) angesehen. Die Näherung ist hinreichend genau, da für $n \geq 500$ auch $V(Y) \geq 500 \cdot 0{,}98 \cdot 0{,}02 = 9{,}8 > 9$ gilt (Faustregel bzw. empirisches Kriterium $V(Y) > 9$ ist erfüllt).

Zur Berechnung wird die Näherungsformel nach dem Grenzwertsatz von DE MOIVRE-LAPLACE verwendet.

$$P(Y \leq k) = B_{n;\,p}(\{0; 1; \ldots; k\}) \approx \Phi\left(\frac{k + 0{,}5 - \mu}{\sigma}\right)$$

k: kritischer Wert

0,5: Korrektursummand

μ: Erwartungswert $\quad \mu = E(Y) = n \cdot p = 0{,}98n$

σ: Standardabweichung $\quad \sigma = \sqrt{V(Y)} = \sqrt{n \cdot p \cdot (1 - p)} = \sqrt{n \cdot 0{,}98 \cdot 0{,}02} = \sqrt{0{,}0196n}$

Da mit einer Wahrscheinlichkeit von mindestens 0,99 nur Linsen der geforderten Präzision verwendet werden sollen, ist von der Bedingung $P(Y \geq 500) \geq 0{,}99$ auszugehen.

Wegen $P(Y \geq 500) = 1 - P(Y \leq 499) \geq 0{,}99$ erhält man mit der Näherung

$P(Y \leq 499) \approx \Phi\left(\frac{499{,}5 - 0{,}98n}{\sqrt{0{,}0196n}}\right)$ die Ungleichung $1 - \Phi\left(\frac{499{,}5 - 0{,}98n}{\sqrt{0{,}0196n}}\right) \geq 0{,}99.$

Zum Ablesen aus einer Tabelle der Funktionswerte $\Phi(x)$ der Normalverteilung ist die Beziehung $1 - \Phi(x) = \Phi(-x)$ zu nutzen.

Für $\Phi\left(-\frac{499{,}5 - 0{,}98n}{\sqrt{0{,}0196n}}\right) \geq 0{,}99$ erhält man den Tabellenwert $\Phi(2{,}33) \approx 0{,}99$ und somit die

Ungleichung $-\frac{499{,}5 - 0{,}98n}{\sqrt{0{,}0196n}} \geq 2{,}33$, bzw. durch Umformung:

$$0{,}98n - 2{,}33 \cdot \sqrt{0{,}0196n} - 499{,}5 \geq 0$$

Diese Ungleichung wird aufgrund von $2{,}33 \cdot \sqrt{0{,}0196n} = 0{,}3262 \cdot \sqrt{n}$ und nach Division durch 0,98 vereinfacht zu der Ungleichung $n - 0{,}3329 \cdot \sqrt{n} - 509{,}69 \geq 0$.

Nach Substitution von $\sqrt{n} = z$ bzw. $n = z^2$ erhält man $z^2 - 0{,}3329z - 509{,}69 \geq 0$.

Das Anwenden der Lösungsformel für das Lösen *quadratischer Gleichungen* führt auf $z_{1/2} = 0{,}17 \pm 22{,}58$. Hieraus folgt:

$z_1 \geq 22{,}75 \quad \Rightarrow \quad n \geq 517{,}5\ldots$; also $n \geq 518$

$z_2 \leq -22{,}41 \quad$ entfällt, denn $z = \sqrt{n}$ mit $n \in \mathbb{N}$, $n \geq 500$ gemäß Sachverhalt

Es müssen mindestens 518 Linsen verfügbar sein.

1. Lösungsvariante:

Der kleinstmögliche Wert für n ($n \in \mathbb{N}$, $n \geq 500$) lässt sich aus $T = -\frac{499{,}5 - 0{,}98n}{\sqrt{0{,}0196n}} \geq 2{,}33$ durch systematisches Probieren („vollständiges Durchmustern") relativ schnell finden, z. B.:

Annahme	Wert des Terms T	Schlussfolgerung
$n = 520$	$T = 3{,}16\ldots > 2{,}33$	$n < 520$
$n = 515$	$T = 1{,}63\ldots < 2{,}33$	$n > 515$
$n = 517$	$T = 2{,}24\ldots < 2{,}33$	$n > 517$
$n = 518$	$T = 2{,}55\ldots > 2{,}33$	$n = 518$ kleinstmöglicher Wert, da $n \in \mathbb{N}$

Hinweis: Zum Finden eines geeigneten „Startwertes" kann man sich grob an der Anzahl der unter 500 Linsen zu erwartenden „unpräzisen" Linsen orientieren.
Erwartungswert: $\mu = 500 \cdot 0{,}02 = 10$

Die Mindestanzahl der Linsen beträgt 518.

2. Lösungsvariante: (veränderter Lösungsansatz)

Die Wahrscheinlichkeit dafür, dass die Anzahl der „unpräzisen" Linsen höchstens k ist, soll (unter n = 500 Linsen) mindestens 0,99 betragen.

Die Zufallsgröße Z beschreibe unter 500 Linsen die Anzahl k derjenigen Linsen, die *nicht* die geforderte Präzision haben; also $Z \sim B_{500;\,0{,}02}$.

Mit $\mu = E(Z) = 10$ und $\sigma = \sqrt{V(Z)} = \sqrt{9{,}8}$ erhält man $P(Z \leq k) \approx \Phi\left(\frac{k - 9{,}5}{\sqrt{9{,}8}}\right) \geq 0{,}99$.

Aus einer Tabelle der Funktionswerte $\Phi(x)$ der Normalverteilung entnimmt man (direkt) den Tabellenwert $\Phi(2{,}33) = 0{,}9901 \geq 0{,}99$.

Somit folgt $\frac{k - 9{,}5}{\sqrt{9{,}8}} \geq 2{,}33$ und daraus $k \geq 2{,}33 \cdot \sqrt{9{,}8} + 9{,}5 = 16{,}79\ldots$, also $k \geq 17$.

Der ermittelte Wert k gibt somit auch die Anzahl der Linsen an, die mindestens zusätzlich verfügbar sein müssen. Es ist jedoch unbedingt zu beachten, dass unter diesen 17 Linsen (gemäß $\mu = 17 \cdot 0{,}02 = 0{,}34$) im statistischen Mittel noch eine (weitere) „unpräzise" Linse zu erwarten ist. Unter den gegebenen Bedingungen (und wegen des sehr kleinen Erwartungswertes) dürfte es daher praktisch genügen, mindestens 18 Linsen zusätzlich verfügbar zu haben, also insgesamt 518 Linsen.

c) Ermitteln der gesuchten Wahrscheinlichkeit:

Die Zufallsgröße Z beschreibt die Anzahl derjenigen Linsen, die die geforderte Präzision haben. Die Zufallsgröße Z ist binomialverteilt mit $n = 50$ und unbekanntem Wert p, also $Z \sim B_{50;\,p}$.
Es gilt $P(Z = 50) = 0{,}6$, wobei $k = n = 50$, denn unter $n = 50$ Linsen haben alle ($k = n = 50$) mit der Wahrscheinlichkeit 0,6 die geforderte Präzision.
Berechnung der gesuchten Wahrscheinlichkeit p mithilfe der BERNOULLI-Formel:

$$P(Z = 50) = \binom{50}{50} \cdot p^{50} \cdot (1 - p)^0 = 0{,}6$$

$$p^{50} = 0{,}6 \quad \Leftrightarrow \quad p = \sqrt[50]{0{,}6} \approx 0{,}99$$

Die Wahrscheinlichkeit beträgt etwa 99 %.

Kernfach Mathematik (Sachsen-Anhalt): Abiturprüfung 2006
Leistungskursniveau – Wahlpflichtaufgabe L4.1: Analysis

Eine Firma beauftragt vor Einführung eines neuen Produktes ein Marktforschungsinstitut mit einer Marktanalyse. Es wird angenommen, dass die Anzahl n der pro Monat verkauften Stücke des Produktes nur vom Verkaufspreis x (in Euro) abhängt. Diese Abhängigkeit kann durch die Gleichung

$$n(x) = 2{,}025 \cdot 10^{12} \cdot x^{-4}$$

beschrieben werden.
Die Herstellungskosten seien k (in Euro je Stück).

Der Gewinn wird aus der Differenz der Einnahmen und der Herstellungskosten berechnet. Er hängt von den Herstellungskosten k und vom Verkaufspreis x ab. Diese Abhängigkeit wird durch Funktionen G_k mit $G_k(x)$, $x \in \mathbb{R}$ und $x > 0$ sowie $k \in \mathbb{R}$ und $k > 0$, beschrieben.
Stellen Sie eine Gleichung für diese Funktionen G_k auf. (3 BE)
Ermitteln Sie denjenigen Verkaufspreis x (in Abhängigkeit von k), bei dem der monatliche Gewinn maximal ist und geben Sie diesen Gewinn an. (9 BE)

Die Herstellungskosten k werden sich voraussichtlich um 10 % erhöhen.
Berechnen Sie die prozentuale Veränderung des maximalen Gewinns, wenn die Herstellungskosten k ursprünglich 150 Euro betragen haben. (3 BE)
(15 BE)

Tipps und Hinweise zum Lösen von Wahlpflichtaufgabe L4.1: Analysis

Aufstellen einer Gleichung für die Funktionen

Tipps:

- Gewinn = Einnahmen – Herstellungskosten
- Einnahmen = Verkaufspreis · Anzahl n
- Herstellungskosten insgesamt = Herstellungskosten k · Anzahl n

Ermitteln des optimalen Verkaufspreises

Tipps:

- Bevor Sie die Ableitungen bilden, klammern Sie den Term $2{,}025 \cdot 10^{12}$ aus.
- Vergessen Sie nicht den Nachweis des lokalen Maximums.
- Denken Sie beim Ergebnis an die Einheit.

Berechnen der prozentualen Veränderung des maximalen Gewinns

Tipp:
Berechnen und vergleichen Sie die maximalen Gewinne für die Werte $k = 150$ und $k = 1{,}1 \cdot 150$.

Lösungen

Aufstellen einer Gleichung für die Funktionen:

Gewinn = Einnahmen – Herstellungskosten

$G(x) = E(x) - H(x)$ mit $E(x) = x \cdot n(x)$ und

$H_k(x) = k \cdot n(x)$, also

$G_k(x) = x \cdot n(x) - k \cdot n(x)$

$G_k(x) = x \cdot 2{,}025 \cdot 10^{12} \cdot x^{-4} - k \cdot 2{,}025 \cdot 10^{12} \cdot x^{-4}$

$G_k(x) = 2{,}025 \cdot 10^{12}(x^{-3} - kx^{-4})$

Ermitteln des optimalen Verkaufspreises:

$$G_k'(x) = 2{,}025 \cdot 10^{12}(-3x^{-4} + 4kx^{-5})$$

$$0 = 2{,}025 \cdot 10^{12}\left(\frac{-3}{x^4} + \frac{4k}{x^5}\right)$$

$$0 = \frac{-3}{x^4} + \frac{4k}{x^5}$$

$$x = \frac{4}{3}k$$

$$G_k''(x) = 2{,}025 \cdot 10^{12}(12x^{-5} - 20kx^{-6})$$

$$G_k''(x) = 2{,}025 \cdot 10^{12}\left(\frac{12}{x^5} - \frac{20k}{x^6}\right)$$

$$G_k''\left(\frac{4}{3}k\right) = 2{,}025 \cdot 10^{12} \cdot \left(\frac{12}{\left(\frac{4}{3}k\right)^5} - \frac{20k}{\left(\frac{4}{3}k\right)^6}\right)$$

$$G_k''\left(\frac{4}{3}k\right) = 2{,}025 \cdot 10^{12} \cdot (-0{,}7119k^{-5}) < 0, \text{ da } k > 0, \text{ also Maximum}$$

Maximaler Gewinn:

$$G_k\left(\frac{4}{3}k\right) = 2{,}025 \cdot 10^{12}\left(\frac{1}{\left(\frac{4}{3}k\right)^3} - \frac{k}{\left(\frac{4}{3}k\right)^4}\right)$$

$$\approx 2{,}025 \cdot 10^{12} \cdot \frac{27}{256} \cdot \frac{1}{k^3}$$

$$\approx 0{,}21357 \cdot 10^{12} \cdot \frac{1}{k^3}$$

$$\approx 2{,}136 \cdot 10^{11} \cdot \frac{1}{k^3}, \text{ also}$$

Der maximale Gewinn wird bei einem Verkaufspreis von $\frac{4}{3}k$ Euro erzielt und beträgt $2{,}136 \cdot 10^{11} \cdot \frac{1}{k^3}$ Euro.

Berechnen der prozentualen Veränderung des maximalen Gewinns:

ursprüngliche Herstellungskosten: $k = 150$

$$G\left(\frac{4}{3} \cdot 150\right) = G(200) = 2{,}136 \cdot 10^{11} \cdot \frac{1}{200^3}$$
$$\approx 2{,}670 \cdot 10^4$$

neue Herstellungskosten: 10 % von $150 = 15$, also $k = 165$

$$G\left(\frac{4}{3} \cdot 165\right) = G(220) = 2{,}136 \cdot 10^{11} \cdot \frac{1}{220^3}$$
$$\approx 2{,}006 \cdot 10^4$$

und damit

$26\,700 \triangleq 100\,\%$

$20\,060 \triangleq x$

$$x = \frac{20\,060 \cdot 100\,\%}{26\,700} = 75{,}13\,\% \quad \Rightarrow \quad \text{prozentuale Veränderung: } 24{,}87\,\%$$

Bei einer Erhöhung der Herstellungskosten um 10 % verringert sich der maximale Gewinn um ca. 25 %.

Kernfach Mathematik (Sachsen-Anhalt): Abiturprüfung 2006
Leistungskursniveau – Wahlpflichtaufgabe L4.2: Analytische Geometrie

In einem kartesischen Koordinatensystem ist ein regelmäßiges Sechseck ABCDEF durch die Eckpunkte $A(0|-1|2)$, $B(2|1|2)$, und $D(4|-1|-2)$ gegeben.

Begründen Sie, dass ein regelmäßiges Sechseck in gleichseitige Dreiecke aufgeteilt wird, wenn man den Mittelpunkt dieses Sechsecks jeweils mit den Eckpunkten verbindet. (2 BE)

Berechnen Sie die Koordinaten des Mittelpunktes sowie die Maßzahl des Umkreisradius und des Inkreisradius des Sechsecks ABCDEF. (4 BE)

Berechnen Sie die Koordinaten der Eckpunkte C und E des Sechsecks ABCDEF. (5 BE)

Das Sechseck ABCDEF werde durch senkrechte Parallelprojektion in die x-y-Ebene projiziert, dabei entsteht das Bild A'B'C'D'E'F'.
Schlussfolgern Sie aus den Koordinaten von Eckpunkten des Sechsecks ABCDEF, welche Seiten des Sechsecks in wahrer Länge abgebildet werden und welche Seiten des Bildes die x-Achse schneiden. (4 BE)

(15 BE)

Tipps und Hinweise zum Lösen von Wahlpflichtaufgabe L4.2: Analytische Geometrie

Begründen, dass die Aufteilung in gleichseitige Dreiecke erfolgt

Hinweis:
Konstruieren Sie ein regelmäßiges Sechseck, dies wird Ihnen die für die Begründung und für die folgenden Teilaufgaben hilfreich sein.

Tipp: Denken Sie an entsprechende Seiten und Winkel.

Berechnen der Koordinaten des Mittelpunktes

Tipps:

- Überlegen Sie, wie Sie vom Koordinatenursprung zum Mittelpunkt kommen.
- Denken Sie daran, dass der Mittelpunkt die Strecke $\overline{AD}$ halbiert.

Berechnen der Maßzahl der Radien

Hinweis:
Formel für den Abstand zweier Punkte $P_1(x_1|y_1|z_1)$ und $P_2(x_2|y_2|z_2)$:

$$d(P_1; P_2) = \sqrt{(x_2 - x_1)^2 + (y_2 - y_1)^2 + (z_2 - z_1)^2}$$

Tipps:

- Zeichnen Sie sich den Inkreis in das regelmäßige Sechseck ein.
- Überlegen Sie, wie Sie zum Mittelpunkt der Strecke $\overline{AB}$ kommen.

Berechnen der Koordinaten der Eckpunkte C und E

Tipps:

- Überlegen Sie, wie Sie vom Koordinatenursprung zum Eckpunkt C bzw. E kommen.
- Stellen Sie entsprechende Vektorgleichungen auf.

Lösungen

Begründen, dass die Aufteilung in gleichseitige Dreiecke erfolgt:

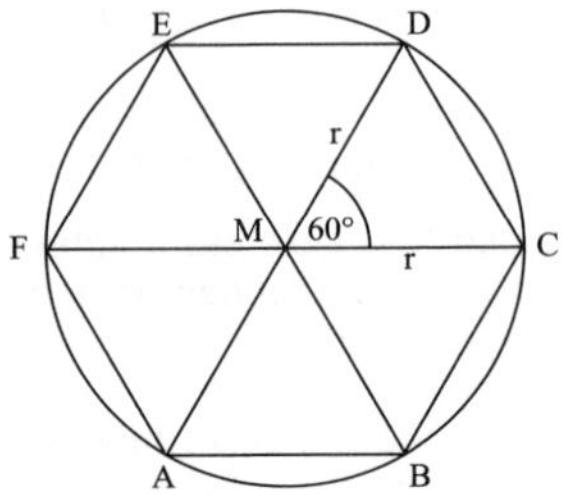

Die Innenwinkel mit dem Scheitelpunkt M betragen $\frac{360°}{6} = 60°$ und die anliegenden Seiten sind gleich lang (Radius des Umkreises). Damit sind alle Innenwinkel 60° und die Dreiecke gleichseitig.

Berechnen der Koordinaten des Mittelpunktes sowie der Maßzahl der Radien:

Mittelpunkt der Strecke $\overline{AD}$:

$$\overrightarrow{OM} = \overrightarrow{OA} + \frac{1}{2}\overrightarrow{AD} = \begin{pmatrix} 0 \\ -1 \\ 2 \end{pmatrix} + \frac{1}{2}\begin{pmatrix} 4 \\ 0 \\ -4 \end{pmatrix} = \begin{pmatrix} 2 \\ -1 \\ 0 \end{pmatrix}$$

$\Rightarrow \quad M(2\,|\,-1\,|\,0)$

Umkreisradius:

$$r_u = |\overrightarrow{AM}| = \left|\begin{pmatrix} 2 \\ 0 \\ -2 \end{pmatrix}\right| = \sqrt{8} = 2 \cdot \sqrt{2} \quad \text{und}$$

Inkreisradius:

$$r_i = |\overrightarrow{MM_{\overline{AB}}}| \text{ mit } \overrightarrow{OM_{\overline{AB}}} = \overrightarrow{OA} + \frac{1}{2}\overrightarrow{AB} = \begin{pmatrix} 0 \\ -1 \\ 2 \end{pmatrix} + \frac{1}{2}\begin{pmatrix} 2 \\ 2 \\ 0 \end{pmatrix} = \begin{pmatrix} 1 \\ 0 \\ 2 \end{pmatrix}$$

$\Rightarrow \quad M_{\overline{AB}}(1\,|\,0\,|\,2)$

$$\Rightarrow \quad r_i = \left|\begin{pmatrix} 1 \\ 0 \\ 2 \end{pmatrix} - \begin{pmatrix} 2 \\ -1 \\ 0 \end{pmatrix}\right| = \left|\begin{pmatrix} -1 \\ 1 \\ 2 \end{pmatrix}\right| = \sqrt{6}$$

Berechnen der Koordinaten der Eckpunkte C und E:

$$\overrightarrow{OC} = \overrightarrow{OM} + \overrightarrow{AB} = \begin{pmatrix} 2 \\ -1 \\ 0 \end{pmatrix} + \begin{pmatrix} 2 \\ 2 \\ 0 \end{pmatrix} = \begin{pmatrix} 4 \\ 1 \\ 0 \end{pmatrix}$$

$\Rightarrow \quad C(4\,|\,1\,|\,0)$

$$\overrightarrow{OE} = \overrightarrow{OB} + 2\overrightarrow{BM} = \begin{pmatrix} 2 \\ 1 \\ 2 \end{pmatrix} + 2\begin{pmatrix} 0 \\ -2 \\ -2 \end{pmatrix} = \begin{pmatrix} 2 \\ -3 \\ -2 \end{pmatrix}$$

$\Rightarrow \quad E(2\,|\,-3\,|\,-2)$

Schlussfolgern der Lage der Seiten:

Aufgrund gleicher z-Koordinaten der Endpunkte liegt die Strecke $\overline{AB}$ parallel zur x-y-Ebene und wegen $\overline{AB} \parallel \overline{DE}$ liegt auch die Strecke $\overline{DE}$ parallel zur x-y-Ebene. Somit werden die Strecken $\overline{AB}$ und $\overline{DE}$ in wahrer Länge abgebildet.

Aufgrund verschiedener Vorzeichen der y-Koordinaten der Endpunkte der Strecke $\overline{AB}$ wie auch der Strecke $\overline{CD}$ schneiden die Projektionen dieser Strecken die x-Achse.

Gegeben sind die Funktionen f_a und die Funktion g jeweils in ihrem größtmöglichen Definitionsbereich D_{f_a} bzw. D_g durch

f_a: $y = f_a(x) = \dfrac{2x-4}{x+a}$; $\quad x \in D_{f_a}$, $a \in \mathbb{R}$, $a \neq -2$;

g: $y = g(x) = 2x - 8\ln(x+2)$; $\quad x \in D_g$.

Ferner ist der Graph G der Funktion g in einem Intervall gegeben.

a) Geben Sie die Definitionsbereiche D_{f_a} und D_g an.

Ermitteln Sie die Koordinaten der Schnittpunkte der Graphen der Funktionen f_a mit den Koordinatenachsen sowie Gleichungen der Asymptoten der Graphen von f_a.

Untersuchen Sie die Graphen der Funktionen f_a auf Existenz lokaler Extrempunkte. (11 BE)

Zeigen Sie, dass die Funktionen f_a für $a > -2$ in den Intervallen $-\infty < x < -a$ und $-a < x < \infty$ jeweils monoton steigend sind. (4 BE)

Zeichnen Sie den Graphen der Funktion f_2 im Intervall $-8 \le x \le 8$ in das gegebene Koordinatensystem. (4 BE)

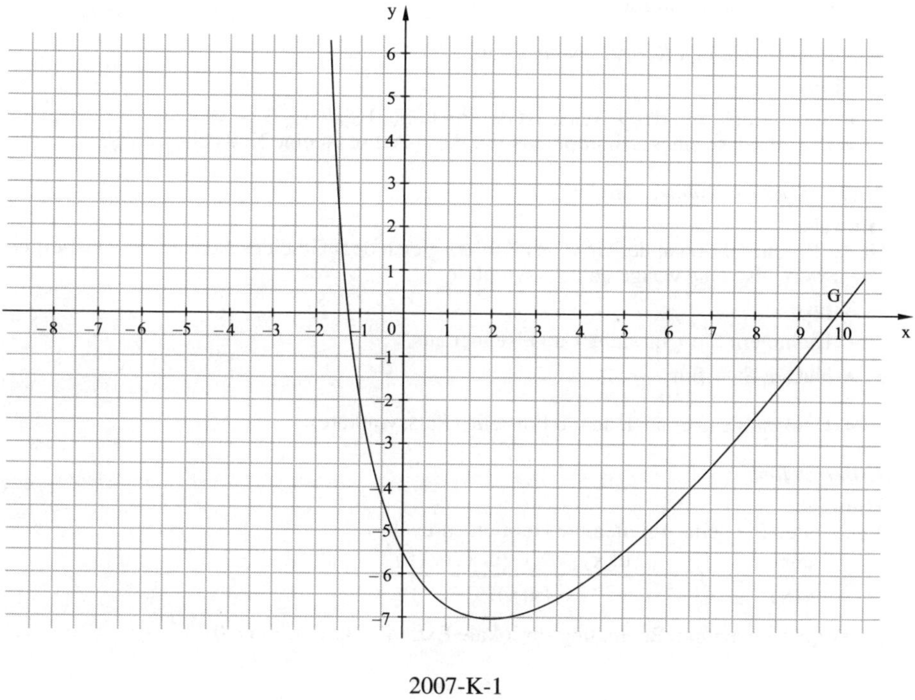

b) Weisen Sie nach, dass die Funktion f_2 für $x > -2$ die Funktion g als Stammfunktion hat und beschreiben Sie an zwei Eigenschaften dieser Funktion bzw. ihrer Graphen, wie sich dieser Zusammenhang zeigt. (5 BE)

Berechnen Sie die Maßzahl des Inhalts der Fläche, die vom Graphen der Funktion f_2 und den Koordinatenachsen eingeschlossen wird. (3 BE)

Die Graphen der Funktionen f_2 und g haben an genau einer Stelle den gleichen Anstieg.
Berechnen Sie diese Stelle. (5 BE)

c) Gesucht ist eine Gleichung für Stammfunktionen der Funktionen f_a unter der Bedingung $x > -a$.
Ermitteln Sie eine begründete Vermutung für eine solche Gleichung. (3 BE)

(35 BE)

Tipps und Hinweise zum Lösen von Pflichtaufgabe K-L1: Analysis

a) *Definitionsbereiche*

Hinweis:
Der größtmögliche Definitionsbereich ist die Menge aller x-Werte, die in den Funktionsterm eingesetzt werden dürfen.

Tipps:
- Beachten Sie, dass bei der Bruchfunktion der Nenner nicht null werden darf.
- Im Funktionsterm befindet sich eine Logarithmusfunktion, welche Zahlen dürfen hier nicht eingesetzt werden?

Schnittpunkte mit den Koordinatenachsen

Tipps:
- Schnittpunkt mit der y-Achse ist der Punkt $S_y(0 \mid f_a(0))$.
- Die Abszisse eines Schnittpunkts mit der x-Achse ist eine Nullstelle von f_a.

Angeben der Asymptotengleichungen

Hinweis:
Ist bei Bruchfunktionen der Grad des Zählers gleich dem Grad des Nenners, so existiert ein Grenzwert, also eine waagerechte Asymptote.

Tipps:
- Klammern Sie x im Zähler und Nenner aus.
- Nutzen Sie $\lim\limits_{x \to \pm\infty} \frac{1}{x} = 0$.
- Denken Sie aber auch an die Polstelle (Polasymptote).

Extremstellen

Hinweis:
Verwenden Sie beim Ableiten die Quotientenregel:

$$f(x) = \frac{u(x)}{v(x)} \quad \Rightarrow \quad f'(x) = \frac{u'(x) \cdot v(x) - u(x) \cdot v'(x)}{(v(x))^2}$$

Tipp: Notwendige Bedingung für lokale Extrempunkte: $f_a'(x) = 0$

Monotonie

Hinweis:
Eine differenzierbare Funktion f ist genau dann monoton steigend, wenn $f'(x) \geq 0$ für alle $x \in D_f$.

Tipp: Berechnen und untersuchen Sie $f_a'(x)$.

b) *Nachweisen der Stammfunktion*

Hinweis:
Zusammenhang zwischen Funktion f und Stammfunktion F:

$$f(x) \underset{\text{ableiten}}{\overset{\text{integrieren}}{\rightleftarrows}} F(x)$$

Tipps:

- Es gilt $g'(x) = f_2(x)$.
- Bilden Sie die 1. Ableitung von g(x).
- Denken Sie daran, dass gilt: $(\ln x)' = \frac{1}{x}$

Beschreiben von Zusammenhängen

Hinweis:
Der Graph der Ableitungsfunktion f' kann durch Ablesen einiger Steigungen aus dem Graphen der Funktion f konstruiert werden (grafisches Differenzieren).

Tipps:

- Versuchen Sie, aus der graphischen Darstellung von f_2 und g auf Zusammenhänge zu schließen.
- Überlegen Sie sich einen Zusammenhang zwischen Extrema und Nullstellen.
- Ziehen Sie eine Schlussfolgerung bzgl. des Monotonieverhaltens.

Berechnen der Maßzahl des Inhalts der Fläche

Hinweis:
Die Fläche, die von dem Graphen einer Funktion f und den Koordinatenachsen begrenzt wird, lässt sich berechnen nach der Formel:

$$A = \left| \int_0^{x_0} f(x)\,dx \right|$$

Tipps:

- Nutzen Sie die vorgegebene Stammfunktion.
- Setzen Sie als obere Grenze die Nullstelle der Funktion ein.
- Vergessen Sie notwendige Klammern nicht.

Berechnen der Stelle

Hinweis:
Die Ableitung einer Funktion f an der Stelle x gibt den Anstieg des Graphen der Funktion im Punkt $P(x \mid f(x))$ an.

Tipps:

- Es gilt: $f_2'(x) = g'(x)$
- Lösen Sie die Bruchgleichung durch entsprechende Termumformungen.
- Beachten Sie die Bedingung $x > -2$.

Ermitteln einer Vermutung für eine solche Gleichung

Tipps:

- Führen Sie Analogiebetrachtungen durch:
  Funktionen: $f_a(x)$ $f_2(x)$
  $\downarrow$ $\downarrow$
  Stammfunktionen: $F_a(x)$ $g(x)$
- Überlegen Sie, welches Argument für die ln-Funktion möglich ist.
- Bedenken Sie, dass der Faktor vor ln so gewählt werden muss, dass sich beim Ableiten der Zähler von f_a ergibt.
- Kontrollieren Sie die vermutete Gleichung durch Ableiten.

Lösungen

a) **Definitionsbereiche:**

$f_a(x)$: $x \in \mathbb{R}$ und $x \neq -a$

$g(x)$: $x \in \mathbb{R}$ und $x > -2$

Schnittpunkte von f_a mit den Koordinatenachsen:

y-Achse: $x = 0$; $y = \frac{2 \cdot 0 - 4}{0 + a} = -\frac{4}{a}$; $S_y\left(0 \,\middle|\, -\frac{4}{a}\right)$

x-Achse: $y = 0$; $0 = \frac{2x - 4}{x + a}$; $0 = 2x - 4$; $x = 2$; $S_x(2\,|\,0)$

Gleichungen der Asymptoten:

Polasymptote: $x = -a$

Grenzwert im Unendlichen: $\lim\limits_{x \to \pm\infty} \frac{2x - 4}{x + a} = \lim\limits_{x \to \pm\infty} \frac{\not{x}\left(2 - \frac{4}{x}\right)}{\not{x}\left(1 + \frac{a}{x}\right)} = \frac{2 - 0}{1 + 0} = 2$

waagerechte Asymptote: $y = 2$

Lokale Extrempunkte:

Bilden der 1. Ableitung mit der Quotientenregel:

$u(x) = 2x - 4$ $u'(x) = 2$

$v(x) = x + a$ $v'(x) = 1$

$$f_a'(x) = \frac{2 \cdot (x + a) - (2x - 4) \cdot 1}{(x + a)^2} = \frac{2x + 2a - 2x + 4}{(x + a)^2} = \frac{2a + 4}{(x + a)^2}$$

Ermitteln der Extremstellen:

$f_a'(x) = 0$; $2a + 4 = 0$

Widerspruch, da $a \neq -2$, es gibt also keine lokalen Extrempunkte.

Monotonie:

$m = f'(x) \geq 0 \;\Rightarrow$ monoton steigend

$$\frac{2a + 4}{(x + a)^2} \geq 0$$

$$2a + 4 \geq 0$$

$$a \geq -2$$

f_a ist für $a \geq -2$ in den Intervallen $-\infty < x < -a$ und $-a < x < \infty$ monoton steigend.

Wertetabelle und Graph für $f_2(x)$:

x	–8	–7	–6	–5	–4	–3	–2	–1	0	1
$f_2(x)$	3,3	3,6	4	4,7	6	10	–	–6	–2	–0,7
x	2	3	4	5	6	7	8			
$f_2(x)$	0	0,4	0,7	0,9	1	1,1	1,2			

Graph:

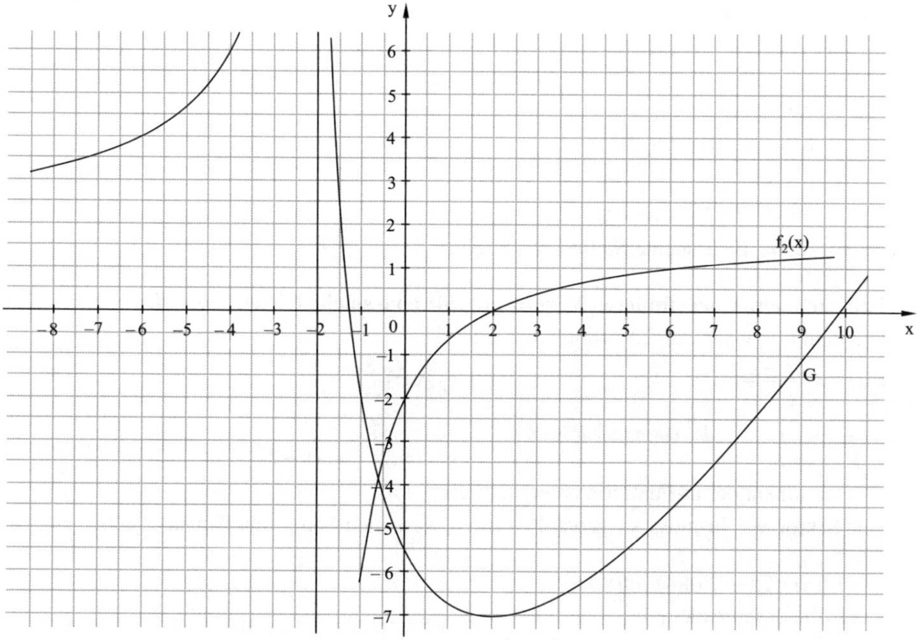

b) Nachweisen der Stammfunktion:

Es muss gelten: $g'(x) = f_2(x)$

Bilden der 1. Ableitung:

$$g'(x) = 2 - 8 \cdot \frac{1}{x+2} = 2 - \frac{8}{x+2} = \frac{2(x+2)-8}{x+2} = \frac{2x-4}{x+2} = f_2(x)$$

Beschreiben von Zusammenhängen:

Da g Stammfunktion von f_2 ist, ist f_2 die Ableitungsfunktion von g.

Die Funktion f_2 beschreibt also geometrisch die Anstiege des Graphen g.
Der Graph von f_2 hat z. B. bei $x_0 = 2$ eine Nullstelle, d. h. der Anstieg des Graphen von g ist an dieser Stelle 0 (erkennbar im Tiefpunkt).

Analog kann man aus den Funktionswerten von f_2 an allen weiteren Stellen das Monotonieverhalten von g beschreiben; z. B. für $-2 < x < 2$ ist $f_2(x)$ negativ, folglich ist die Funktion g in diesem Bereich monoton fallend.

Berechnen der Maßzahl des Inhalts der Fläche:

$$A = \left| \int_0^2 \frac{2x-4}{x+2}\,dx \right| = |[2x - 8\ln(x+2)]_0^2|$$

$$= |4 - 8\ln(2+2) - (2 \cdot 0 - 8\ln(0+2))|$$

$$= |4 - 8\ln 4 + 8\ln 2| = |4 - 8 \cdot 2 \cdot \ln 2 + 8\ln 2| = |4 - 8\ln 2| \approx 1{,}55$$

Berechnen der Stelle, z. B.:

Es gilt $f_2'(x) = g'(x)$, also

$$\frac{8}{(x+2)^2} = \frac{2x-4}{x+2} \qquad | \cdot (x+2)^2$$

$$8 = (2x-4) \cdot (x+2)$$

$$8 = 2x^2 - 8$$

$$x^2 = 8; \quad x_{1,2} = \pm\sqrt{8} \approx \pm 2{,}83$$

Da $x > -2$, ist die gesuchte Stelle $x = \sqrt{8}$.

c) **Ermitteln einer begründeten Vermutung für eine solche Gleichung, z. B.:**

Die Funktion g kann als „Vorbild" dienen:

$$f_a(x) = \frac{2x-4}{x+a} \qquad\qquad f_2(x) = \frac{2x-4}{x+2}$$

$$\downarrow \qquad \text{integrieren} \downarrow\uparrow \text{ableiten} \qquad \uparrow$$

$$F_a(x) = ? \qquad\qquad g(x) = 2x - 8\ln(x+2)$$

Das Argument der ln-Funktion ist vermutlich $(x + a)$.

Der Faktor vor ln muss so gewählt werden, dass sich beim Ableiten der Zähler $(2x-4)$ ergibt.

$\Rightarrow \quad F_a(x) = 2x - (2a+4) \cdot \ln(x+a)$

Kontrolle durch Ableiten:

$$F_a'(x) = 2 - (2a+4) \cdot \frac{1}{x+a} = 2 - \frac{2a+4}{x+a}$$

$$= \frac{2(x+a) - (2a+4)}{x+a} = \frac{2x + 2a - 2a - 4}{x+a} = \frac{2x-4}{x+a} \quad \text{w.A.}$$

Kernfach Mathematik (Sachsen-Anhalt): Abiturprüfung (Modellversuch) 2007
Leistungskursniveau – Pflichtaufgabe K-L2: Analytische Geometrie

In einem kartesischen Koordinatensystem seien durch die Punkte $A(1\,|\,1\,|\,2)$, $B(3\,|\,{-5}\,|\,0)$, $C(9\,|\,{-3}\,|\,1)$ und $D(7\,|\,3\,|\,1)$ die Geraden AB, AC und AD gegeben.

a) Begründen Sie, dass die Geraden AB und AD eine Ebene E bestimmen und ermitteln Sie eine Koordinatengleichung dieser Ebene. (5 BE)

Ermitteln Sie eine Parametergleichung der Geraden, die beim Schnitt der Ebene E mit der x-y-Ebene entsteht. (3 BE)

b) Zeigen Sie, dass $(\overrightarrow{AB} \times \overrightarrow{AD}) \circ \overrightarrow{AC} \neq 0$ und schlussfolgern Sie daraus die gegenseitige Lage der Geraden AB, AC und AD. (4 BE)

Die Punkte A, B, C und D werden mittels senkrechter Parallelprojektion in die x-y-Ebene projiziert. Ihre Bilder $A_1(1\,|\,1)$, $B_1(3\,|\,{-5})$, $C_1(9\,|\,{-3})$ und $D_1(7\,|\,3)$ werden unter Beibehaltung der x-Achse und der y-Achse nun in einem kartesischen Koordinatensystem der Ebene betrachtet.

c) Weisen Sie nach, dass die Punkte A_1, B_1, C_1 und D_1 Eckpunkte eines Quadrates sind, ermitteln Sie eine Gleichung des Umkreises k des Quadrates und eine Gleichung der Tangente an diesen Umkreis im Punkt B_1. (9 BE)

Ermitteln Sie eine Gleichung des Kreises k_1, der konzentrisch zum Kreis k liegt und die Gerade g mit $\vec{x} = \begin{pmatrix} 3 \\ -5 \end{pmatrix} + t \cdot \begin{pmatrix} 1 \\ 1 \end{pmatrix}$, $t \in \mathbb{R}$, als Tangente besitzt. (4 BE)

(25 BE)

Tipps und Hinweise zum Lösen von Pflichtaufgabe K-L2: Analytische Geometrie

a) *Begründen, dass die Geraden eine Ebene bestimmen.*

Tipps:
- Erkennen Sie den Schnittpunkt der beiden Geraden?
- Überprüfen Sie, ob die Richtungsvektoren der Geraden linear unabhängig sind.

Ermitteln einer Koordinatengleichung

Hinweis:
Ermitteln Sie zunächst die Ebenengleichung in Parameterform; ermitteln Sie dann eine Koordinatengleichung der Form $ax + by + cz = d$.

Tipps:
- Berechnen Sie einen Normalenvektor $\vec{n} = \begin{pmatrix} n_1 \\ n_2 \\ n_3 \end{pmatrix}$ aus dem Vektorprodukt der Spannvektoren der Ebene ε.
- Dann gilt: ε: $n_1x + n_2y + n_3z = d$, wobei sich d durch Punktprobe mit A ermitteln lässt.

Ermitteln einer Parametergleichung der Schnittgeraden

Tipps:
- Stellen Sie die Koordinatengleichung für die x-y-Ebene auf.
- Haben Sie erkannt, dass $z = 0$ ist?

- Setzen Sie die Parametergleichung von ε in die x-y-Ebene ein und formen Sie entsprechend um.

b) *Zeigen der Richtigkeit der Aussage und Schlussfolgern*
Hinweis:
Für je zwei Vektoren $\vec{a}$ und $\vec{b}\ (\neq \vec{0})$ mit dem Richtungsunterschied (Winkel) α gilt:
$\vec{a} \circ \vec{b} = |\vec{a}| \cdot |\vec{b}| \cdot \cos\alpha$
Für den Flächeninhalt des von den Vektoren $\vec{a}$ und $\vec{b}$ im Raum aufgespannten Parallelogramms gilt:
$A = |\vec{a} \times \vec{b}|$

Tipps:
- Denken Sie daran, dass zuerst der Klammerterm zu berechnen ist.
- Veranschaulichen Sie sich den Sachverhalt in einer Skizze.
- Überlegen Sie anhand des obigen Hinweises, was der Winkel $\alpha \neq 90°$ über die Lage der Vektoren aussagt.

c) *Nachweisen, dass die Punkte A_1, B_1, C_1 und D_1 Eckpunkte eines Quadrates sind*
Hinweis:
Ein Viereck ist genau dann ein Quadrat, wenn alle Seiten gleich lang sind und die Winkel 90° betragen.

Tipps:
- Berechnen Sie die Längen der Seiten, denken Sie an den Zusammenhang
$\left|\begin{pmatrix} a_1 \\ a_2 \end{pmatrix}\right| = \sqrt{a_1^2 + a_2^2}$.
- Es reicht der Nachweis eines rechten Winkels.
- Nutzen Sie das Skalarprodukt zur Winkelberechnung.
- Zur Kontrolle ist eine Darstellung im Koordinatensystem nützlich.

Ermitteln einer Gleichung des Umkreises
Hinweis:
Der Mittelpunkt des Umkreises eines Quadrats ist der Schnittpunkt der Diagonalen.

Tipps:
- Überlegen Sie, wie Sie vom Koordinatenursprung zum Punkt M kommen.
- Denken Sie daran, dass gilt $\overline{A_1M} = \overline{C_1M}$.
- Der Radius ist der Abstand der Punkte A_1 und M.

Ermitteln einer Tangentengleichung
Hinweis:
Eine Tangentengleichung an einen Kreis hat die Form $y = mx + n$ und wird durch die Steigung m und die Koordinaten des Berührungspunktes bestimmt.

Tipps:
- Die Tangente t verläuft senkrecht zur Diagonalen B_1D_1 des Quadrats.
- Ermitteln Sie den Anstieg der Diagonalen B_1D_1, Sie sollten die Formel $m = \frac{y_2 - y_1}{x_2 - x_1}$ nutzen.
- Die gesuchte Tangentensteigung ergibt sich aus $m_t \cdot m = -1$.
- Einsetzen des Punktes B_1 nicht vergessen.

Ermitteln einer Gleichung des Kreises k_1

Hinweis:
Zwei Kreise in der Ebene sind konzentrisch, wenn sie den gleichen Mittelpunkt haben.

Tipps:

- Haben Sie erkannt, dass der Radius gleich dem Abstand des Mittelpunktes des Kreises von der Geraden g ist.
- Nutzen Sie zur Abstandsberechnung die Hesse'sche Normalform der Geradengleichung: $\left|\frac{ax+by+c}{\sqrt{a^2+b^2}}\right|=0$

Lösungen

a) Begründen, dass die Geraden eine Ebene bestimmen:

1. Möglichkeit:
Die Richtungsvektoren der Geraden müssen linear unabhängig sein, also

$$\overrightarrow{AB}=k\cdot\overrightarrow{AD};\quad \begin{pmatrix}2\\-6\\-2\end{pmatrix}=k\cdot\begin{pmatrix}6\\2\\-1\end{pmatrix};\quad \begin{matrix}2=6k; & k=\frac{1}{3}\\ -6=2k; & k=-3\\ -2=-k; & k=2\end{matrix}$$

$\Rightarrow$ Widerspruch, also sind $\overrightarrow{AB}$ und $\overrightarrow{AD}$ linear unabhängig.

Die Punkte A, B und D liegen nicht auf ein und derselben Geraden und bestimmen somit eine Ebene.

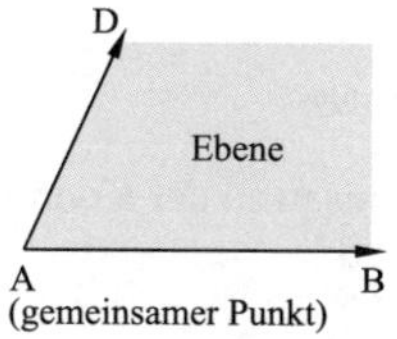

2. Möglichkeit:
Gilt $\overrightarrow{AB}\times\overrightarrow{AD}\neq\vec{0}$, so sind $\overrightarrow{AB}$ und $\overrightarrow{AD}$ linear unabhängig:

$$\begin{pmatrix}2\\-6\\-2\end{pmatrix}\times\begin{pmatrix}6\\2\\-1\end{pmatrix}=\begin{pmatrix}6+4\\-12+2\\4+36\end{pmatrix}=\begin{pmatrix}10\\-10\\40\end{pmatrix}\neq\vec{0}\quad \text{w. A.}$$

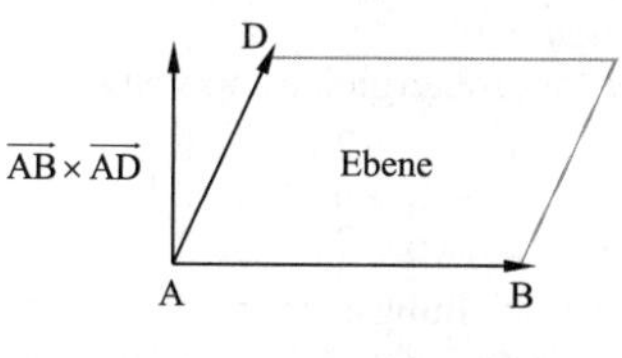

Ermitteln einer Koordinatengleichung:
Eine mögliche Parametergleichung der Ebene durch die Punkte A, B und D lautet:

$$\varepsilon:\vec{x}=\overrightarrow{OA}+t\overrightarrow{AB}+s\overrightarrow{AD}=\begin{pmatrix}1\\1\\2\end{pmatrix}+t\begin{pmatrix}2\\-6\\-2\end{pmatrix}+s\begin{pmatrix}6\\2\\-1\end{pmatrix};\quad t,s\in\mathbb{R}$$

1. Möglichkeit:
Einen Normalenvektor $\vec{n}$ von ε berechnet man mithilfe des Vektorprodukts aus den Spannvektoren der Ebene ε.

$$\begin{pmatrix}2\\-6\\-2\end{pmatrix}\times\begin{pmatrix}6\\2\\-1\end{pmatrix}=\begin{pmatrix}10\\-10\\40\end{pmatrix}=10\begin{pmatrix}1\\-1\\4\end{pmatrix}$$

Mit dem Ansatz
$x-y+4z=d$

und durch Einsetzen der Koordinaten des Punktes $A(1\,|\,1\,|\,2) \in \varepsilon$ ergibt sich

$$1-1+4\cdot 2 = d$$
$$d = 8$$

also ε: $x - y + 4z = 8$.

2. Möglichkeit:

Der Normalenvektor $\vec{n}$ steht senkrecht auf den Spannvektoren der Ebene ε:

$$\vec{n} \perp \begin{pmatrix} 2 \\ -6 \\ -2 \end{pmatrix} \text{ und } \vec{n} \perp \begin{pmatrix} 6 \\ 2 \\ -1 \end{pmatrix}$$

Damit gilt:

$$\vec{n} \circ \begin{pmatrix} 2 \\ -6 \\ -2 \end{pmatrix} = 0 \text{ und } \vec{n} \circ \begin{pmatrix} 6 \\ 2 \\ -1 \end{pmatrix} = 0$$

$$\begin{array}{ll} 2n_1 - 6n_2 - 2n_3 = 0 & \\ 6n_1 + 2n_2 - n_3 = 0 & |\cdot 3 \quad + \\ \hline 20n_1 \qquad\quad - 5n_3 = 0 & \end{array}$$

Eine mögliche Lösung ist

$n_1 = 1$, $n_3 = 4$, $n_2 = -1$

d. h. $\vec{n} = \begin{pmatrix} 1 \\ -1 \\ 4 \end{pmatrix}$.

Mit dem Ansatz

$x - y + 4z = d$

und durch Einsetzen der Koordinaten des Punktes $A(1\,|\,1\,|\,2) \in \varepsilon$ ergibt sich

$$1-1+4\cdot 2 = d$$
$$d = 8$$

also ε: $x - y + 4z = 8$.

3. Möglichkeit:

Aus der Parametergleichung von ε

$$\vec{x} = \begin{pmatrix} x \\ y \\ z \end{pmatrix} = \begin{pmatrix} 1 \\ 1 \\ 2 \end{pmatrix} + t\begin{pmatrix} 2 \\ -6 \\ -2 \end{pmatrix} + s\begin{pmatrix} 6 \\ 2 \\ -1 \end{pmatrix}$$

folgt das Gleichungssystem

$$\begin{array}{ll} \text{I} & x = 1 + 2t + 6s \\ \text{II} & y = 1 - 6t + 2s \\ \text{III} & z = 2 - 2t - s \\ \hline \end{array}$$

Aus den Gleichungen I und II wird einmal der Parameter t und dann der Parameter s eliminiert:

$$\begin{array}{lll} \text{I} & x = 1 + 2t + 6s & |\cdot 3 \\ \text{II} & y = 1 - 6t + 2s & + \\ \hline & 3x + y = 4 \qquad + 20s & \end{array}$$

$$\Rightarrow \quad s = \frac{3}{20}x + \frac{1}{20}y - \frac{4}{20} \qquad (1)$$

und

$$\begin{array}{lll} \text{I} & x = 1 + 2t + 6s & \\ \text{II} & y = 1 - 6t + 2s & | \cdot (-3) \\ \hline & x - 3y = -2 + 20t & \end{array}$$

$$\Rightarrow \quad t = \frac{1}{20}x - \frac{3}{20}y + \frac{2}{20} \qquad (2)$$

Gleichung (1) und (2) werden nun in III eingesetzt und umgeformt:

$$z = 2 - 2\left(\frac{1}{20}x - \frac{3}{20}y + \frac{2}{20}\right) - \left(\frac{3}{20}x + \frac{1}{20}y - \frac{4}{20}\right)$$

$$z = 2 - \frac{2}{20}x + \frac{6}{20}y - \frac{4}{20} - \frac{3}{20}x - \frac{1}{20}y + \frac{4}{20}$$

$$z = -\frac{5}{20}x + \frac{5}{20}y + 2$$

$$20z = -5x + 5y + 40$$

$$-40 = -5x + 5y - 20z$$

$$\Rightarrow \quad \varepsilon\colon x - y + 4z = 8$$

Ermitteln einer Parametergleichung der Schnittgeraden:

$\varepsilon(A, B, D) \cap$ x-y-Ebene $= g$

$$\text{x-y-Ebene: } \vec{x} = \begin{pmatrix} 0 \\ 0 \\ 0 \end{pmatrix} + r\begin{pmatrix} 1 \\ 0 \\ 0 \end{pmatrix} + s\begin{pmatrix} 0 \\ 1 \\ 0 \end{pmatrix} \quad \Leftrightarrow \quad z = 0$$

Die Parametergleichung von ε wird in die Gleichung der x-y-Ebene eingesetzt und nach s umgestellt:

$2 - 2t - s = 0; \quad s = 2 - 2t$

Damit folgt

$$\vec{x} = \begin{pmatrix} 1 \\ 1 \\ 2 \end{pmatrix} + t\begin{pmatrix} 2 \\ -6 \\ -2 \end{pmatrix} + (2 - 2t) \cdot \begin{pmatrix} 6 \\ 2 \\ -1 \end{pmatrix}$$

$$\vec{x} = \begin{pmatrix} 1 \\ 1 \\ 2 \end{pmatrix} + t\begin{pmatrix} 2 \\ -6 \\ -2 \end{pmatrix} + \begin{pmatrix} 12 \\ 4 \\ -2 \end{pmatrix} + t\begin{pmatrix} -12 \\ -4 \\ 2 \end{pmatrix}$$

$$\vec{x} = \begin{pmatrix} 13 \\ 5 \\ 0 \end{pmatrix} + t\begin{pmatrix} -10 \\ -10 \\ 0 \end{pmatrix}$$

oder

$$\vec{x} = \begin{pmatrix} 13 \\ 5 \\ 0 \end{pmatrix} + t_1\begin{pmatrix} 1 \\ 1 \\ 0 \end{pmatrix}, \quad t_1 \in \mathbb{R}$$

b) Zeigen der Richtigkeit der Aussage:

$$(\overrightarrow{AB} \times \overrightarrow{AD}) \circ \overrightarrow{AC} = \left[\begin{pmatrix} 2 \\ -6 \\ -2 \end{pmatrix} \times \begin{pmatrix} 6 \\ 2 \\ -1 \end{pmatrix}\right] \circ \begin{pmatrix} 8 \\ -4 \\ -1 \end{pmatrix} = \begin{pmatrix} 10 \\ -10 \\ 40 \end{pmatrix} \circ \begin{pmatrix} 8 \\ -4 \\ -1 \end{pmatrix}$$

$$= 80 + 40 - 40 = 80 \neq 0 \quad \text{w. A.}$$

Schlussfolgerung:
Wegen
$(\overrightarrow{AB}\times\overrightarrow{AD})\circ\overrightarrow{AC}=|\overrightarrow{AB}\times\overrightarrow{AD}|\cdot|\overrightarrow{AC}|\cdot\cos\sphericalangle(\overrightarrow{AB}\times\overrightarrow{AD};\overrightarrow{AC})\neq 0$
folgt
$\sphericalangle(\overrightarrow{AB}\times\overrightarrow{AD};\overrightarrow{AC})\neq 90°$, d. h.

die Geraden AB, AC und AD liegen nicht in ein und derselben Ebene.

Andere Möglichkeit:
$(\overrightarrow{AB}\times\overrightarrow{AD})\circ\overrightarrow{AC}$ ist das Spatprodukt der drei Vektoren.
Ist das Spatprodukt ungleich null, so spannen die drei Vektoren einen Raum auf (einen Spat).

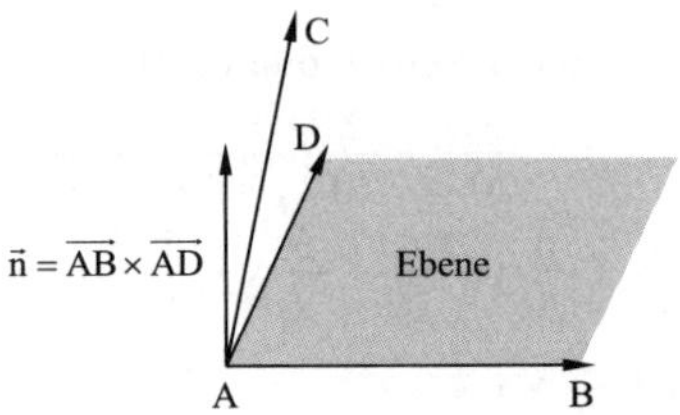

c) **Nachweisen, dass die Punkte A_1, B_1, C_1 und D_1 Eckpunkte eines Quadrats sind:**
Es muss gelten:
$\overline{A_1B_1}=\overline{B_1C_1}=\overline{C_1D_1}=\overline{A_1D_1}$ und $\overline{A_1B_1}\perp\overline{A_1D_1}$

$\overrightarrow{A_1B_1}=\begin{pmatrix}2\\-6\end{pmatrix}$; $\overrightarrow{B_1C_1}=\begin{pmatrix}6\\2\end{pmatrix}$; $\overrightarrow{C_1D_1}=\begin{pmatrix}-2\\6\end{pmatrix}$; $\overrightarrow{A_1D_1}=\begin{pmatrix}6\\2\end{pmatrix}$

Alle Seiten haben die Länge $a=\sqrt{40}$ und es gilt

$\overrightarrow{A_1B_1}\circ\overrightarrow{A_1D_1}=\begin{pmatrix}2\\-6\end{pmatrix}\circ\begin{pmatrix}6\\2\end{pmatrix}=12-12=0$ w. A.

Daher schließen die aufeinander stehenden Seiten einen rechten Winkel ein, die Punkte A_1, B_1, C_1, und D_1 sind Eckpunkte eines Quadrats.

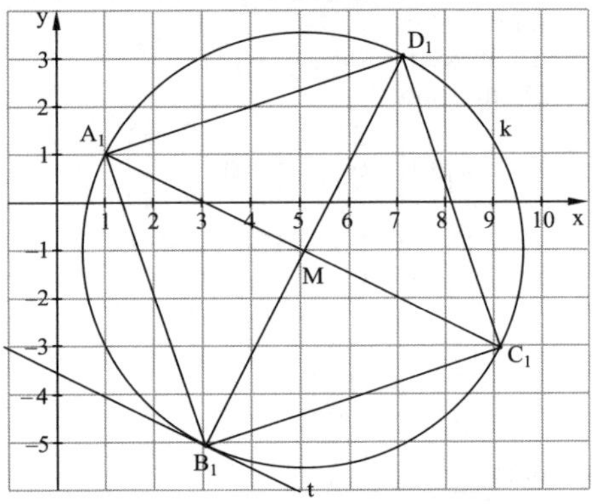

Ermitteln einer Gleichung des Umkreises:
Mittelpunkt:
$\overrightarrow{OM}=\overrightarrow{OA_1}+\frac{1}{2}\overrightarrow{A_1C_1}=\begin{pmatrix}1\\1\end{pmatrix}+\frac{1}{2}\begin{pmatrix}8\\-4\end{pmatrix}=\begin{pmatrix}5\\-1\end{pmatrix}$

$M(5\,|\,-1)$

Radius:
$r=|\overrightarrow{A_1M}|=\left|\begin{pmatrix}4\\-2\end{pmatrix}\right|=\sqrt{20}$

Kreisgleichung: k: $(x-5)^2+(y+1)^2=20$

Ermitteln einer Tangentengleichung:
Es gilt $t\perp h(B_1, D_1)$ und $B_1\in t$.
$h(B_1, D_1)$: $y=mx+n$

Mit $m=\frac{\Delta y}{\Delta x}=\frac{3-(-5)}{7-3}=\frac{8}{4}=2$ erhält man $m_t=-\frac{1}{2}$ und damit

t: $y=-\frac{1}{2}x+n$

Einsetzen von $B_1(3|-5)$:

$$-5 = -\frac{1}{2}\cdot 3 + n$$
$$n = -3{,}5$$

$$\Rightarrow \quad t: \; y = -\frac{1}{2}x - 3{,}5$$

Ermitteln einer Gleichung des Kreises k_1:

$$g: \; \vec{x} = \begin{pmatrix} 3 \\ -5 \end{pmatrix} + t\begin{pmatrix} 1 \\ 1 \end{pmatrix} \;\Leftrightarrow\; y = x - 8 \;\Leftrightarrow\; x - y - 8 = 0$$

Hesseform von g:

$$g: \; \left| \frac{x - y - 8}{\sqrt{2}} \right| = 0$$

Ermittlung des Radius durch Einsetzen von $M(5|-1)$:

$$r_{k_1} = d(M; g) = \left| \frac{5-(-1)-8}{\sqrt{2}} \right| = \left| \frac{-2}{\sqrt{2}} \right| = \sqrt{2}$$

Kreisgleichung:
k_1: $(x-5)^2 + (y+1)^2 = 2$

Andere Möglichkeit:

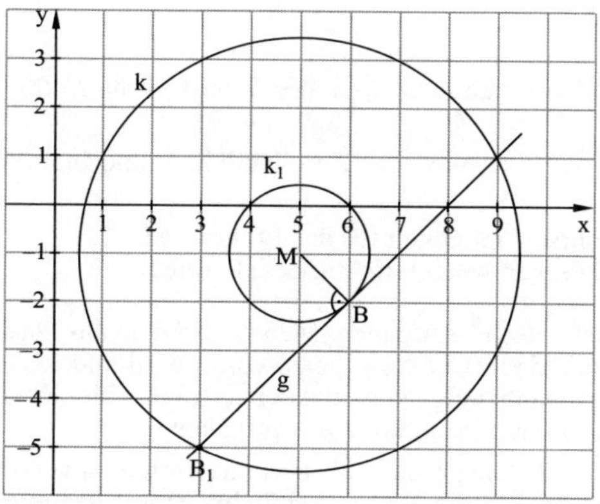

Da $B \in g$, hat B die Koordinaten $B(3+t|-5+t)$ und es gilt $\overrightarrow{BM} \circ \vec{u}_g = 0$

$$\overrightarrow{BM} = \begin{pmatrix} 5-3-t \\ -1+5-t \end{pmatrix} = \begin{pmatrix} 2-t \\ 4-t \end{pmatrix}$$

$$\overrightarrow{BM} \circ \vec{u}_g = \begin{pmatrix} 2-t \\ 4-t \end{pmatrix} \circ \begin{pmatrix} 1 \\ 1 \end{pmatrix} = 2 - t + 4 - t = 0; \quad t = 3$$

also $B(6|-2)$ und

$$r = |\overrightarrow{BM}| = \left| \begin{pmatrix} -1 \\ 1 \end{pmatrix} \right| = \sqrt{2}$$

Kreisgleichung:
k_1: $(x-5)^2 + (y+1)^2 = 2$

Kernfach Mathematik (Sachsen-Anhalt): Abiturprüfung (Modellversuch) 2007
Leistungskursniveau – Pflichtaufgabe K-L3: Stochastik

Für einen Einstellungstest sind Aufgaben erarbeitet worden.
Eine solche Aufgabe besteht aus den drei voneinander unabhängigen Fragen A, B und C.
Man schätzt ein, dass

die Frage A mit einer Wahrscheinlichkeit von $\frac{3}{4}$,

die Frage B mit einer Wahrscheinlichkeit von $\frac{1}{2}$ und

die Frage C mit einer Wahrscheinlichkeit von $\frac{1}{3}$

richtig beantwortet wird.
Die Zufallsgröße X beschreibe die Anzahl der richtig beantworteten Fragen, ihre Wahrscheinlichkeitsverteilung ist in der Tabelle unvollständig dargestellt.

$X=k$	0	1	2	3
$P(X=k)$	$\frac{2}{24}$	$\frac{9}{24}$		

a) Berechnen Sie die Wahrscheinlichkeiten der Zufallsgröße X für $X=2$ und $X=3$. (3 BE)

Berechnen Sie den Erwartungswert der Zufallsgröße X und interpretieren Sie diesen.

Berechnen Sie die Wahrscheinlichkeit für das Ereignis M.
M: „Mindestens zwei Fragen werden richtig beantwortet.“ (3 BE)

Ein Einstellungstest besteht aus 50 Aufgaben. Man geht davon aus, dass jede Aufgabe mit der Wahrscheinlichkeit 0,6 richtig beantwortet wird und dass die Beantwortung der Aufgaben unabhängig voneinander erfolgt. Die Zufallsgröße Y beschreibe die Anzahl der richtig beantworteten Aufgaben.

b) Begründen Sie, dass die Zufallsgröße Y als binomialverteilt angenommen werden kann, und berechnen Sie die Wahrscheinlichkeit, mit der mindestens 35 Aufgaben richtig beantwortet werden. (4 BE)

Berechnen Sie einen Näherungswert für diese Wahrscheinlichkeit mittels Approximation der Binomialverteilung durch Standardnormalverteilung und geben Sie den relativen Fehler für diesen Näherungswert in Prozent an. (6 BE)

c) Ein Großunternehmen möchte den Einstellungstest zur Auswahl von Bewerbern verwenden. Der Einstellungstest wird als geeignet eingeschätzt, wenn ihn 50 % der Bewerber bestehen.
Um die Eignung des Einstellungstests zu untersuchen, werden 100 Probanden diesem Einstellungstest unterzogen.
Konstruieren Sie einen zweiseitigen Signifikanztest auf dem Signifikanzniveau $\alpha=0{,}05$ und geben Sie eine zugehörige Entscheidungsregel an.
Formulieren Sie für diesen Signifikanztest die Fehler 1. Art und 2. Art. (9 BE)

(25 BE)

Tipps und Hinweise zum Lösen von Pflichtaufgabe K-L3: Stochastik

a) *Berechnen der gesuchten Wahrscheinlichkeiten*
Hinweis:
Bei Unabhängigkeit zweier Ereignisse A und B gilt der spezielle Multiplikationssatz:
$P(A \cap B) = P(A) \cdot P(B)$

Tipps:

- Übertragen Sie den speziellen Multiplikationssatz auf drei (voneinander unabhängige) Ereignisse.
- Überlegen Sie, warum es zweckmäßig ist, zunächst die Wahrscheinlichkeit $P(X=3)$ zu berechnen. (Ein Baumdiagramm kann hilfreich sein.)
- Ermitteln Sie die Wahrscheinlichkeit $P(X=2)$ aus der Beziehung $P(X=2) = 1 - [P(X=0) + P(X=1) + P(X=3)]$. Haben Sie erkannt, warum diese Beziehung gilt?

Berechnen des Erwartungswertes
Hinweis:
Die Formel zur Berechnung des Erwartungswertes einer Zufallsgröße X lautet:

$$E(X) = \sum_{i=1}^{n} x_i \cdot P(X=x_i) = x_1 \cdot P(X=x_1) + x_2 \cdot P(X=x_2) + \ldots + x_n \cdot P(X=x_n)$$

Tipps:

- Überlegen Sie, welche Bedeutung x_i und $P(X=x_i)$ in der Summenformel haben.
- Wichten (multiplizieren) Sie jeden Wert der Zufallsgröße X mit der zugehörigen Wahrscheinlichkeit und bilden Sie die Summe aus allen so erhaltenen Produkten.

Interpretieren des Erwartungswertes
Hinweis:
Interpretationen sind sachbezogene Aussagen/Erklärungen.

Tipps:

- Stellen Sie bei der Interpretation einen Bezug zu dem Sachverhalt her, der dem Erwartungswert zugrunde liegt. (Was wird erwartet?)
- Vermeiden Sie Aussagen allein unter Verwendung von Dezimalbrüchen, wenn der Sachbezug eine Anzahl (z. B. Anzahl von Fragen) ist.

Berechnen der Wahrscheinlichkeit für das Ereignis M

Tipps:

- Welche „Gesamtwahrscheinlichkeit" muss sich beim Addieren der Einzelwahrscheinlichkeiten der Wahrscheinlichkeitsverteilung einer Zufallsgröße ergeben?
- Haben Sie erkannt, dass zur Berechnung von P(M) die unvollständig dargestellte Wahrscheinlichkeitsverteilung der Zufallsgröße X ausreichend ist?
- Möglicher Lösungsansatz: $P(M) = P(X \geq 2) = 1 - P(X \leq 1)$ (Berechnung nur unter Verwendung der gegebenen Werte.)

b) *Begründen, dass die Zufallsgröße Y als binomialverteilt angenommen werden kann (Vorliegen einer BERNOULLI-Kette der Länge n)*
Hinweis:
Eine BERNOULLI-Kette der Länge n beschreibt ein Zufallsexperiment aus n Versuchen (Stufen). Die zugehörige Zufallsgröße kann dann als binomialverteilt angenommen werden.

Tipps:

- Überlegen Sie, unter welchen Bedingungen ein BERNOULLI-Experiment vorliegt (mögliche Versuchsausgänge, zugehörige Wahrscheinlichkeiten, Besonderheiten, ...).
- Erfassen Sie für die Begründung die Bedingungen sachbezogen (siehe Aufgabentext).

Berechnen der gesuchten Wahrscheinlichkeit
Hinweis:
Es gilt: $P(Y \geq 35) = 1 - P(Y \leq 34)$

Tipps:

- Mit welchen Parametern ist die Zufallsgröße Y binomialverteilt?
- Beachten Sie den obigen Hinweis und nutzen Sie bei der Berechnung eine entsprechende Tabelle der kumulierten (aufsummierten) Binomialverteilung.

Berechnen des geforderten Näherungswertes
Hinweis:
Die Näherungsformel nach dem Grenzwertsatz von DE MOIVRE-LAPLACE lautet:

$$P(Y \leq k) = B_{n;\,p}(\{0;\,1;\,\ldots;\,k\}) \approx \Phi\left(\frac{k + 0{,}5 - \mu}{\sigma}\right)$$

Tipps:

- Haben Sie erkannt, dass weiterhin mit der $B_{50;\,0,6}$-verteilten Zufallsgröße Y aus dem vorangegangenen Aufgabenteil zu arbeiten ist?
- Ermitteln Sie k, μ und σ sowie das Argument der Φ-Funktion (siehe Hinweis).
- Nutzen Sie eine Tabelle der Funktionswerte $\Phi(x)$ der Normalverteilung.
- Möglicher Lösungsansatz: $P(Y \geq 35) = 1 - P(Y \leq 34) \approx 1 - \Phi\left(\frac{34 + 0{,}5 - 30}{\sqrt{12}}\right)$

Ermitteln des relativen Fehlers in Prozent
Hinweis:
Der relative Fehler (bzw. prozentuale Fehler) δ ist das Verhältnis aus absolutem Fehler Δx zu genauem Wert x_W:

$$\delta = \left|\frac{\Delta x}{x_W}\right| \cdot 100\,\%;\quad \Delta x = x_N - x_W;\quad x_N = \text{Näherungswert};\quad x_W = \text{genauer (wahrer) Wert}$$

Tipp: Beachten Sie, dass der absolute Fehler die Differenz aus Näherungswert und genauem Wert ist.

c) *Konstruieren eines zweiseitigen Signifikanztests*
Hinweis:
Bei einem zweiseitigen Signifikanztest ist das Signifikanzniveau zu halbieren. Der Ablehnungsbereich ist zweiseitig und lautet: $\overline{A} = \{0;\,1;\,\ldots;\,k_L\} \cup \{k_R;\,k_R + 1;\,\ldots;\,n\}$

Tipps:

- Legen Sie die Zufallsgröße Z fest.
- Haben Sie erkannt, dass bei einem zweiseitigen Signifikanztest sowohl kleine als auch große Werte der Zufallsgröße gegen die Nullhypothese sprechen?
- Formulieren Sie die Nullhypothese. Beachten Sie, dass die Nullhypothese eine einfache Hypothese sein muss.
- Ermitteln Sie den zweiseitigen Ablehnungsbereich $\overline{A}$. Warum gilt zum Ermitteln des kritischen Wertes k_R die Beziehung $P(Z \leq k_R - 1) \geq 0{,}975$?

Angeben der zugehörigen Entscheidungsregel

Tipp: Formulieren Sie die Entscheidungsregel sachbezogen. Der Sachbezug geht aus dem Aufgabentext hervor.

Formulieren des Fehlers 1. Art und des Fehlers 2. Art

Hinweise:

Ist die Nullhypothese in Wirklichkeit wahr und wurde irrtümlich abgelehnt, so liegt ein Fehler 1. Art vor.

Ist die Nullhypothese in Wirklichkeit falsch und konnte irrtümlich nicht abgelehnt werden, so liegt ein Fehler 2. Art vor.

Tipp: Konkretisieren Sie die Fehlentscheidungen sachbezogen. (Aufgabentext analysieren!)

Lösungen

a) **Berechnen der gesuchten Wahrscheinlichkeiten:**

Die Fragen A, B und C sind voneinander unabhängige Fragen, d. h. das Beantworten einer Frage beeinflusst nicht die Wahrscheinlichkeit des Beantwortens einer anderen Frage. Somit gilt der spezielle Multiplikationssatz.

$$P(X=3)=P(A)\cdot P(B)\cdot P(C)=\frac{3}{4}\cdot\frac{1}{2}\cdot\frac{1}{3}=\frac{3}{24}$$

$$\mathbf{P(X=3)=\frac{3}{24}}$$

Da in der Tabelle alle Werte k der Zufallsgröße X erfasst sind und die Summe der zugehörigen Wahrscheinlichkeiten den Wert 1 ergeben muss (Wahrscheinlichkeitsverteilung!), lässt sich P(X = 2) nun wie folgt ermitteln:

$$P(X=2)=1-[P(X=0)+P(X=1)+P(X=3)]=1-\frac{14}{24}=\frac{10}{24}$$

$$\mathbf{P(X=2)=\frac{10}{24}}$$

Weitere Möglichkeit:

Eine andere – allerdings aufwändigere – Berechnungsvariante bzw. eine Kontrollmöglichkeit ist das Auswerten eines Baumdiagramms.

A, B, C – jeweilige Frage richtig beantwortet; $\overline{A}, \overline{B}, \overline{C}$ – jeweilige Frage falsch beantwortet

$X=3$: 1 Pfad $(A-B-C)$

$\Rightarrow\ P(X=3)=P(A)\cdot P(B)\cdot P(C)$

$X=2$: 3 Pfade $(A-B-\overline{C},\ A-\overline{B}-C,\ \overline{A}-B-C)$

$\Rightarrow\ P(X=2)=P(A)\cdot P(B)\cdot P(\overline{C})+P(A)\cdot P(\overline{B})\cdot P(C)+P(\overline{A})\cdot P(B)\cdot P(C)$

Berechnen des Erwartungswertes und Interpretieren:

$$E(X)=\sum_{i=1}^{n} x_i\cdot P(X=x_i);\quad E(X)=0\cdot\frac{2}{24}+1\cdot\frac{9}{24}+2\cdot\frac{10}{24}+3\cdot\frac{3}{24}=\frac{38}{24}$$

$$\mathbf{E(X)=\frac{38}{24}\approx 1{,}58}$$

Interpretation: Im statistischen Mittel werden 1,58 Fragen richtig beantwortet. Bei 300 Fragen wären dies (im statistischen Mittel) 158 richtig beantwortete Fragen (1,58 von 3; 15,8 von 30; 158 von 300 usw.).

Berechnen der Wahrscheinlichkeit für das Ereignis M:

$$P(M)=P(X\geq 2)=1-P(X\leq 1)=1-[P(X=0)+P(X=1)]=1-\frac{11}{24}=\frac{13}{24}$$

$$\mathbf{P(M)=\frac{13}{24}\approx 0{,}54}$$

b) Begründen der Binomialverteilung der Zufallsgröße Y (Vorliegen einer BERNOULLI-Kette der Länge n):

- Bei dem Einstellungstest wird für jede der 50 Aufgaben in genau zwei Ereignisse unterschieden, nämlich das Ereignis „Aufgabe richtig beantwortet" und das zugehörige Gegenereignis „Aufgabe nicht richtig beantwortet".
- Die Wahrscheinlichkeit für das Ereignis bzw. Gegenereignis bleibt (aufgrund des voneinander unabhängigen Beantwortens der Aufgaben) für jede Aufgabe unverändert; Vorgabe von $p=0{,}6$ bzw. $q=0{,}4$.
- Das Zufallsexperiment (Einstellungstest) umfasst n ($n=50$) voneinander unabhängige Versuche (Aufgaben).

Berechnen der gesuchten Wahrscheinlichkeit:

Die Zufallsgröße Y ist binomialverteilt mit $n=50$ und $p=0{,}6$, d. h. $Y\sim B_{50;\,0,6}$

$$P(Y\geq 35)=1-P(Y\leq 34)=1-B_{50;\,0,6}(\{0;\,1;\,\ldots;\,34\})=1-0{,}90450=0{,}0955$$

(Tabellenwert)

$$\mathbf{P(Y\geq 35)=0{,}0955\approx 9{,}6\ \%}$$

Berechnen des geforderten Näherungswertes:

Zur Berechnung wird die Näherungsformel nach dem Grenzwertsatz von DE MOIVRE-LAPLACE verwendet.

$$P(Y\leq k)=B_{n;\,p}(\{0;\,1;\,\ldots;\,k\})\approx\Phi\left(\frac{k+0{,}5-\mu}{\sigma}\right)$$

k: kritischer Wert

0,5: Korrektursummand

μ: Erwartungswert $\quad \mu=E(Y)=n\cdot p=50\cdot 0{,}6=30$

σ: Standardabweichung $\quad \sigma=\sqrt{V(Y)}=\sqrt{n\cdot p\cdot(1-p)}=\sqrt{50\cdot 0{,}6\cdot 0{,}4}=\sqrt{12}$

Mit der Näherungsformel erhält man

$$P(Y\geq 35)=1-P(Y\leq 34)\approx 1-\Phi\left(\frac{34+0{,}5-30}{\sqrt{12}}\right)\approx 1-\Phi(1{,}30)$$

Aus einer Tabelle der Funktionswerte $\Phi(x)$ der Normalverteilung entnimmt man den Tabellenwert $\Phi(1{,}30)=0{,}9032$ und berechnet $P(Y\geq 35)\approx 1-0{,}9032=0{,}0968$.

$$\mathbf{P(Y\geq 35)\approx 0{,}0968\approx 9{,}7\ \%}$$

Ermitteln des relativen Fehlers δ in Prozent:

$$\delta=\left|\frac{\Delta x}{x_W}\right|\cdot 100\ \%$$

Δx = absoluter Fehler mit $\Delta x=x_N-x_W$; x_N = Näherungswert; x_W = genauer (wahrer) Wert

$$\delta=\frac{0{,}0968-0{,}0955}{0{,}0955}\cdot 100\ \%$$

$$\mathbf{\delta\approx 1{,}4\ \%}$$

c) **Konstruieren eines zweiseitigen Signifikanztests:**
Die Zufallsgröße Z beschreibe die Anzahl der Probanden, die den Einstellungstest bestanden haben. Die Zufallsgröße Z ist binomialverteilt mit $n = 100$ und $p = 0{,}5$;
$Z \sim B_{100;\,0,5}$ (bei wahrer Nullhypothese).

(1) Nullhypothese H_0: $p = 0{,}5$ (Gegenhypothese H_1: $p \neq 0{,}5$)

(2) Stichprobenumfang: $n = 100$; Signifikanzniveau: $\alpha = 0{,}05 \Rightarrow \frac{\alpha}{2} = 0{,}025$

(Beachten Sie: Bei einem zweiseitigen Signifikanztest ist das Signifikanzniveau zu halbieren.)
Da sowohl kleine als auch große Werte der Zufallsgröße Z gegen die Nullhypothese sprechen (zweiseitiger Signifikanztest), ist der größtmögliche zweiseitige Ablehnungsbereich $\overline{A} = \{0;\,1;\,...;\,k_L\} \cup \{k_R;\,k_R + 1;\,...;\,100\}$ zu ermitteln.

(3) **Ermitteln des größtmöglichen zweiseitigen Ablehnungsbereichs $\overline{A}$:**
kritischer Wert k_L:
Die Ungleichung
$P(Z \leq k_L) = B_{100;\,0,5}(\{0;\,1;\,...;\,k_L\}) \leq 0{,}025$
ist letztmalig für den Wert $\mathbf{k_L = 39}$ erfüllt.
(Tabellenwert: $B_{100;\,0,5}(\{0;\,1;\,...;\,39\}) = 0{,}01760$)
kritischer Wert k_R:
$P(Z \geq k_R) = 1 - P(Z \leq k_R - 1) \leq 0{,}025 \Rightarrow P(Z \leq k_R - 1) \geq 0{,}975$
bzw.
$B_{100;\,0,5}(\{0;\,1;\,...;\,k_R - 1\}) \geq 0{,}975$
Diese Ungleichung ist erstmalig erfüllt für den Wert $k_R - 1 = 60$, also $\mathbf{k_R = 61}$.
(Tabellenwert: $B_{100;\,0,5}(\{0;\,1;\,...;\,60\}) = 0{,}98240$)

Für den Ablehnungsbereich $\overline{A}$ folgt somit $\overline{A} = \{0;\,1;\,...;\,39\} \cup \{61;\,62;\,...;\,100\}$.

(4) **Angeben der zugehörigen Entscheidungsregel:**
Wenn die Anzahl der Probanden, die den Einstellungstest bestanden haben, im Ablehnungsbereich liegt, dann wird der Einstellungstest als nicht geeignet eingeschätzt. (Die Irrtumswahrscheinlichkeit beträgt 5 %.)
Formulieren des Fehlers 1. Art und des Fehlers 2. Art:
Ist die Nullhypothese in Wirklichkeit wahr und wurde irrtümlich abgelehnt, so liegt ein Fehler 1. Art (Risiko 1. Art, α-Fehler) vor:

Der Einstellungstest ist geeignet, wird aber als ungeeignet eingeschätzt.

Ist die Nullhypothese in Wirklichkeit falsch und konnte irrtümlich nicht abgelehnt werden, so liegt ein Fehler 2. Art (Risiko 2. Art, β-Fehler) vor:

Der Einstellungstest ist ungeeignet, wird aber als geeignet eingeschätzt.

Kernfach Mathematik (Sachsen-Anhalt): Abiturprüfung (Modellversuch) 2007
Leistungskursniveau – Wahlpflichtaufgabe K-L4.1: Analysis

In einem kartesischen Koordinatensystem sind der Graph G der Funktion f mit

$$f(x) = \frac{1}{2}x^2 \quad (x \in \mathbb{R})$$

sowie der Kreis k mit dem Mittelpunkt $M(0\,|\,2)$ und dem Radius mit der Maßzahl 2 gegeben.

Der Graph G und der Kreis k schneiden einander im Punkt $S(x_s\,|\,y_s)$, $x_s > 0$. Berechnen Sie das Gradmaß des Schnittwinkels der Tangenten an den Graphen und den Kreis k in diesem Schnittpunkt. (10 BE)

Der Graph G und der Kreis k begrenzen im I. Quadranten eine Fläche vollständig. Berechnen Sie die Maßzahl des Inhalts dieser Fläche. (5 BE)

(15 BE)

Tipps und Hinweise zum Lösen von Wahlpflichtaufgabe K-L4.1: Analysis

Berechnen des Gradmaßes des Winkels

Hinweis: Sie sollten eine Zeichnung anfertigen, um sich die Problemstellungen zu verdeutlichen und um Ihre rechnerisch gewonnenen Ergebnisse zu kontrollieren.

Tipps:

- Den Schnittpunkt erhalten Sie, wenn Sie den Funktionsterm in die Kreisgleichung einsetzen und die entsprechende Gleichung lösen.
- Achten Sie dabei auf die Bedingung $x_s > 0$.
- Für den Anstieg gilt: $m = f'(x_s) = \tan\beta$
- Haben Sie obigen Hinweis beachtet, können Sie sofort die Gleichung der Tangente an den Kreis ablesen und den Schnittwinkel berechnen.

Berechnen des Flächeninhalts

Hinweis: Die Maßzahl des Inhalts der Fläche unter dem Graphen einer Funktion lässt sich berechnen nach $A = \left| \int_a^b f(x)\,dx \right|$.

Die Fläche eines Kreises wird mit der Formel $A_k = \pi r^2$ berechnet.

Tipps:

- Verwenden Sie beim Integrieren die Potenzregel.
- Setzen Sie die entsprechenden Grenzen ein.
- Denken Sie daran, dass hier nur ein Viertelkreis vorliegt.
- Stellen Sie Überlegungen zur Zusammensetzung der gesuchten Fläche an.

Lösungen

Gleichung des Kreises k:

k: $x^2 + (y-2)^2 = 4$

Berechnung der Koordinaten des Schnittpunkts von G und k:

Der Funktionsterm $y = \frac{1}{2}x^2$ wird in die Kreisgleichung eingesetzt:

$$x^2 + \left(\frac{1}{2}x^2 - 2\right)^2 = 4$$

$$x^2 + \frac{1}{4}x^4 - 2x^2 + 4 = 4$$

$$\frac{1}{4}x^4 - x^2 = 0$$

$$x^2\left(\frac{1}{4}x^2 - 1\right) = 0,$$

$x_1 = 0$ entfällt, da $x_S > 0$.

$\frac{1}{4}x^2 - 1 = 0;\quad x^2 = 4$

Schnittstelle: $x = 2$ (im I. Quadranten)

$\Rightarrow\quad S(2\,|\,2)$

Berechnung des Gradmaßes des Winkels:

Gleichung der Tangente t an k in S:

$x = 2$

Anstieg von G in S:

$m = f'(2) = \tan\beta$ mit $f'(x) = x$

also

$\tan\beta = 2 \;\Rightarrow\; \beta \approx 63{,}4$

und damit

$\alpha = 90° - \beta = 90° - 63{,}4° = 26{,}6°$

Das Gradmaß des Schnittwinkels beträgt 26,6°.

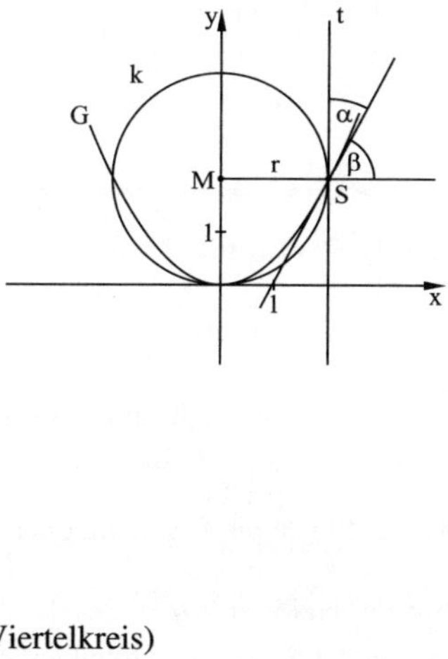

Fläche unter f(x):

$$A_1 = \int_0^2 \left(\frac{1}{2}x^2\right)dx = \frac{1}{6}x^3\Big|_0^2 = \frac{8}{6} = \frac{4}{3}$$

Fläche unter dem Kreis k:

$$A_2 = 2^2 - \frac{1}{4}\pi\cdot 2^2 = 4 - \pi \quad \text{(Fläche Quadrat – Fläche Viertelkreis)}$$

Maßzahl des gesuchten Fläche:

$A = A_1 - A_2$

$= \frac{4}{3} - (4-\pi) = \frac{4}{3} - 4 + \pi = \frac{3\pi - 8}{3} \approx 0{,}475$

Die Maßzahl der Fläche beträgt 0,475.

Kernfach Mathematik (Sachsen-Anhalt): Abiturprüfung (Modellversuch) 2007
Leistungskursniveau – Wahlpflichtaufgabe K-L4.2: Analytische Geometrie

Von einem ebenen Gebiet soll ein Lageplan erstellt werden. Diesem Lageplan liege ein kartesisches Koordinatensystem zu Grunde. Eine Einheit auf den Achsen entspricht 10 m und die positive Orientierung der y-Achse gibt die Richtung nach Norden an.
Der Verlauf eines geradlinigen Weges sei im Lageplan durch die Punkte A(–3 | –4) und B(6 | 8) beschrieben.

An diesen Weg grenzt ein trapezförmiges Grundstück, dessen Form in der Abbildung dargestellt ist.
Im Punkt C, der nordwestlich vom Punkt B liegt, soll ein Mast einer in Nord-Süd-Richtung verlaufenden Hochspannungsleitung errichtet werden.

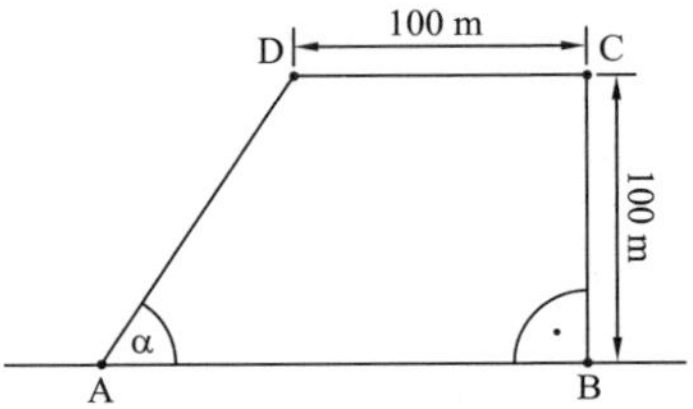

Zeichnen Sie den Lageplan, der alle genannten Objekte enthält. (3 BE)

Ermitteln Sie eine Gleichung der Geraden AB. (2 BE)

Berechnen Sie das Gradmaß des Winkels α sowie die Koordinaten der Punkte C und D in dem Lageplan. (8 BE)

Berechnen Sie die Länge der Strecke, über der die Hochspannungsleitung im Grundstück verläuft. (2 BE)

(15 BE)

Tipps und Hinweise zum Lösen von Wahlpflichtaufgabe K-L4.2: Analytische Geometrie

Zeichnen eines Lageplans

Tipps:
- Fertigen Sie eine maßstabsgerechte Zeichnung in einem Koordinatensystem an.
- Beachten Sie, dass beim Zeichnen der Strecken $\overline{BC}$ und $\overline{CD}$ eine Einheit auf den Achsen 10 m entspricht.
- Denken Sie an die Parallelität der entsprechenden Trapezseiten.

Gleichung der Geraden AB

Tipp: Nutzen Sie die Zweipunktegleichung.

Berechnen des Gradmaßes des Winkels α

Tipps:
- Zeichnen Sie eine Höhe des Trapezes günstig ein.
- Erkennen Sie das rechtwinklige Dreieck, denken Sie an entsprechende Winkelbeziehungen.

Berechnen der Koordinaten des Punktes C

Tipps:

- Überlegen Sie, wie Sie vom Koordinatenursprung zum Punkt C kommen.
- Beachten Sie, dass $\overrightarrow{BA} \perp \overrightarrow{BC}$ gilt.
- Über das Skalarprodukt finden Sie schnell einen entsprechenden Vektor.
- Wie kann der Vektor $\overrightarrow{BC}$ mithilfe der Länge ausgedrückt werden?

Berechnen der Koordinaten des Punktes D

Tipps:

- Denken Sie daran, dass $\overline{BA} \parallel \overline{CD}$ gilt.
- Auch hier müssen Sie überlegen, wie der Vektor $\overrightarrow{BA}$ mithilfe der Länge ausgedrückt werden kann.

Berechnen der Länge der Strecke

Tipps:

- Die Hochspannungsleitung schneidet die Strecke $\overline{AB}$ im Punkt S.
- Haben Sie die Differenzbildung der y-Werte der Punkte C und S erkannt?
- Vergessen Sie nicht, die Länge in Metern anzugeben.

Lösungen

Zeichnen des Lageplans:

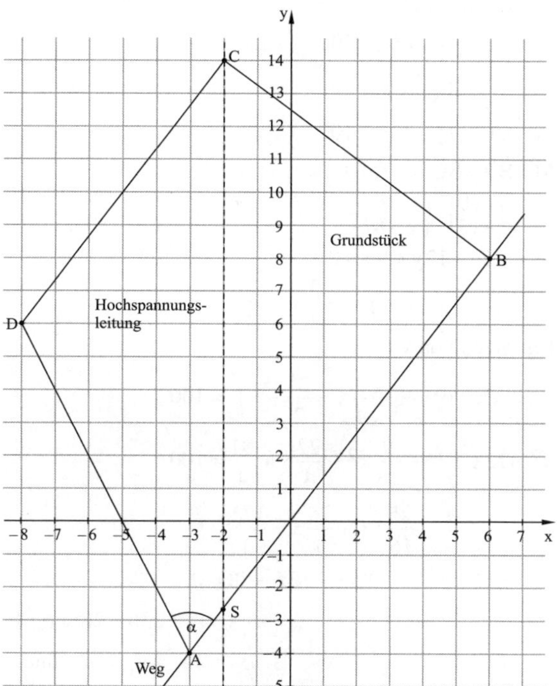

Gleichung der Geraden AB:

$g(A, B): \vec{x} = \overrightarrow{OA} + t\overrightarrow{AB}$

$= \begin{pmatrix} -3 \\ -4 \end{pmatrix} + t\begin{pmatrix} 9 \\ 12 \end{pmatrix}$

$= \begin{pmatrix} -3 \\ -4 \end{pmatrix} + t_1\begin{pmatrix} 3 \\ 4 \end{pmatrix}, \quad t_1 \in \mathbb{R}$

Andere Möglichkeit (vektorfrei):

$y = mx + n$

Mit $m = \frac{\Delta y}{\Delta x} = \frac{8-(-4)}{6-(-3)} = \frac{12}{9} = \frac{4}{3}$

erhält man:

$y = \frac{4}{3}x + n$

Einsetzen von $A(-3\,|\,-4)$:

$-4 = \frac{4}{3} \cdot (-3) + n$

$n = 0$

Also $y = \frac{4}{3}x.$

Berechnen des Gradmaßes des Winkels α:

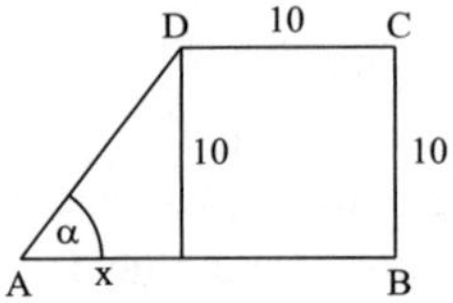

$$\tan\alpha = \frac{\text{Gegenkathete}}{\text{Ankathete}} = \frac{10}{x}$$

$$\overline{AB} = |\overrightarrow{AB}| = \left|\begin{pmatrix} 9 \\ 12 \end{pmatrix}\right| = 15$$

$$x = \overline{AB} - 10 = 15 - 10 = 5$$

Damit folgt:

$$\tan\alpha = \frac{10}{5} = 2; \quad \alpha \approx 63{,}4°$$

Berechnen der Koordinaten des Punktes C:

1. Möglichkeit:

Es gilt $\vec{n}_{AB} \circ \overrightarrow{AB} = 0$, $\vec{n}_{AB} \circ \begin{pmatrix} 9 \\ 12 \end{pmatrix} = 0$, $\vec{n}_{AB} = \begin{pmatrix} -12 \\ 9 \end{pmatrix}$, damit:

$$\overrightarrow{OC} = \overrightarrow{OB} + 10 \cdot \frac{\vec{n}_{AB}}{|\vec{n}_{AB}|} = \begin{pmatrix} 6 \\ 8 \end{pmatrix} + 10 \cdot \frac{\begin{pmatrix} -12 \\ 9 \end{pmatrix}}{\left|\begin{pmatrix} -12 \\ 9 \end{pmatrix}\right|} = \begin{pmatrix} 6 \\ 8 \end{pmatrix} + 10 \frac{\begin{pmatrix} -12 \\ 9 \end{pmatrix}}{15} = \begin{pmatrix} 6 \\ 8 \end{pmatrix} + \begin{pmatrix} -8 \\ 6 \end{pmatrix} = \begin{pmatrix} -2 \\ 14 \end{pmatrix}$$

$\Rightarrow \quad C(-2\,|\,14)$

2. Möglichkeit:

Es gilt mit $C(x\,|\,y)$:

$$|\overrightarrow{BC}| = 10$$

$$\left|\begin{pmatrix} x-6 \\ y-8 \end{pmatrix}\right| = 10$$

$$(x-6)^2 + (y-8)^2 = 100$$

Mit $\overrightarrow{BA} \circ \overrightarrow{BC} = 0$ folgt:

$$\begin{pmatrix} -9 \\ -12 \end{pmatrix} \circ \begin{pmatrix} x-6 \\ y-8 \end{pmatrix} = 0$$

$$-9x + 54 - 12y + 96 = 0$$

$$y = -\frac{3}{4}x + \frac{25}{2}$$

Einsetzen von y:

$$(x-6)^2 + \left(-\frac{3}{4}x + \frac{25}{2} - 8\right)^2 = 100$$

$$x^2 - 12x + 36 + \frac{9}{16}x^2 - \frac{27}{4}x + \frac{81}{4} = 100$$

$$\frac{25}{16}x^2 - \frac{75}{4}x - \frac{175}{4} = 0$$

$$x^2 - 12x - 28 = 0$$

$$x_{1,2} = 6 \pm \sqrt{36 + 28} = 6 \pm 8$$

$$x_1 = 14, \quad y_1 = -2 \quad \text{und}$$

$$x_2 = -2, \quad y_2 = 14 \qquad \Rightarrow \quad C(-2\,|\,14) \text{ laut Lageplan.}$$

Berechnen der Koordinaten des Punktes D:

1. Möglichkeit:

Wegen $AB \parallel CD$ gilt:

$$\overrightarrow{OD} = \overrightarrow{OC} + 10 \cdot \frac{\overrightarrow{BA}}{|\overrightarrow{BA}|} = \begin{pmatrix}-2\\14\end{pmatrix} + 10 \cdot \frac{\begin{pmatrix}-9\\-12\end{pmatrix}}{\left|\begin{pmatrix}-9\\-12\end{pmatrix}\right|} = \begin{pmatrix}-2\\14\end{pmatrix} + 10 \frac{\begin{pmatrix}-9\\-12\end{pmatrix}}{15}$$

$$= \begin{pmatrix}-2\\14\end{pmatrix} + \begin{pmatrix}-6\\-8\end{pmatrix}$$

$\Rightarrow \quad D(-8\,|\,6)$

2. Möglichkeit:

D liegt auf der Geraden $h(C, \vec{u}_{BA})$, also

$$h: \vec{x} = \begin{pmatrix}-2\\14\end{pmatrix} + s\begin{pmatrix}-9\\-12\end{pmatrix}, \quad D(-2-9s\,|\,14-12s)$$

und es gilt:

$$|\overrightarrow{CD}| = 10$$

$$\left|\begin{pmatrix}-9s\\-12s\end{pmatrix}\right| = 10$$

$$\sqrt{81s^2 + 144s^2} = 10$$

$$225s^2 = 100$$

$$s^2 = \frac{4}{9}; \quad s_{1,2} = \pm\frac{2}{3}$$

$\Rightarrow \quad D = D_1(-8\,|\,6); \quad D_2(4\,|\,22)$ entfällt laut Lageplan.

Berechnen der Länge der Strecke:

Hochspannungsleitung:

$x = -2$

Schnitt von g(A, B) mit Hochspannungsleitung:

$$y_s = \frac{4}{3} \cdot (-2) = -\frac{8}{3}$$

und damit

$$y_c - y_s = 14 - \left(-\frac{8}{3}\right) = \frac{50}{3} \approx 16{,}7$$

Die Länge der Strecke beträgt 167 m.

Kernfach Mathematik (Sachsen-Anhalt): Abiturprüfung 2007
Leistungskursniveau – Pflichtaufgabe L1: Analysis

Gegeben sind die Funktion f durch

$$y = f(x) = 2x(x-1)(x-3), \quad x \in \mathbb{R}, \quad x \geq 0$$

und die Funktionen g_a durch

$$y = g_a(x) = \frac{x^2 - 4x + 3}{ax}, \quad a, x \in \mathbb{R}, \quad a > 0, x > 0.$$

a) Ermitteln Sie von der Funktion f die Nullstellen sowie vom Graphen der Funktion f die Lage und Art der lokalen Extrempunkte.

Zeichnen Sie den Graphen der Funktion f im Intervall $0 \leq x \leq 3{,}4$ in das gegebene Koordinatensystem. (12 BE)

b) Zeigen Sie, dass die Nullstellen jeder Funktion g_a mit genau zwei Nullstellen der Funktion f übereinstimmen.

Die Graphen der Funktionen g_a besitzen Asymptoten, die nicht parallel zur y-Achse verlaufen.
Ermitteln Sie eine Gleichung dieser Asymptoten und begründen Sie, dass diese Asymptoten die x-Achse stets an derselben Stelle schneiden.

Die Graphen der Funktionen g_a haben jeweils genau einen Tiefpunkt.
Weisen Sie nach, dass die Tiefpunkte der Graphen aller Funktionen g_a auf der Geraden mit der Gleichung $x = \sqrt{3}$ liegen.

In nebenstehender Abbildung besitzt der Graph einer Funktion g_a den Tiefpunkt

$$T\left(\sqrt{3} \;\middle|\; \frac{12 - 8\sqrt{3}}{\sqrt{3}}\right).$$

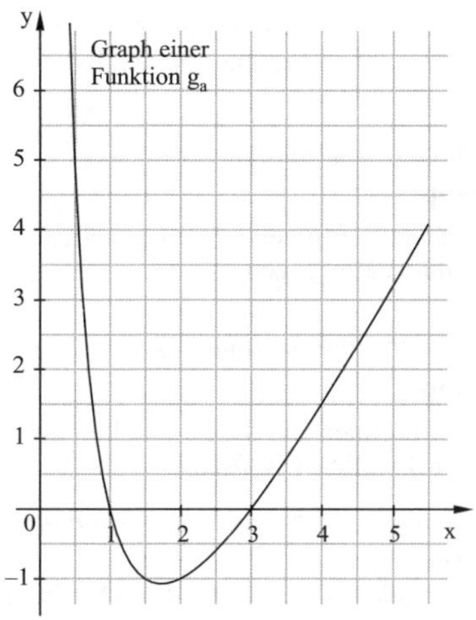

Ermitteln Sie für diesen Fall den Wert des Parameters a. (11 BE)

c) Die Graphen der Funktionen f und $g_{0,5}$ schneiden einander in genau zwei Punkten. Sie schließen eine Fläche vollständig ein.
Berechnen Sie die Maßzahl des Inhaltes dieser Fläche. (7 BE)

d) Weisen Sie nach, dass die Anstiege der Tangenten an den Graphen der Funktion $g_{0,5}$ weder einen kleinsten noch einen größten Wert besitzen. (5 BE)

(35 BE)

Tipps und Hinweise zum Lösen von Pflichtaufgabe L1: Analysis

a) *Nullstellen der Funktion f*

Hinweis:
Die Nullstelle einer Funktion ist die Abszisse des Schnittpunktes des Graphen der Funktion mit der x-Achse.

Tipps:

- Haben Sie erkannt, dass der Funktionsterm ein Produkt ist?
- Überlegen Sie, wann ein Produkt null ist.
- Sie können die Nullstellen sofort ablesen.

Extrempunkte

Hinweis:
Verwenden Sie beim Ableiten die Summen- und Potenzregel:

$f(x) = u(x) + v(x) \quad \Rightarrow \quad f'(x) = u'(x) + v'(x)$
$f(x) = x^n \quad \Rightarrow \quad f'(x) = n \cdot x^{n-1}$

Tipps:

- Hinreichende Bedingung für lokale Extrema: $f'(x) = 0 \wedge f''(x) \neq 0$
- Berechnen Sie die vollständigen Koordinaten der Extrempunkte, nicht nur die Extremstellen.

Zeichnen des Graphen

Tipp:

- Erstellen Sie eine Wertetabelle, berechnen Sie auch die Funktionswerte an den Intervallgrenzen.

b) *Zeigen der Übereinstimmung*

Tipp:

- Berechnen Sie die Nullstellen der Funktionen $g_a(x)$ und vergleichen Sie diese mit den Nullstellen von f(x).

Ermitteln der Gleichung der Asymptoten

Hinweis:
Eine Gerade $y = mx + n$ ist die schiefe Asymptote an den Graphen von g_a für $x \to \infty$, wenn gilt:

$\lim\limits_{x \to \infty} (g_a(x) - (mx + n)) = 0$

Tipps:

- Formen Sie den Bruch in eine Summe um, dividieren Sie dazu jeden Term des Zählers durch den Nenner.
- Berücksichtigen Sie, dass $\lim\limits_{x \to \infty} \left(\frac{3}{ax}\right) = 0$ gilt.

Schnittpunkt der Asymptoten mit der x-Achse

Tipp:

- Zeigen Sie, dass die Nullstelle der Asymptotengleichung vom Parameter a unabhängig ist.

Nachweisen der Lage der Tiefpunkte

Hinweis:
Verwenden Sie zum Ableiten von $g_a(x)$ die Summen- und Potenzregel (für negative Exponenten).

Tipps:

- Beachten Sie, dass $x = -\sqrt{3}$ nicht im Definitionsbereich von $g_a(x)$ liegt.
- Haben Sie erkannt, dass der x-Wert unabhängig vom Parameter a ist?

Ermitteln des Wertes des Parameters a

Tipps:

- Ermitteln Sie zuerst die y-Werte $g_a(\sqrt{3})$ der Tiefpunkte.
- Durch Gleichsetzen des y-Werts mit dem vorgegebenen Term und Umformen erhalten Sie den Wert des Parameters a.

c) *Berechnen der Maßzahl des Inhalts der Fläche*

Hinweis:
Die Maßzahl des Inhalts der Fläche, die von zwei Graphen von Funktionen eingeschlossen wird, lässt sich berechnen nach $A = \left| \int_a^b (f(x) - g(x))\, dx \right|$.

Tipps:

- Haben Sie die Integrationsgrenzen erkannt?
- Welches ist die obere und welches die untere Funktion?
- Verwenden Sie zum Integrieren den umgeformten Term der Funktion $g_{0,5}(x) = 2x - 8 + \frac{6}{x}$.
- Es gilt: $\int \frac{1}{x} dx = \ln|x| + c$.

d) *Nachweisen der Richtigkeit der Aussage*

Tipps:

- Die allgemeine Tangentengleichung lautet: $y = m_t x + n$ mit $m_t = g'_{0,5}(x)$.
- Was bedeutet dann „Anstiege der Tangenten“?
- Es gilt $m'_t = g''_{0,5}(x)$.
- Vergessen Sie nicht die Betrachtungen an den Rändern des Definitionsbereichs.

Lösungen

$y = f(x) = 2x \cdot (x-1) \cdot (x-3), \quad x \in \mathbb{R}, \quad x \geq 0$

$f(x) = 2x^3 - 8x^2 + 6x$

$f'(x) = 6x^2 - 16x + 6$

$f''(x) = 12x - 16$

$$y = g_a(x) = \frac{x^2 - 4x + 3}{ax}, \quad a, x \in \mathbb{R}, \quad a > 0, x > 0$$

$$g_a(x) = \frac{1}{a}x - \frac{4}{a} + \frac{3}{ax}$$

a) **Nullstellen der Funktion f:**

$f(x) = 0, \quad 2x \cdot (x-1) \cdot (x-3) = 0, \quad x_1 = 0, \quad x_2 = 1, \quad x_3 = 3$

Extrempunkte:

$f'(x) = 0, \quad 6x^2 - 16x + 6 = 0, \quad x^2 - \frac{8}{3}x + 1 = 0, \quad x_1 \approx 2{,}215, \quad x_2 \approx 0{,}451$

$f''(2{,}215) = 12 \cdot 2{,}215 - 16 = 10{,}58 > 0 \quad \Rightarrow \quad T(2{,}215 \mid -4{,}23)$

$f''(0{,}451) = 12 \cdot 0{,}451 - 16 = -10{,}588 < 0 \quad \Rightarrow \quad H(0{,}451 \mid 1{,}26)$

Wertetabelle für f(x) im Intervall $0 \leq x \leq 3{,}4$:

x	0	0,5	1	1,5	2	2,5	3	3,4
f(x)	0	1,25	0	–2,25	–4	–3,75	0	6,528

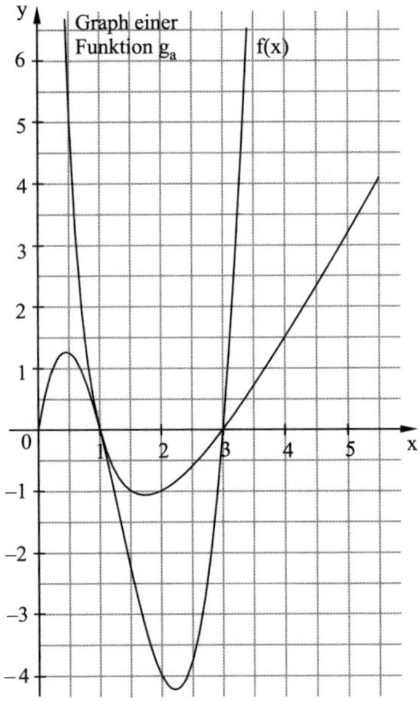

b) Zeigen der Übereinstimmung:

Nullstellen von $g_a(x)$ berechnen und vergleichen:

$0 = \frac{x^2 - 4x + 3}{ax}$, $\quad x^2 - 4x + 3 = 0$, $\quad x_1 = 1$, $\quad x_2 = 3$

Die Nullstellen $x = 1$ und $x = 3$ stimmen überein.

Andere Möglichkeit:

$g_a(1) = \frac{1^2 - 4 \cdot 1 + 3}{a \cdot 1} = 0$, w. A.

$g_a(3) = \frac{3^2 - 4 \cdot 3 + 3}{a \cdot 3} = 0$, w. A.

$\Rightarrow$ Nullstellen stimmen überein

Ermitteln einer Gleichung der Asymptoten:

Die Funktionsgleichung g_a lässt sich umformen

$g_a(x) = \frac{x^2}{ax} - \frac{4x}{ax} + \frac{3}{ax} = \frac{1}{a}x - \frac{4}{a} + \frac{3}{ax}$

$y = \frac{1}{a}x - \frac{4}{a}$ ist schiefe Asymptote, da

$\lim\limits_{x \to \infty} \left(\frac{3}{ax}\right) = 0.$

Schnittpunkt der Asymptoten mit der x-Achse:

$\frac{1}{a}x - \frac{4}{a} = 0$, $\;x = 4$ ist unabhängig von a, deshalb schneidet die Asymptote die x-Achse stets an derselben Stelle.

Nachweisen der Lage der Tiefpunkte:

$g_a'(x) = \left(\frac{1}{a}x - \frac{4}{a} + \frac{3}{ax}\right)' = \frac{1}{a} - \frac{3}{ax^2}$

$g_a'(x) = 0$, $\;\frac{1}{a} - \frac{3}{ax^2} = 0$, $\;\frac{1}{a} = \frac{3}{ax^2}$, $\;ax^2 = 3a$, $\;x^2 = 3$, $\;x_{1,2} = \pm\sqrt{3}$

Wegen $x > 0$ gilt $x = \sqrt{3}$.

Da der x-Wert des Tiefpunktes unabhängig vom Parameter a ist, liegen die Tiefpunkte auf der Geraden der Gleichung $x = \sqrt{3}$.

Ermitteln des Wertes des Parameters a:

Es muss gelten $g_a(\sqrt{3}) = \frac{12 - 8\sqrt{3}}{\sqrt{3}}$.

$$\frac{(\sqrt{3})^2 - 4 \cdot \sqrt{3} + 3}{a \cdot \sqrt{3}} = \frac{12 - 8\sqrt{3}}{\sqrt{3}}$$

$$\frac{6 - 4\sqrt{3}}{a \cdot \sqrt{3}} = \frac{2(6 - 4\sqrt{3})}{\sqrt{3}}, \quad \frac{1}{a} = \frac{2}{1}$$

$\Rightarrow \; a = 0{,}5$

c) Berechnen der Maßzahl des Inhalts der Fläche:
Die Integrationsgrenzen sind durch den Nachweis der beiden Nullstellen gegeben.

$$A = \int_1^3 (g_{0,5}(x) - f(x))\,dx$$

$$A = \int_1^3 \left(\frac{x^2 - 4x + 3}{0,5x} - (2x^3 - 8x^2 + 6x) \right) dx$$

$$A = \int_1^3 \left(2x - 8 + \frac{6}{x} - 2x^3 + 8x^2 - 6x \right) dx$$

$$A = \int_1^3 \left(-2x^3 + 8x^2 - 4x - 8 + \frac{6}{x} \right) dx$$

$$A = \left[-\frac{1}{2}x^4 + \frac{8}{3}x^3 - 2x^2 - 8x + 6\ln x \right]_1^3$$

$$A = -\frac{81}{2} + 72 - 18 - 24 + 6\ln 3 - \left(-\frac{1}{2} + \frac{8}{3} - 2 - 8 \right)$$

$$A = 6\ln 3 - \frac{8}{3} \approx 3,925$$

Die Maßzahl des Inhalts der Fläche beträgt 3,925.

d) Nachweisen der Richtigkeit der Aussage:

(1) Die Funktion $g_{0,5}'$ ist differenzierbar.

(2) Anstiege der Tangenten an den Graphen $G_{0,5}$:

$$m_t = g_{0,5}'(x) = 2 - \frac{6}{x^2}$$

Untersuchen von m_t auf lokale Extrempunkte:

$$m_t' = g_{0,5}''(x) = \frac{12}{x^3}, \quad \frac{12}{x^3} = 0, \quad 12 = 0 \quad \text{f.A.}$$

$\Rightarrow$ Notwendige Bedingung für lokale Extrempunkte der Anstiege für kein x erfüllt.

(3) Ränder des Definitionsbereichs:

$$\lim_{x \to \infty} g_{0,5}'(x) = \lim_{x \to \infty} \left(2 - \frac{6}{x^2} \right) = 2$$

und

$$g_{0,5}'(x) < 2 \quad \text{für } 0 < x < \infty$$

und

$$\lim_{x \to 0} g_{0,5}'(x) = \lim_{x \to 0} \left(2 - \frac{6}{x^2} \right) = -\infty$$

Aus (1) bis (3) folgt:
Es gibt keinen größten und keinen kleinsten Wert für die Anstiege der Tangenten.

Kernfach Mathematik (Sachsen-Anhalt): Abiturprüfung 2007
Leistungskursniveau – Pflichtaufgabe L2: Analytische Geometrie

In einem kartesischen Koordinatensystem sind gegeben ein Dreieck mit den Eckpunkten

$A(-15\,|\,-10\,|\,2)$, $B(-15\,|\,-35\,|\,2)$ und $C(9\,|\,-10\,|\,9)$

sowie eine Gerade g durch

$$\vec{x} = \begin{pmatrix} -18{,}5 \\ -10 \\ 14 \end{pmatrix} + t \begin{pmatrix} 24 \\ -25 \\ 7 \end{pmatrix}, \quad t \in \mathbb{R}.$$

a) Berechnen Sie für jeden Innenwinkel des Dreiecks ABC das Gradmaß. (4 BE)

b) Ermitteln Sie eine Koordinatengleichung der Ebene E, in der das Dreieck ABC liegt und charakterisieren Sie die besondere Lage dieser Ebene im Koordinatensystem.

Untersuchen Sie die Lage der Geraden g zur Ebene E. (9 BE)

c) Die Punkte A, B und C geben die Lage von drei Berghütten an. Die Gerade g beschreibt den Verlauf eines Weges w auf dem Kamm eines Berges, an dem eine Mobilfunkstation mit gleicher Entfernung zu jeder der Berghütten errichtet werden soll. Es ist bekannt, dass genau ein solcher Standort existiert. Berechnen Sie die Koordinaten des Punktes X, der die Lage dieses Standortes beschreibt.

[Ergebnis zur Kontrolle: $X(-6{,}5\,|\,-22{,}5\,|\,17{,}5)$

Berechnen Sie das Gradmaß des Winkels, unter dem dieser Weg w zu einem senkrecht zur Horizontalebene (x-y-Ebene) stehenden Mast der Mobilfunkstation verlaufen würde. (7 BE)

d) Die Punkte der Geraden s, die durch den Punkt X und senkrecht zur Ebene E verläuft, haben jeweils die gleiche Entfernung zu den Punkten A, B und C. Geben Sie eine Gleichung dieser Geraden s an und ermitteln Sie die Koordinaten des Punktes $\overline{X}$, der die kleinste dieser Entfernungen zu den Punkten A, B und C besitzt. (5 BE)

(25 BE)

Tipps und Hinweise zum Lösen von Pflichtaufgabe L2: Analytische Geometrie

a) *Berechnen der Gradmaße der Winkel*
Hinweis:
Die Formel zur Berechnung des Winkels zwischen zwei Geraden (Seiten) lautet:
$\cos\alpha = \frac{|\vec{u} \circ \vec{v}|}{|\vec{u}| \cdot |\vec{v}|}$. Dabei bezeichnen $\vec{u}$ und $\vec{v}$ die Richtungsvektoren der Geraden.

Tipp:
- Denken Sie auch an die Winkelsumme im Dreieck.

b) *Ermitteln einer Koordinatengleichung der Ebene*
Hinweis:
Ermitteln Sie zunächst die Ebenengleichung in Parameterform und dann eine Koordinatengleichung der Form $ax + by + cz = d$.

Tipps:
- Ermitteln Sie einen Normalenvektor $\vec{n} = \begin{pmatrix} n_1 \\ n_2 \\ n_3 \end{pmatrix}$ aus dem Kreuzprodukt der Spannvektoren der Ebene E.
- Dann gilt: $n_1x + n_2y + n_3z = d$, wobei sich d durch Punktprobe mit A ermitteln lässt.

c) *Berechnen der Koordinaten des Punktes X*

Tipps:
- Haben Sie erkannt, dass $|\overrightarrow{AX}| = |\overrightarrow{BX}| = |\overrightarrow{CX}|$ gelten muss?
- Überlegen Sie, wie man allgemein die Koordinaten eines Punktes angeben kann, der auf einer Geraden liegt.
- Der Punkt X hat die Koordinaten $X(-18{,}5 + 24t \mid -10 - 25t \mid 14 + 7t),\ t \in \mathbb{R}$.
- Berechnen Sie nun $|\overrightarrow{AX}|$ und $|\overrightarrow{BX}|$ und daraus den Wert des Parameters t nach obiger Beziehung.

Berechnen des Gradmaßes des Winkels

Tipps:
- Fertigen Sie eine Skizze an.
- Haben Sie erkannt, dass der Normalenvektor der x-y-Ebene gleich dem Richtungsvektor des Mastes ist?
- Berechnen Sie nun mithilfe der Formel
  $\cos\alpha = \frac{\vec{u}_g \circ \vec{n}_{x-y}}{|\vec{u}_g| \cdot |\vec{n}_{x-y}|}$ das Gradmaß des Winkels.

d) *Gleichung für s*

Tipps:
- Auch bei dieser Problemstellung ist eine Skizze hilfreich.
- Es gilt: $\vec{n}_E = \vec{u}_s$.

Ermitteln der Koordinaten von $\overline{X}$

Tipps:
- Der Punkt $\overline{X}$ muss auf der Geraden s und in der Ebene E liegen.
- Es ist der Durchstoßpunkt der Geraden s durch die Ebene E.

Lösungen

a) Berechnen der Gradmaße der Winkel:

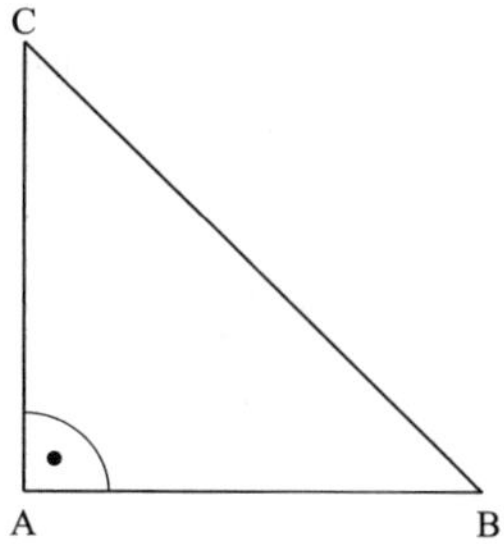

$$\cos\alpha = \frac{\overrightarrow{AB} \circ \overrightarrow{AC}}{|\overrightarrow{AB}| \cdot |\overrightarrow{AC}|}$$

$$\cos\alpha = \frac{\begin{pmatrix} 0 \\ -25 \\ 0 \end{pmatrix} \circ \begin{pmatrix} 24 \\ 0 \\ 7 \end{pmatrix}}{\left|\begin{pmatrix} 0 \\ -25 \\ 0 \end{pmatrix}\right| \cdot \left|\begin{pmatrix} 24 \\ 0 \\ 7 \end{pmatrix}\right|} = 0$$

$\Rightarrow \quad \alpha = 90°$

$$\cos\beta = \frac{\overrightarrow{BA} \circ \overrightarrow{BC}}{|\overrightarrow{BA}| \cdot |\overrightarrow{BC}|}$$

$$\cos\beta = \frac{\begin{pmatrix} 0 \\ 25 \\ 0 \end{pmatrix} \circ \begin{pmatrix} 24 \\ 25 \\ 7 \end{pmatrix}}{\left|\begin{pmatrix} 0 \\ 25 \\ 0 \end{pmatrix}\right| \cdot \left|\begin{pmatrix} 24 \\ 25 \\ 7 \end{pmatrix}\right|} = \frac{625}{25 \cdot \sqrt{1\,250}} = \frac{\cancel{625}}{\cancel{25 \cdot 25} \cdot \sqrt{2}} = \frac{\sqrt{2}}{2}$$

$\Rightarrow \quad \beta = 45°$

Winkelsumme im Dreieck: $\alpha + \beta + \gamma = 180°$

$\Rightarrow \quad \gamma = 45°$

b) Ermitteln einer Koordinatengleichung der Ebene:

Aufstellen einer Parametergleichung:

$$E: \quad \vec{x} = \overrightarrow{OA} + t \cdot \overrightarrow{AB} + s \cdot \overrightarrow{AC}$$

$$\vec{x} = \begin{pmatrix} -15 \\ -10 \\ 2 \end{pmatrix} + t \cdot \begin{pmatrix} 0 \\ -25 \\ 0 \end{pmatrix} + s \cdot \begin{pmatrix} 24 \\ 0 \\ 7 \end{pmatrix}; \quad t, s \in \mathbb{R}$$

1. Möglichkeit:

Den Normalenvektor $\vec{n}$ der Ebene berechnet man mithilfe des Vektorprodukts aus den Spannvektoren der Ebene.

$$\begin{pmatrix} 0 \\ -25 \\ 0 \end{pmatrix} \times \begin{pmatrix} 24 \\ 0 \\ 7 \end{pmatrix} = \begin{pmatrix} -25 \cdot 7 - 0 \\ 0 \cdot 24 - 7 \cdot 0 \\ 0 \cdot 0 - 24 \cdot (-25) \end{pmatrix} = \begin{pmatrix} -175 \\ 0 \\ 600 \end{pmatrix} = 25 \cdot \begin{pmatrix} -7 \\ 0 \\ 24 \end{pmatrix}$$

Mit dem Ansatz $-7x + 24z = d$ und wegen $A(-15\,|\,-10\,|\,2) \in E$ ergibt sich $-7x + 24z = 153$.

2. Möglichkeit:

Der Normalenvektor $\vec{n}$ steht senkrecht auf den Spannvektoren der Ebene, also

$$\vec{n} \perp \begin{pmatrix} 0 \\ -25 \\ 0 \end{pmatrix} \quad \text{und} \quad \vec{n} \perp \begin{pmatrix} 24 \\ 0 \\ 7 \end{pmatrix}, \text{ damit gilt}$$

$$\vec{n} \circ \begin{pmatrix} 0 \\ -25 \\ 0 \end{pmatrix} = 0 \quad \text{und} \quad \vec{n} \circ \begin{pmatrix} 24 \\ 0 \\ 7 \end{pmatrix} = 0$$

$$\begin{array}{rcrcl} & & -25n_2 & & = 0 \\ 24n_1 & & & +7n_3 & = 0 \end{array}$$

$n_1 = -7, \quad n_3 = 24, \quad n_2 = 0, \quad$ also $\vec{n} = \begin{pmatrix} -7 \\ 0 \\ 24 \end{pmatrix}$

und damit
$-7x + 24z = d$

Wegen $A \in E$ ergibt sich
E: $-7x + 24z = 153$ bzw.
$7x - 24z = -153$

3. Möglichkeit:
Aus der Parametergleichung der Ebene folgt:

$$\begin{array}{lrcl} \text{I.} & x & = & -15 \qquad\qquad + 24s \\ \text{II.} & y & = & -10 - 25t \\ \text{III.} & z & = & 2 \qquad\qquad\;\; + 7s \end{array}$$

$\Rightarrow \quad s = \frac{1}{7}z - \frac{2}{7}$ in I:

$$x = -15 + 24 \cdot \left(\frac{1}{7}z - \frac{2}{7}\right)$$

$$x = -15 + \frac{24}{7}z - \frac{48}{7}$$

$$x = -\frac{153}{7} + \frac{24}{7}z$$

$$7x = -153 + 24z$$

E: $7x - 24z = -153$ bzw.
$7x - 24z + 153 = 0$

c) **Berechnen der Koordinaten des Punktes X:**

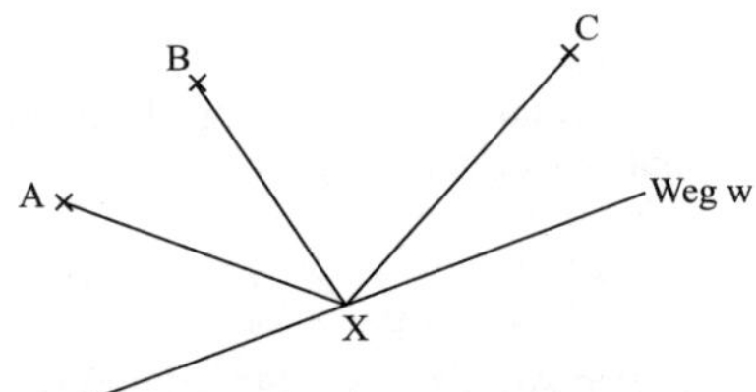

$|\overrightarrow{AX}| = |\overrightarrow{BX}| = |\overrightarrow{CX}|$
und $X \in g$, also hat X die Koordinaten
$X(-18{,}5 + 24t \mid -10 - 25t \mid 14 + 7t)$
$|\overrightarrow{AX}| = |\overrightarrow{BX}|$

$$\left|\begin{pmatrix} -18{,}5 + 24t + 15 \\ -10 - 25t + 10 \\ 14 + 7t - 2 \end{pmatrix}\right| = \left|\begin{pmatrix} -18{,}5 + 24t + 15 \\ -10 - 25t + 35 \\ 14 + 7t - 2 \end{pmatrix}\right|$$

$$\cancel{(-3{,}5 + 24t)^2} + (-25t)^2 + \cancel{(7t + 12)^2} = \cancel{(-3{,}5 + 24t)^2} + (25 - 25t)^2 + \cancel{(7t + 12)^2}$$

$$\cancel{625t^2} = 625 - 1\,250t + \cancel{625t^2}$$

$$t = 0{,}5$$

eingesetzt in X: $X(-6{,}5 \mid -22{,}5 \mid 17{,}5)$

Berechnen des Gradmaßes des Winkels:
Es gilt:

$$\cos\alpha = \frac{\vec{u}_g \circ \vec{n}_{x\text{-}y}}{|\vec{u}_g| \cdot |\vec{n}_{x\text{-}y}|}$$

$$\cos\alpha = \frac{\begin{pmatrix} 24 \\ -25 \\ 7 \end{pmatrix} \circ \begin{pmatrix} 0 \\ 0 \\ 1 \end{pmatrix}}{\left|\begin{pmatrix} 24 \\ -25 \\ 7 \end{pmatrix}\right| \cdot \left|\begin{pmatrix} 0 \\ 0 \\ 1 \end{pmatrix}\right|} = \frac{7}{\sqrt{1\,250}}$$

$$\alpha \approx 78{,}58°$$

Das Gradmaß des Winkels beträgt 78,58°.

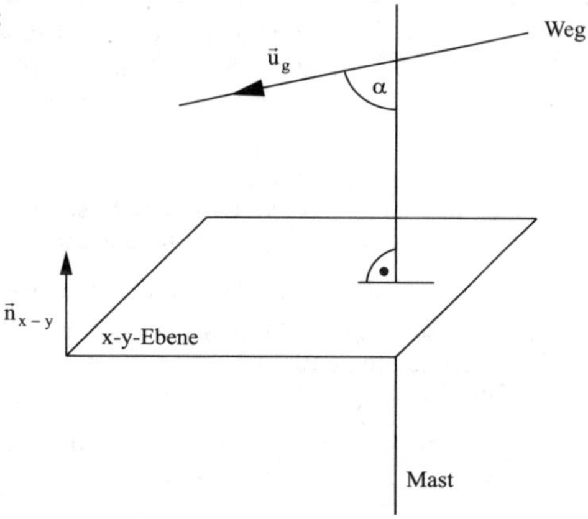

d) Angeben einer Gleichung für s:

$s(X; \vec{n}_E)$:

$$\vec{x} = \begin{pmatrix} -6{,}5 \\ -22{,}5 \\ 17{,}5 \end{pmatrix} + r \begin{pmatrix} -7 \\ 0 \\ 24 \end{pmatrix}, \quad r \in \mathbb{R}$$

Ermitteln der Koordinaten für $\overline{X}$:

Da $\overline{X} \in E \;\Rightarrow\; s \cap E = \{\overline{X}\}$, also

s in E einsetzen

$$-7 \cdot (-6{,}5 - 7r) + 24(17{,}5 + 24r) = 153$$
$$45{,}5 + 49r + 420 + 576r = 153$$
$$r = -0{,}5$$

$\overline{X}(-3|-22{,}5|5{,}5)$

Alle anderen Punkte auf der Geraden s haben eine größere Entfernung zu den Punkten A, B und C.

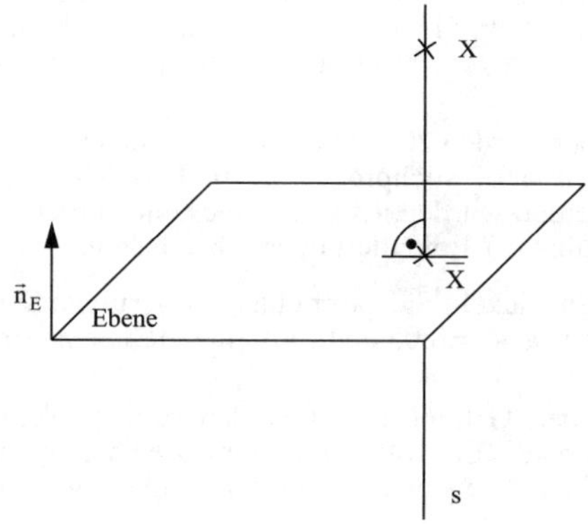

Kernfach Mathematik (Sachsen-Anhalt): Abiturprüfung 2007
Leistungskursniveau – Pflichtaufgabe L3: Stochastik

In einem Unternehmen werden Mixgetränke in Flaschen abgefüllt.
Mit einer Wahrscheinlichkeit von 0,088 ist eine Flasche nicht korrekt verschlossen.
Die Flaschen werden in Packungen zu je 20 Stück ausgeliefert.

a) Ermitteln Sie die Wahrscheinlichkeiten der folgenden Ereignisse:

A: Eine Packung enthält genau eine nicht korrekt verschlossene Flasche.
B: Eine Packung enthält höchstens eine nicht korrekt verschlossene Flasche.
C. Eine Packung enthält weniger als zwei korrekt verschlossene Flaschen. (7 BE)

b) Das Unternehmen setzt zur Endkontrolle Prüfautomaten ein. Ein Prüfautomat sondert eine korrekt verschlossene Flasche mit der Wahrscheinlichkeit von 4 % irrtümlich aus.
Insgesamt werden 10 % aller Flaschen ausgesondert.
Ermitteln Sie die Wahrscheinlichkeit, mit der ein Prüfautomat eine nicht korrekt verschlossene Flasche aussondert. (5 BE)

Bisher wurden 20 % aller Flaschen fehlerhaft etikettiert.
Es wird eine Stichprobe von 100 Flaschen untersucht, die nach einem veränderten Verfahren etikettiert wurden. Es soll festgestellt werden, ob sich signifikante Veränderungen bei der Qualität der Etikettierung ergeben haben.

c) Entwickeln Sie dafür einen zweiseitigen Signifikanztest auf dem Signifikanzniveau $\alpha = 0{,}05$ und formulieren Sie eine Entscheidungsregel. (8 BE)

In einem Getränkemarkt werden Mixgetränke in Packungen von je 20 Flaschen angeboten. Ein Kunde entnimmt gleichzeitig und zufällig drei Flaschen einer Packung, die genau vier unterhalb der Norm gefüllte Flaschen enthält.

d) Berechnen Sie die Wahrscheinlichkeit, mit der höchstens eine dieser drei Flaschen unterhalb der Norm gefüllt ist. (5 BE)
(25 BE)

Tipps und Hinweise zum Lösen von Pflichtaufgabe L3: Stochastik

a) *Ermitteln der Wahrscheinlichkeiten der Ereignisse*
Hinweis:

Die Bernoulli-Formel lautet: $P(X = k) = \binom{n}{k} \cdot p^k \cdot (1-p)^{n-k};\quad 0 \le k \le n$

Tipps:

- Legen Sie die Zufallsgröße für jedes der Ereignisse geeignet fest.
- Haben Sie erkannt, dass die Zufallsgröße jeweils binomialverteilt ist?
- Mit welchen Parameterwerten ist die Zufallsgröße jeweils binomialverteilt?
- Mögliche Lösungsansätze: $P(A) = P(X = 1)$; $P(B) = P(X \le 1)$; $P(C) = P(Y \le 1)$, Bernoulli-Formel nutzen!

b) *Ermitteln der gesuchten Wahrscheinlichkeit*
Hinweis:
Der allgemeine Multiplikationssatz für Wahrscheinlichkeiten lautet:
$P(A \cap B) = P(A) \cdot P_A(B)$
Zum Ermitteln bedingter Wahrscheinlichkeiten ist die Orientierung an einem Baumdiagramm zweckmäßig.

Tipps:
- Haben Sie erkannt, dass eine bedingte Wahrscheinlichkeit gesucht ist?
  Gesucht ist die bedingte Wahrscheinlichkeit des Ereignisses:
  Eine Flasche, die nicht korrekt verschlossen ist, wird ausgesondert.
- Fertigen Sie ein Baumdiagramm an und tragen Sie die (bekannten und unbekannten) zugehörigen Wahrscheinlichkeiten an den Pfaden ein.
- Überlegen Sie, aus welcher Beziehung die gesuchte Wahrscheinlichkeit ermittelt werden kann. (Nutzen Sie die Produkt- und die Summenregel.)
- Möglicher Lösungsansatz: Bilden der Produkte der Wahrscheinlichkeiten entlang der beiden Pfade, die auf „Aussondern" führen. Die Summe dieser beiden Pfadwahrscheinlichkeiten ergibt 0,10.

c) *Entwickeln eines zweiseitigen Signifikanztests*
Hinweis:
Bei einem zweiseitigen Signifikanztest ist das Signifikanzniveau zu halbieren. Der Ablehnungsbereich ist zweiseitig und lautet: $\overline{A} = \{0; 1; \ldots; k_L\} \cup \{k_R; k_R + 1; \ldots; n\}$

Tipps:
- Überlegen Sie, was durch die festzulegende Zufallsgröße Z beschrieben werden soll, wie diese verteilt ist und wie die Parameterwerte n und p lauten.
- Die Zufallsgröße Z ist $B_{100;\,0,20}$-verteilt (bei wahrer Nullhypothese).
- Formulieren Sie die Nullhypothese.
  Beachten Sie, dass die Nullhypothese eine einfache Hypothese sein muss.
- Die Nullhypothese lautet: H_0: $p = 0{,}20$.
- Ermitteln Sie den zweiseitigen Ablehnungsbereich $\overline{A}$.
  Warum gelten zum Ermitteln der kritischen Werte k_L und k_R die Beziehungen $P(Z \le k_L) \le 0{,}025$ bzw. $P(Z \le k_R - 1) \ge 0{,}975$?

Formulieren einer zugehörigen Entscheidungsregel

Tipp:
- Formulieren Sie die Entscheidungsregel sachbezogen. Der Sachbezug geht aus dem Aufgabentext hervor.

d) *Berechnen der gesuchten Wahrscheinlichkeit*
Hinweis:
Gleichzeitiges und zufälliges Entnehmen/Ziehen kann als mehrstufiger Zufallsversuch – orientiert an den Pfaden eines Baumdiagramms – ausgewertet werden.

Tipps:
- Haben Sie erkannt, dass ein dreistufiger Zufallsversuch ohne Zurücklegen vorliegt?
- Überlegen Sie, welche Pfade zum Berechnen der gesuchten Wahrscheinlichkeit relevant sind.
- Unter Verwendung der Kodierung N (Flasche normgerecht gefüllt) und $\overline{N}$ (Flasche nicht normgerecht gefüllt) sind die relevanten Pfade: N – N – N sowie N – N – $\overline{N}$, N – $\overline{N}$ – N und $\overline{N}$ – N – N.
- Beachten Sie gleichwahrscheinliche Pfade und „ohne Zurücklegen" beim Berechnen.

Lösungen

a) Ermitteln der Wahrscheinlichkeiten der Ereignisse:

Die Zufallsgröße X beschreibe die Anzahl der nicht korrekt verschlossenen Flaschen. Die Zufallsgröße X kann als binomialverteilt angenommen werden mit $n = 20$ und $p = 0{,}088$; d. h. $X \sim B_{20;\,0{,}088}$.

Anwenden der BERNOULLI-Formel (da keine Tabellierung vorliegt):

$$P(X = k) = \binom{n}{k} \cdot p^k \cdot (1-p)^{n-k}; \quad 0 \le k \le n$$

$$P(A) = P(X = 1) = \binom{20}{1} \cdot 0{,}088^1 \cdot 0{,}912^{19} \approx 0{,}30578$$

$\mathbf{P(A) \approx 30{,}6\ \%}$

$P(B) = P(X \le 1) = P(X = 0) + P(X = 1)$

$$P(X = 0) = \binom{20}{0} \cdot 0{,}088^0 \cdot 0{,}912^{20} = 0{,}912^{20} \approx 0{,}15845; \quad P(B) \approx 0{,}15845 + 0{,}30578 = 0{,}46423$$

$\mathbf{P(B) \approx 46{,}4\ \%}$

Die Zufallsgröße Y beschreibe die Anzahl der korrekt verschlossenen Flaschen. Die Zufallsgröße Y kann als binomialverteilt angenommen werden mit $n = 20$ und $p = 1 - 0{,}088 = 0{,}912$; also $Y \sim B_{20;\,0{,}912}$.

$P(C) = P(Y \le 1) = P(Y = 0) + P(Y = 1)$

$$P(Y = 0) = \binom{20}{0} \cdot 0{,}912^0 \cdot 0{,}088^{20} = 0{,}088^{20} \approx 7{,}76 \cdot 10^{-22}$$

$$P(Y = 1) = \binom{20}{1} \cdot 0{,}912^1 \cdot 0{,}088^{19} \approx 1{,}61 \cdot 10^{-19}$$

$P(C) \approx 7{,}76 \cdot 10^{-22} + 1{,}61 \cdot 10^{-19} \approx 1{,}62 \cdot 10^{-19}$

$\mathbf{P(C) \approx 0\ \%}$

b) Ermitteln der gesuchten Wahrscheinlichkeit:

Gesucht ist die bedingte Wahrscheinlichkeit des Ereignisses: Eine Flasche, die nicht korrekt verschlossen ist, wird ausgesondert. Zum Ermitteln dieser Wahrscheinlichkeit ist die Orientierung an einem Baumdiagramm zweckmäßig.

$P(\overline{K}) = 0{,}088$

$P_{\overline{K}}(A)$ gesuchte Wahrscheinlichkeit

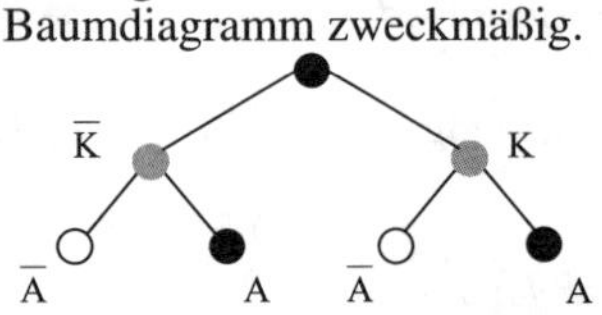

$P(K) = 0{,}912$

$P_K(A) = 0{,}04$

$P(A) = 0{,}10$

A – ausgesondert

$\overline{A}$ – nicht ausgesondert

K – korrekt verschlossen

$\overline{K}$ – nicht korrekt verschlossen

(1) $P(K \cap A) = P(K) \cdot P_K(A)$ — Anwenden der ersten Pfadregel (Produktregel bzw. allgemeiner Multiplikationssatz)

(2) $P(\overline{K} \cap A) = P(\overline{K}) \cdot P_{\overline{K}}(A)$

(3) $P(A) = P(\overline{K}) \cdot P_{\overline{K}}(A) + P(K) \cdot P_K(A)$ — Anwenden der ersten Pfadregel und der zweiten Pfadregel (Summenregel bzw. allgemeiner Additionssatz)

Die Beziehung (3) wird nach der gesuchten bedingten Wahrscheinlichkeit $P_{\overline{K}}(A)$ umgeformt:

$$P_{\overline{K}}(A) = \frac{P(A) - P(K) \cdot P_K(A)}{P(\overline{K})}$$

Nach Einsetzen der gegebenen Wahrscheinlichkeiten erhält man:

$$P_{\overline{K}}(A) = \frac{0{,}10 - 0{,}912 \cdot 0{,}04}{0{,}088} = 0{,}72182$$

Eine Flasche, die nicht korrekt verschlossen ist, sondert der Prüfautomat mit einer **Wahrscheinlichkeit von etwa 72 %** aus.

c) **Entwickeln des zweiseitigen Signifikanztests und Formulieren einer Entscheidungsregel:**
Die Zufallsgröße Z beschreibe die Anzahl der fehlerhaft etikettierten Flaschen. Die Zufallsgröße Z kann als binomialverteilt angenommen werden mit $n = 100$ und $p = 0{,}20$; d. h. $Z \sim B_{100;\,0{,}20}$ (bei wahrer Nullhypothese).

(1) Nullhypothese H_0: $p = 0{,}20$ [Gegenhypothese H_1: $p \neq 0{,}20$]

(2) Stichprobenumfang n: $n = 100$; Signifikanzniveau α: $\alpha = 0{,}05 \Rightarrow \frac{\alpha}{2} = 0{,}025$

(Beachten Sie: Bei einem zweiseitigen Signifikanztest ist das Signifikanzniveau zu halbieren.)

Da sowohl kleine als auch große Werte der Zufallsgröße Z gegen die Nullhypothese sprechen (zweiseitiger Signifikanztest) ist der größtmögliche Ablehnungsbereich $\overline{A}$:

$\overline{A} = \{0; 1; \ldots; k_L\} \cup \{k_R; k_R + 1; \ldots; 100\}$ zu ermitteln.

(3) Ermitteln des größtmöglichen zweiseitigen Ablehnungsbereichs $\overline{A}$:

kritischer Wert k_L:
Die Ungleichung $P(Z \leq k_L) = B_{100;\,0{,}20}(\{0;\ 1;\ \ldots;\ k_L\}) \leq 0{,}025$ ist letztmalig für den Wert $\mathbf{k_L = 11}$ erfüllt [Tabellenwert: $B_{100;\,0{,}20}(\{0;\ 1;\ \ldots;\ k_L\}) = 0{,}01257$].

kritischer Wert k_R:
$P(Z \geq k_R) = 1 - P(Z \leq k_R - 1) \leq 0{,}025 \Rightarrow P(Z \leq k_R - 1) \geq 0{,}975$ bzw.
$B_{100;\,0{,}20}(\{0;\ 1;\ \ldots;\ k_L\}) \geq 0{,}975$
Diese Ungleichung ist erstmalig erfüllt für den Wert $k_R - 1 = 28$
[Tabellenwert: $B_{100;\,0{,}20}(\{0;\ 1;\ \ldots;\ 28\}) = 0{,}97998$], also $\mathbf{k_R = 29}$.
Für den zweiseitigen **Ablehnungsbereich** $\overline{A}$ folgt somit
$\overline{A} = \{0; 1; \ldots; 11\} \cup \{29; 30; \ldots; 100\}$.

(4) Formulieren einer **Entscheidungsregel**:
Nimmt die Zufallsgröße Z einen Wert des Ablehnungsbereichs $\overline{A}$ an ($Z \in \overline{A}$), dann kann (mit mindestens 95 %iger Sicherheit) davon ausgegangen werden, dass sich signifikante Veränderungen bei der Qualität der Etikettierung ergeben haben.

d) **Berechnen der gesuchten Wahrscheinlichkeit:**
E sei das interessierende Ereignis:
Höchstens eine der entnommenen Flaschen ist unterhalb der Norm gefüllt.
Das gleichzeitige und zufällige Entnehmen der Flaschen kann als dreistufiger Zufallsversuch mithilfe eines Baumdiagramms ausgewertet werden.

N – Flasche normgerecht gefüllt (insgesamt 16 von 20 Flaschen)

$\overline{N}$ – Flasche nicht normgerecht gefüllt (insgesamt 4 von 20 Flaschen)

Zum Ereignis E gehören der Pfad

N – N – N $\frac{16}{20} \cdot \frac{15}{19} \cdot \frac{14}{18}$ Anwenden der ersten Pfadregel (Produktregel bzw. allgemeiner Multiplikationssatz)

und die drei gleichwahrscheinlichen Pfade

N – N – $\overline{N}$

N – $\overline{N}$ – N $3 \cdot \frac{16}{20} \cdot \frac{15}{19} \cdot \frac{4}{18}$ Anwenden der ersten Pfadregel und der zweiten Pfadregel (Summenregel bzw. allgemeiner Additionssatz)

$\overline{N}$ – N – N

Somit folgt: $P(E) = \frac{16}{20} \cdot \frac{15}{19} \cdot \frac{14}{18} + 3 \cdot \frac{16}{20} \cdot \frac{15}{19} \cdot \frac{4}{18} = \frac{28}{57} + \frac{24}{57} = \frac{52}{57} \approx 0{,}91228$

$P(E) \approx 91\ \%$

Weitere Möglichkeit zur Berechnung der gesuchten Wahrscheinlichkeit:

Die dem dreistufigen Zufallsversuch zugrunde liegende Zufallsgröße ist hypergeometrisch verteilt. In Formelsammlungen findet man für Zufallsgrößen, die hypergeometrisch verteilt sind, die Formel $P(X = m) = \frac{\binom{M}{m} \cdot \binom{N-M}{n-m}}{\binom{N}{n}}$

Hierin bedeuten bezogen auf den vorliegenden Zufallsversuch:

X – Zufallsgröße, die die Anzahl der unterhalb der Norm gefüllten Flaschen angibt

N – Anzahl der Flaschen insgesamt (N = 20)

M – Anzahl der unterhalb der Norm gefüllten Flaschen insgesamt (M = 4)

n – Anzahl der entnommenen Flaschen (n = 3)

m – Anzahl der entnommenen Flaschen, die unterhalb der Norm gefüllt sind (m = 0 bzw. m = 1)

Die Wahrscheinlichkeit des Ereignisses E lässt sich somit berechnen aus:

$P(X = 0) = \frac{\binom{4}{0} \cdot \binom{16}{3}}{\binom{20}{3}} = \frac{1 \cdot 560}{1140} = \frac{28}{57}$; $P(X = 1) = \frac{\binom{4}{1} \cdot \binom{16}{2}}{\binom{20}{3}} = \frac{4 \cdot 120}{1140} = \frac{24}{57}$

Mit $P(E) = P(X = 0) + P(X = 1)$ erhält man $P(E) = \frac{52}{57} \approx 0{,}91228$.

Kernfach Mathematik (Sachsen-Anhalt): Abiturprüfung 2007
Leistungskursniveau – Wahlpflichtaufgabe L4.1: Analysis

Quaderförmige Behälter (oben offen) sollen hinsichtlich ihres Volumens untersucht werden. Untenstehende Abbildung zeigt ein Netz derartiger Behälter ($x \in D_f$).

a) Ermitteln Sie eine Funktion f (Zuordnungsvorschrift und Definitionsbereich D_f), die das Volumen dieser Behälter beschreibt und berechnen Sie die Maße für einen Behälter mit maximalem Volumen. (10 BE)

b) Die Grundfläche von solchen Behältern soll einen Flächeninhalt von mindestens 25 dm^2 haben.
Berechnen Sie für diesen Fall die Maße eines Behälters mit maximalem Volumen. (5 BE)

(15 BE)

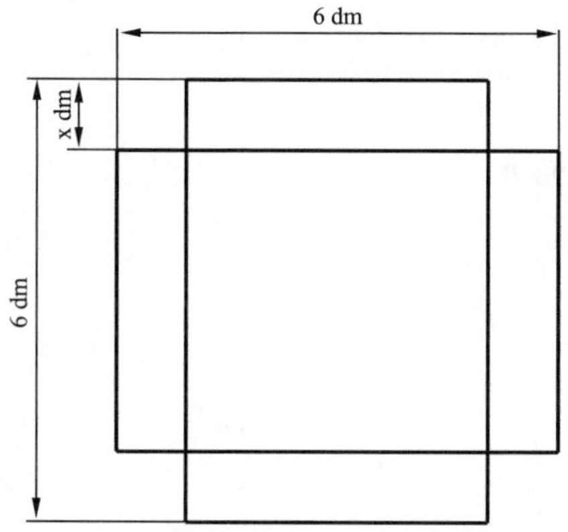

Abbildung (nicht maßstäblich)

Tipps und Hinweise zum Lösen von Wahlpflichtaufgabe L4.1: Analysis

a) *Ermitteln einer Funktion f*

Hinweis: Für das Volumen des Quaders gilt: V = Länge · Breite · Höhe

Tipps:
- Erkennen Sie die quadratische Grundfläche?
- Überlegen Sie sich für die Länge einen Zusammenhang mit den gegebenen Termen.
- Denken Sie an den Definitionsbereich und überlegen Sie, welche Abmaße für x in Frage kommen.

Berechnen der Maße des Behälters

Tipps:
- Haben Sie die Extremwertaufgabe erkannt?
- Überlegen Sie, warum nicht beide Ergebnisse Lösungen des Extremalproblems sind.
- Vergessen Sie die Einheiten nicht.

b) *Berechnen dieser Behältermaße*

Tipps:
- Nutzen Sie den Term für die Grundfläche aus Teilaufgabe a.
- Denken Sie bei den Lösungen an den Definitionsbereich.
- Vergessen Sie die Einheiten nicht.

Lösungen

a) **Ermitteln einer Funktion f:**

Das Volumen eines Quaders lässt sich berechnen mit $V = a \cdot b \cdot c$, also

$V = (6-2x) \cdot (6-2x) \cdot x$

$f(x) = 36x - 24x^2 + 4x^3, \quad x \in \mathbb{R}, \quad x > 0, \quad x < 3$

Berechnen der Maße des Behälters:

$f'(x) = 36 - 48x + 12x^2$

$0 = 12x^2 - 48x + 36$

$0 = x^2 - 4x + 3$

$x_1 = 1, \quad x_3 = 3$ entfällt, da $x < 3$

$f''(x) = 24x - 48$

$f''(1) = -24 < 0$ Maximum

Maße: quadratische Grundfläche mit einer Seitenlänge von 4 dm, Behälterhöhe 1 dm.

b) **Berechnen dieser Behältermaße:**

Es gilt: $A \geq 25$

$\Rightarrow \quad (6-2x)^2 \geq 25$

$36 - 24x + 4x^2 \geq 25$

$x^2 - 6x + \frac{11}{4} \geq 0$

$x_1 = 0{,}5, \quad x_2 = 5{,}5$ entfällt, da $x < 3$

Da f für $x \leq 1$ monoton steigend ist, ist f(0,5) das globale Maximum.

Maße: quadratische Grundfläche mit einer Seitenlänge von 5 dm, Behälterhöhe 0,5 dm.

Kernfach Mathematik (Sachsen-Anhalt): Abiturprüfung 2007
Leistungskursniveau – Wahlpflichtaufgabe L4.2: Analytische Geometrie

In einem kartesischen Koordinatensystem ist das Viereck ABCD durch die Eckpunkte gegeben: $A(1\,|\,8)$, $B(3\,|\,2)$, $C(7\,|\,5)$ und $D(4\,|\,9)$.
Die Innenwinkel des Vierecks ABCD werden mit α, β, γ und δ bezeichnet.

a) Das Gradmaß des Winkels γ beträgt 90°.
Zeigen Sie, dass auch der Winkel α ein rechter Winkel ist und begründen Sie, dass das Viereck ABCD einen Umkreis hat.

Ermitteln Sie eine Gleichung dieses Umkreises k.

Berechnen Sie die Maßzahl des Inhaltes der Vierecksfläche. (10 BE)

b) Es gibt einen weiteren Punkt A_1 auf dem Umkreis k, für den die Inhalte der Flächen der Vierecke ABCD und A_1BCD gleich groß sind.
Berechnen Sie die Koordinaten des Punktes A_1. (5 BE)

(15 BE)

Tipps und Hinweise zum Lösen von Wahlpflichtaufgabe L4.2: Analytische Geometrie

a) *Zeigen, dass der Winkel α ein rechter Winkel ist*

Hinweis:
Zwei Vektoren $\vec{a}$ und $\vec{b}$ $(\vec{a}, \vec{b} \neq 0)$ sind genau dann orthogonal (senkrecht), wenn ihr Skalarprodukt null ist:

$\vec{a} \perp \vec{b} \quad \Leftrightarrow \quad \vec{a} \circ \vec{b} = 0.$

Begründen eines Umkreises

Hinweis:
Peripheriewinkel über dem Durchmesser eines Kreises sind stets rechte Winkel (Satz des Thales).

Tipps:
- Zeichnen Sie das Viereck in ein Koordinatensystem.
- Nutzen Sie zur Begründung obigen Satz.

Gleichung des Umkreises k

Hinweis:
Der Schnittpunkt der Mittelsenkrechten im rechtwinkligen Dreieck liegt im Mittelpunkt der Hypothenuse.

Tipps:
- Überlegen Sie, wie Sie vom Koordinatenursprung zum Mittelpunkt der Seite $\overline{BD}$ kommen.
- Der Radius ist dann $|\overrightarrow{MB}|$.
- Ergänzen Sie ihre Zeichnung.

Berechnen der Maßzahl des Inhalts der Vierecksfläche

Hinweis:
Die Fläche eines rechtwinkligen Dreiecks ABC mit $\gamma = 90°$ lässt sich berechnen nach

$A = \frac{1}{2} a \cdot b.$

Tipp:
- Zerlegen Sie die Viereckfläche in zwei rechtwinklige Dreiecke und wenden Sie dann obige Formel an.

b) *Berechnen der Koordinaten des Punktes A_1*

Tipps:
- Denken Sie daran, dass die Reihenfolge der Eckpunkte erhalten bleiben muss: $\square\, A_1BCD$.
- Gehen Sie anschaulich vor, um auf eine Lösung zu kommen.
- Verschieben Sie die Höhe $h_{\overline{BD}}$ entlang der Seite $\overline{BD}$ bis sie den Kreis schneidet. Ergänzen Sie ihre Zeichnung.
- Stellen Sie die Geradengleichung auf, die durch A geht und parallel zur Strecke $\overline{BD}$ verläuft.
- Setzen Sie die Geradengleichung in die Kreisgleichung ein.

Lösungen

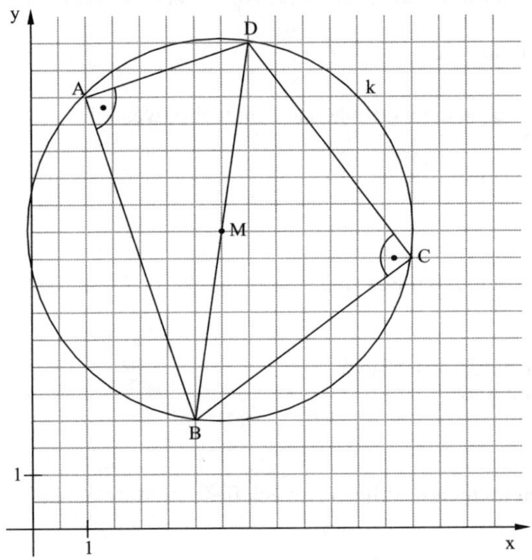

a) **Zeigen, dass der Winkel α ein rechter Winkel ist:**

$$\overrightarrow{AB} \circ \overrightarrow{AD} = 0$$

$$\begin{pmatrix} 2 \\ -6 \end{pmatrix} \circ \begin{pmatrix} 3 \\ 1 \end{pmatrix} = 0$$

$$2 \cdot 3 + (-6) \cdot 1 = 0 \quad \text{w.A.}$$

$$\Rightarrow \quad \alpha = 90°$$

Begründen, dass das Viereck ABCD einen Umkreis hat:
$\alpha = 90°$ und $\gamma = 90°$ sind Peripheriewinkel über dem Durchmesser $\overline{BD}$ eines Kreises k. Damit liegen alle vier Punkte auf einem gemeinsamen Kreis (Satz des Thales).

Gleichung des Umkreises k:

$$\overrightarrow{OM} = \overrightarrow{OB} + \frac{1}{2}\overrightarrow{BD}$$

$$\overrightarrow{OM} = \begin{pmatrix} 3 \\ 2 \end{pmatrix} + \frac{1}{2}\begin{pmatrix} 1 \\ 7 \end{pmatrix}, \quad M(3{,}5|5{,}5)$$

$$r = |\overrightarrow{MB}| = \left|\begin{pmatrix} -0{,}5 \\ -3{,}5 \end{pmatrix}\right| = \sqrt{12{,}5}$$

Umkreis k: $(x-3{,}5)^2 + (y-5{,}5)^2 = 12{,}5$

Berechnen der Maßzahl des Inhalts der Vierecksfläche:

$$A = \frac{1}{2}|\overrightarrow{AB}| \cdot |\overrightarrow{AD}| + \frac{1}{2}|\overrightarrow{CB}| \cdot |\overrightarrow{CD}|$$

$$A = \frac{1}{2}\left|\begin{pmatrix} 2 \\ -6 \end{pmatrix}\right| \cdot \left|\begin{pmatrix} 3 \\ 1 \end{pmatrix}\right| + \frac{1}{2}\left|\begin{pmatrix} -4 \\ -3 \end{pmatrix}\right| \cdot \left|\begin{pmatrix} -3 \\ 4 \end{pmatrix}\right|$$

$$A = \frac{1}{2}\sqrt{40} \cdot \sqrt{10} + \frac{1}{2}\sqrt{25} \cdot \sqrt{25}$$

$$A = \frac{1}{2} \cdot 20 + \frac{1}{2} \cdot 25$$

$$A = 22{,}5$$

Die Maßzahl des Inhalts der Vierecksfläche beträgt 22,5.

b) **Berechnen der Koordinaten des Punktes A_1:**

Es gilt: $g(A, \vec{u}_{\overrightarrow{DB}}) \cap k = \{A; A_1\}$

g: $\vec{x} = \begin{pmatrix} 1 \\ 8 \end{pmatrix} + r\begin{pmatrix} -1 \\ -7 \end{pmatrix}$ in k eingesetzt:

$$(1 - r - 3{,}5)^2 + (8 - 7r - 5{,}5)^2 = 12{,}5$$

$$(-r - 2{,}5)^2 + (-7r + 2{,}5)^2 = 12{,}5$$

$$r^2 + 5r + \cancel{6{,}25} + 49r^2 - 35r + \cancel{6{,}25} = \cancel{12{,}5}$$

$$50r^2 - 30r = 0$$

$$r(50r - 30) = 0$$

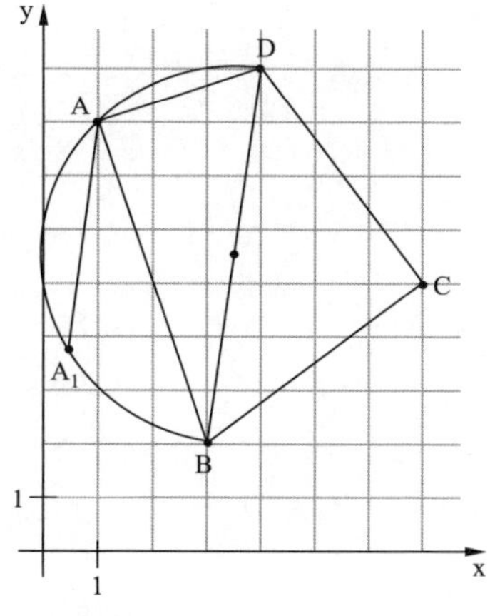

$$r_1 = 0 \quad \Rightarrow \quad A(1|8)$$

$$r_2 = \frac{3}{5} \quad \Rightarrow \quad A_1\left(1 - \frac{3}{5} \,\middle|\, 8 - \frac{21}{5}\right)$$

$$A_1\left(\frac{2}{5} \,\middle|\, \frac{19}{5}\right)$$

Andere Möglichkeit (vektorfrei):

Es gilt $A_1 \in g(A, m_{\overline{DB}})$, da $\overline{DB} \parallel \overline{AA_1}$.

Ansatz:

$$g\colon\; y = m_{\overline{DB}}\, x + n, \quad m_{\overline{DB}} = \frac{y_B - y_D}{x_B - x_D} = \frac{2-9}{3-4} = \frac{-7}{-1} = 7$$

Einsetzen von $A(1|8)$:

$y = 7x + n$

$8 = 7 \cdot 1 + n, \;\; n = 1$

Die Gerade $g\colon\; y = 7x + 1$ wird in die Kreisgleichung k eingesetzt:

$$(x - 3{,}5)^2 + (7x + 1 - 5{,}5)^2 = 12{,}5$$

$$x^2 - 7x + 12{,}25 + 49x^2 - 63x + 20{,}25 = 12{,}5$$

$$50x^2 - 70x + 20 = 0$$

$$x^2 - \frac{7}{5}x + \frac{2}{5} = 0$$

$$x_1 = 1 \quad \Rightarrow \quad A(1|8)$$

$$x_2 = \frac{2}{5} \quad \Rightarrow \quad A_1\left(\frac{2}{5} \,\middle|\, \frac{19}{5}\right)$$

Kernfach Mathematik (Sachsen-Anhalt): Abiturprüfung 2008
Leistungskursniveau – Pflichtaufgabe L1: Analysis

Gegeben sind die Funktionen f, g und h.
Von der Funktion f mit $y = f(x)$, $x \in \mathbb{R}$, sind folgende Eigenschaften bekannt, die die Funktion eindeutig bestimmen:

- Die Funktion f ist eine ganzrationale Funktion 4. Grades.
- Der Graph von f ist symmetrisch zur y-Achse.
- Die Funktion f hat genau zwei Nullstellen: $x_{1;\,2} = \pm\sqrt{5}$.
- Der Graph von f hat den Tiefpunkt $T(0\,|\,5)$ und die Hochpunkte $H_{1;\,2} = \left(\pm 1 \,\middle|\, \frac{16}{3}\right)$.

Von der Funktion g ist bekannt: $y = g(x) = e^{-x} + 4;\ x \in \mathbb{R}$.
Von der Funktion h ist bekannt: $y = h(x) = f(x) - g(x);\ x \in \mathbb{R}$.

a) Skizzieren Sie unter Verwendung der gegebenen Eigenschaften den Graphen der Funktion f.
Ermitteln Sie eine Gleichung dieser Funktion.

[Zur Kontrolle: $y = f(x) = -\frac{1}{3}(x^2 - 5)(x^2 + 3)$] (11 BE)

b) Die y-Achse, der Graph von g und die Gerade mit der Gleichung $y = 4 + e^{-2}$ schließen eine Fläche vollständig ein. Diese rotiere um die x-Achse.
Beschreiben Sie diese Fläche und den entstehenden Rotationskörper und berechnen Sie die Maßzahl seines Volumens. (11 BE)

c) Die Abbildung zeigt einen Teil des Graphen der Funktion h.
Schlussfolgern Sie unter Verwendung dieser Abbildung aus den Nullstellen der Funktion h und der Lage des Hochpunktes des Graphen von h auf die gegenseitige Lage der Graphen von f und g.
Berechnen Sie die Nullstelle $x_N\ (x_N > 0)$ der Funktion h mit dem Newton-Verfahren auf Tausendstel genau.
Berechnen Sie die Maßzahl des Inhalts der Fläche, die von den Graphen der Funktionen f und g vollständig eingeschlossen wird.

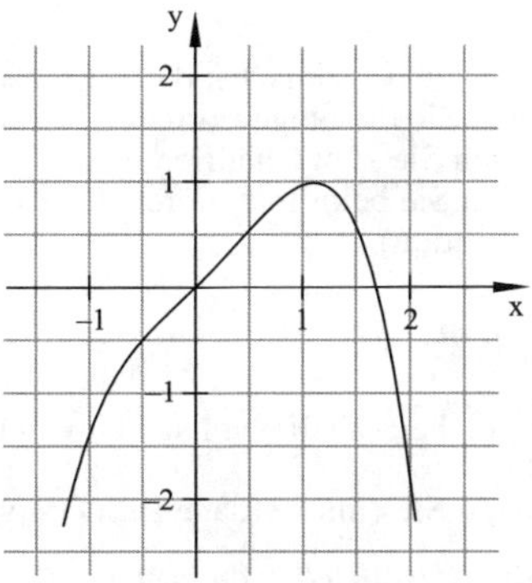

(13 BE)
(35 BE)

Tipps und Hinweise zum Lösen von Pflichtaufgabe L1: Analysis

a) *Ermitteln einer Funktionsgleichung von f*

Tipps:

- Machen Sie für den Funktionsterm den allgemeinen Ansatz $f(x) = ax^4 + bx^3 + cx^2 + dx + e$.
- Überlegen Sie, was Symmetrie zur y-Achse bedeutet und wie der Funktionsterm sich dadurch vereinfacht.
- Aus den Angaben – Nullstellen, Tiefpunkt und Hochpunkte – lassen sich mindestens drei Gleichungen aufstellen, z. B. $f(1) = \frac{16}{3}$.
- Stellen Sie ein Gleichungssystem auf und lösen Sie es.

b) *Beschreiben der Fläche und des Rotationskörpers*

Tipps:

- Zeichnen Sie sich den Graphen von g und die Gerade in das Koordinatensystem ein.
- Passen Sie auf: $y = 4 + e^{-2}$ ist eine Parallele zur x-Achse!
- Erkennen Sie den Hohlkörper?

Berechnen der Maßzahl des Volumens des Rotationskörpers

Hinweis:
Rotiert eine Fläche, die von zwei Graphen von Funktionen f und g im Intervall [a; b] eingeschlossen wird, um die x-Achse, so entsteht ein Rotationskörper mit dem Volumen

$$V = \pi \cdot \int_a^b (f(x)^2 - g(x)^2)\, dx.$$

Tipps:

- Berechnen Sie zunächst die Schnittstelle von g und der gegebenen Geraden.
- Nutzen Sie die obige Formel zur Volumenberechnung.
- Wenden Sie zum Quadrieren der Terme die binomische Formel an.
- Denken Sie beim Integrieren der e-Funktion an die innere Ableitung (lineare Substitution).

c) *Schlussfolgern*

Tipps:

- Vergleichen Sie die Nullstellen von h mit den Abszissen der Schnittpunkte von f und g.
- Machen Sie eine Aussage zum Graphen von f und g an der Extremstelle von h.

Berechnen der Nullstelle von h(x)

Hinweis:
Ist x_n ein Näherungswert einer Nullstelle der Funktion f, so ist $x_{n+1} = x_n - \frac{f(x_n)}{f'(x_n)}$ im Allgemeinen ein besserer Näherungswert für diese Nullstelle.

Tipps:

- Ermitteln Sie die Funktionsgleichung für h(x) und deren 1. Ableitung.
- Lesen Sie aus der Abbildung im Teil c einen Startwert x_0 ab.
- Nutzen Sie obige Formel zur Berechnung von x_1.
- Wenden Sie die Formel so lange an, bis die geforderte Genauigkeit erreicht ist.

Berechnen der Maßzahl des Inhalts der Fläche

Hinweis:

Die Maßzahl des Inhalts der Fläche, die von zwei Funktionsgraphen eingeschlossen wird, lässt sich berechnen nach $A = \left| \int_a^b (f(x) - g(x))\, dx \right|$.

Tipps:

- Haben Sie die Integrationsgrenzen erkannt?
- Wenden Sie zum Integrieren die Potenzregel an; vergessen Sie bei der e-Funktion nicht die innere Ableitung (lineare Substitution).

Lösungen

$y = f(x) = -\frac{1}{3}x^4 + \frac{2}{3}x^2 + 5; \quad x \in \mathbb{R}$

$g(x) = e^{-x} + 4; \quad x \in \mathbb{R}$

a) **Graph von f:**

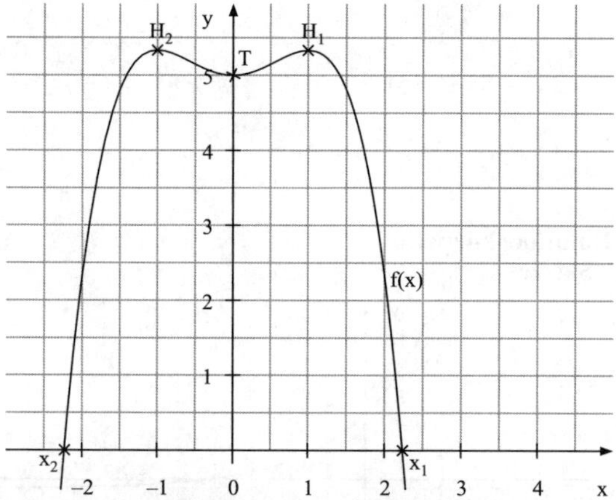

Ermitteln einer Funktionsgleichung von f:

(1) Funktion f – ganzrationale Funktion 4. Grades, also $f(x) = ax^4 + bx^3 + cx^2 + dx + e$, aber

(2) Symmetrie zur y-Achse, also gerade Funktion $f(x) = ax^4 + cx^2 + e$

(3) Nullstellen $x_1 = \sqrt{5}$ und $x_2 = -\sqrt{5}$, also $f(\sqrt{5}) = 0$ bzw. $f(-\sqrt{5}) = 0$

(4) Tiefpunkt $T(0\,|\,5)$, also $f(0) = 5$

(5) Hochpunkte $H_1\left(1 \,\middle|\, \frac{16}{3}\right)$ und $H_2\left(-1 \,\middle|\, \frac{16}{3}\right)$, also $f(1) = \frac{16}{3}$ bzw. $f(-1) = \frac{16}{3}$

Aufstellen der Gleichungen:

aus (3): $0 = a(\sqrt{5})^4 + c(\sqrt{5})^2 + e$

aus (4): $5 = a \cdot 0^4 + c \cdot 0^2 + e$

aus (5): $\frac{16}{3} = a \cdot 1^4 + c \cdot 1^2 + e$

$$\begin{array}{lrcl} \text{I.} & 0 & = & 25a + 5c + e \\ \text{II.} & 5 & = & e \\ \text{III.} & \frac{16}{3} & = & a + c + e \end{array}$$

$$\begin{array}{rcl|l} 0 & = & 25a + 5c + 5 & \\ \frac{16}{3} & = & a + c + 5 & \cdot(-5) \end{array} \quad +$$

$$-\frac{80}{3} = 20a \qquad -20$$

$20a = -\frac{20}{3}, \qquad a = -\frac{1}{3}$ eingesetzt in I.

$0 = 25 \cdot \left(-\frac{1}{3}\right) + 5c + 5, \quad c = \frac{2}{3}$ und damit $f(x) = -\frac{1}{3}x^4 + \frac{2}{3}x^2 + 5.$

Kontrolle des Ergebnisses:

$f(x) = -\frac{1}{3}(x^2 - 5)(x^2 + 3) = -\frac{1}{3}(x^4 + 3x^2 - 5x^2 - 15)$

$f(x) = -\frac{1}{3}x^4 + \frac{2}{3}x^2 + 5$ w. A.

b) **Beschreiben der Fläche und des Rotationskörpers:**

Die Fläche ist annähernd ein rechtwinkliges Dreieck. Eine „Kathete" liegt auf der y-Achse, die andere „Kathete" auf einer Parallelen zur x-Achse. Die „Hypotenuse" ist eine streng monoton fallende Kurve.

Der Rotationskörper ist annähernd ein kegelstumpfförmiger Hohlkörper.

Skizze:

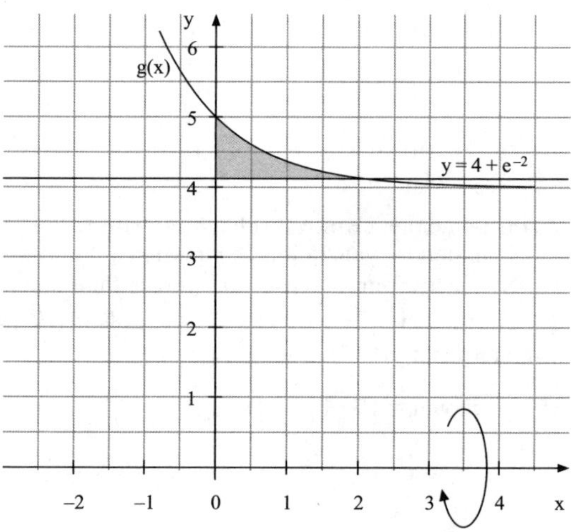

Berechnen der Maßzahl des Volumens des Rotationskörpers:
Berechnen der Schnittstelle durch Gleichsetzen,
$e^{-x}+4=4+e^{-2}$, $e^{-x}=e^{-2}$, $x=2$
und damit

$$V=\pi\cdot\int_0^2 (g(x)^2-(4+e^{-2})^2)\,dx$$

$$V=\pi\cdot\int_0^2 ((e^{-x}+4)^2-(4+e^{-2})^2)\,dx$$

$$V=\pi\cdot\int_0^2 (e^{-2x}+8e^{-x}+16-(4+e^{-2})^2)\,dx$$

$$V=\pi\cdot\left[-\frac{1}{2}e^{-2x}-8e^{-x}+16x-(4+e^{-2})^2x\right]_0^2$$

$$V=\pi\cdot\left[-\frac{1}{2}e^{-4}-8e^{-2}+32-(4+e^{-2})^2\cdot 2-\left(-\frac{1}{2}-8\right)\right]$$

$$V=16{,}36$$

c) **Schlussfolgern:**
Die Nullstellen der Funktion h sind die Abszissen der Schnittpunkte der Graphen der Funktionen f und g. Im Intervall dieser Nullstellen verläuft der Graph von f oberhalb des Graphen von g, da $h(x)>0$ ist. An der lokalen Maximumstelle von h liegt der Graph von f am weitesten über dem Graphen von g.

Berechnen der Nullstelle von h(x):

$$h(x)=f(x)-g(x)$$

$$h(x)=-\frac{1}{3}x^4+\frac{2}{3}x^2+5-(e^{-x}+4)$$

$$h(x)=-\frac{1}{3}x^4+\frac{2}{3}x^2+1-e^{-x}$$

$$h'(x)=-\frac{4}{3}x^3+\frac{4}{3}x+e^{-x}$$

$$0=-\frac{1}{3}x^4+\frac{2}{3}x^2+1-e^{-x}$$

Startwert $x_0=2$ wegen

$$x=1 \Rightarrow \quad -\frac{1}{3}+\frac{2}{3}+1-e^{-1}\approx 0{,}965$$

$$x=2 \Rightarrow \quad -\frac{1}{3}\cdot 2^4+\frac{2}{3}\cdot 2^2+1-e^{-2}\approx -1{,}802$$

$\Rightarrow$ Vorzeichenwechsel, also

$$x_{n+1} = x_n - \frac{h(x_n)}{h'(x_n)}$$

$$x_1 = 2 - \frac{h(2)}{h'(2)}$$

$$x_1 \approx 1{,}77087$$

Durch erneute Ausführung des Verfahrens folgen

$x_2 \approx 1{,}69748$

$x_3 \approx 1{,}69018$

$x_4 \approx 1{,}69011$, also:

$x \approx 1{,}690.$

Berechnen der Maßzahl des Inhalts der Fläche:

Integrationsgrenzen:

$f(x) = g(x)$

$$-\frac{1}{3}x^4 + \frac{2}{3}x^2 + 5 = e^{-x} + 4$$

$$-\frac{1}{3}x^4 + \frac{2}{3}x^2 + 1 - e^{-x} = 0, \quad x_1 = 1{,}690$$

entspricht der Nullstelle der Funktion h und $x_2 = 0$, da $5 = e^{-0} + 4$ w.A.

$$A = \int_0^{1{,}690} (f(x) - g(x))\,dx$$

$$A = \int_0^{1{,}690} \left(-\frac{1}{3}x^4 + \frac{2}{3}x^2 + 1 - e^{-x}\right) dx$$

$$A = \left[-\frac{1}{15}x^5 + \frac{2}{9}x^3 + x + e^{-x}\right]_0^{0{,}1690}$$

$$A \approx 1{,}028$$

Stabförmige Beleuchtungselemente gleicher Länge sollen wie in der Abbildung als Kanten eines Körpers angeordnet werden, der die Form eines Oktaeders*) hat.
Die Anordnung wird in einem kartesischen Koordinatensystem beschrieben; eine Einheit entspricht einem Meter.
Vom Oktaeder ABCDST sind folgende Punkte gegeben:
$A(2|0|4)$, $B(-2|5|1)$, $C(2|10|4)$, $S(5|5|0)$ und $T(-1|5|8)$.

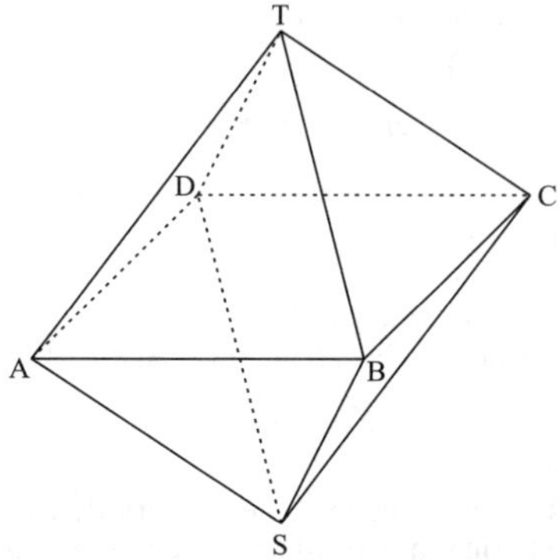

Oktaeder ABCDST
(Abbildung nicht maßstäblich)

a) Das Dreieck ABC ist gleichschenklig und rechtwinklig.
Berechnen Sie die Länge der Basis des Dreiecks ABC.
Ermitteln Sie die Koordinaten des Punktes D so, dass das Viereck ABCD ein Quadrat ist, und stellen Sie eine Koordinatengleichung derjenigen Ebene E_1 auf, in der das Quadrat liegt. (9 BE)

Es ist vorgesehen, in die Anordnung einen ebenen dreieckigen Spiegel einzubauen. Zwei Eckpunkte sind die Punkte A und C; der dritte Eckpunkt liege auf der Strecke $\overline{BS}$.

b) Zeigen Sie, dass die Eckpunkte A und C des dreieckigen Spiegels in der Ebene E_2 mit der Gleichung $7x - z - 10 = 0$ liegen, und ermitteln Sie die Koordinaten des dritten Eckpunktes X_0 so, dass der Spiegel in der Ebene E_2 liegt.

[Zur Kontrolle: $X_0(1{,}5|5|0{,}5)$]

Berechnen Sie das Gradmaß des Schnittwinkels der Ebenen E_1 (aus Teilaufgabe a) und E_2. (9 BE)

c) Der Punkt M sei der Mittelpunkt der Strecke $\overline{AC}$.
Ermitteln Sie die Koordinaten des Punktes M und weisen Sie nach, dass die Strecken $\overline{MX_0}$ und $\overline{BS}$ orthogonal zueinander sind.
Begründen Sie, dass von allen derartigen dreieckigen Spiegeln der Spiegel AX_0C den kleinsten Flächeninhalt hat. (7 BE)

(25 BE)

*) *Ein Oktaeder ist ein Körper, der von acht gleichseitigen Dreiecken begrenzt wird.*

Tipps und Hinweise zum Lösen von Pflichtaufgabe L2: Analytische Geometrie

a) *Berechnen der Länge der Basis*

Tipps:
- Haben Sie in der Abbildung die längste Seite des Dreiecks ABC erkannt?
- Nutzen Sie für den Abstand zweier Punkte $A(x_1 \mid y_1 \mid z_1)$ und $C(x_2 \mid y_2 \mid z_2)$ die Formel $d(A; C) = \sqrt{(x_2 - x_1)^2 + (y_2 - y_1)^2 + (z_2 - z_1)^2}$
- Vergessen Sie die Einheit nicht.

Ermitteln der Koordinaten des Punktes D

Tipps:
- Fertigen Sie eine Skizze an; überlegen Sie, wie Sie vom Koordinatenursprung zum Punkt D kommen.
- Denken Sie daran, dass $\overrightarrow{AD} = \overrightarrow{BC}$ gilt.

Ermitteln einer Koordinatengleichung der Ebene E_1

Hinweis:
Stellen Sie zunächst eine vektorielle Ebenengleichung (Parametergleichung) auf, in der die Punkte liegen. Ermitteln Sie dann eine Koordinatengleichung der Form $ax + by + cz = d$.

Tipps:
- Ein Normalenvektor der Ebene lässt sich mit dem Vektorprodukt der Spannvektoren berechnen.
- Beachten Sie den obigen Hinweis und ermitteln Sie d durch Punktprobe mit A.

b) *Zeigen der Lage der Punkte A und C*

Tipp: Setzen Sie die Koordinaten der Punkte in die Ebenengleichung E_2 ein.

Ermitteln der Koordinaten des Punktes X_0

Tipp: Führen Sie das Problem auf die Lagebeziehung Gerade/Ebene zurück.

Berechnen des Gradmaßes Schnittwinkels

Hinweis:
Der Schnittwinkel zweier Ebenen lässt sich berechnen mit der Formel $\cos\alpha = \frac{\vec{n}_1 \circ \vec{n}_2}{|\vec{n}_1| \cdot |\vec{n}_2|}$, wobei $\vec{n}_1$ und $\vec{n}_2$ die Normalenvektoren der Ebenen sind.

c) *Ermitteln der Koordinaten des Punktes M*

Tipp: Der Mittelpunkt zweier Punkte $A(x_1 \mid y_1 \mid z_1)$ und $C(x_2 \mid y_2 \mid z_2)$ hat die Koordinaten $M\left(\frac{x_1 + x_2}{2} \,\middle|\, \frac{y_1 + y_2}{2} \,\middle|\, \frac{z_1 + z_2}{2}\right)$.

Nachweisen der Orthogonalität

Tipps:
- Nutzen Sie zum Nachweis das Skalarprodukt.
- Zwei Vektoren stehen senkrecht aufeinander, wenn das Skalarprodukt null ist.

Begründen des kleinsten Flächeninhalts

Tipps:
- Veranschaulichen Sie sich den Sachverhalt an einer beschrifteten Skizze.
- Stellen Sie eine entsprechende Formel zur Berechnung der Fläche auf.
- Machen Sie nun Aussagen zu den einzelnen Größen der Formel anhand der Skizze.

Lösungen

a) **Berechnen der Länge der Basis:**

$$|\overrightarrow{AB}| = \left|\begin{pmatrix}-4\\5\\-3\end{pmatrix}\right| = \sqrt{(-4)^2+5^2+(-3)^2} = \sqrt{50},\quad |\overrightarrow{BC}| = \left|\begin{pmatrix}4\\5\\3\end{pmatrix}\right| = \sqrt{50},\quad |\overrightarrow{AC}| = \left|\begin{pmatrix}0\\10\\0\end{pmatrix}\right| = 10$$

Die Länge der Basis beträgt 10 m.

Ermitteln der Koordinaten von D:

$\overrightarrow{OD} = \overrightarrow{OA} + \overrightarrow{AD}$ mit

$\overrightarrow{AD} = \overrightarrow{BC}$

$$\overrightarrow{OD} = \begin{pmatrix}2\\0\\4\end{pmatrix} + \begin{pmatrix}4\\5\\3\end{pmatrix} = \begin{pmatrix}6\\5\\7\end{pmatrix}$$

D(6 | 5 | 7)

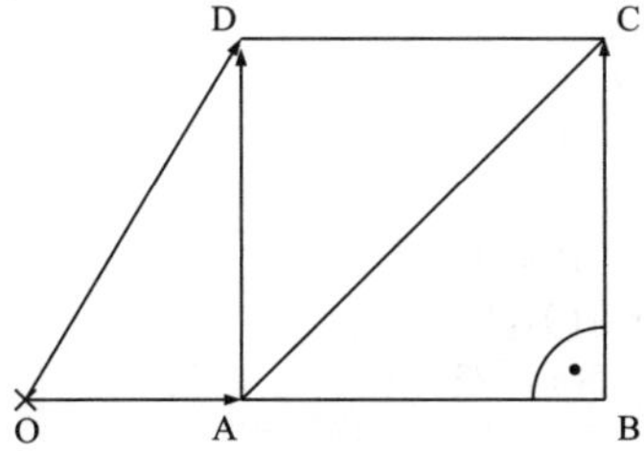

Ermitteln einer Koordinatengleichung der Ebene E_1:

$E_1(A, B, C)$: $\vec{x} = \overrightarrow{OA} + t\overrightarrow{AB} + s\overrightarrow{AC}$

$$\vec{x} = \begin{pmatrix}2\\0\\4\end{pmatrix} + t\begin{pmatrix}-4\\5\\-3\end{pmatrix} + s\begin{pmatrix}0\\10\\0\end{pmatrix}$$

1. Möglichkeit:

Einen Normalenvektor $\vec{n}$ der Ebene berechnet man mithilfe des Vektorprodukts aus den Spannvektoren der Ebene:

$$\begin{pmatrix}-4\\5\\-3\end{pmatrix} \times \begin{pmatrix}0\\10\\0\end{pmatrix} = \begin{pmatrix}5\cdot 0-10\cdot(-3)\\-3\cdot 0-0\cdot(-4)\\-4\cdot 10-0\cdot 5\end{pmatrix} = \begin{pmatrix}30\\0\\-40\end{pmatrix} = 10\cdot\begin{pmatrix}3\\0\\-4\end{pmatrix},\ \text{also } \vec{n} = \begin{pmatrix}3\\0\\-4\end{pmatrix}$$

und mit dem Ansatz $3x-4z=a$ und wegen $A \in E_1$ ergibt sich

E_1: $3x-4z=-10$.

2. Möglichkeit:

Der Normalenvektor $\vec{n}$ steht senkrecht auf den Spannvektoren der Ebene, also

$$\vec{n} \perp \begin{pmatrix}-4\\5\\-3\end{pmatrix} \text{ und } \vec{n} \perp \begin{pmatrix}0\\10\\0\end{pmatrix},\ \text{damit gilt } \vec{n} \circ \begin{pmatrix}-4\\5\\-3\end{pmatrix} = 0 \text{ und } \vec{n} \circ \begin{pmatrix}0\\10\\0\end{pmatrix} = 0$$

$$\begin{aligned} -4n_1 + 5n_2 - 3n_3 &= 0\\ 10n_2 &= 0 \end{aligned}$$

$n_2 = 0,\ n_3 = 4$ und $n_1 = -3$, also

$-3x+0y+4z=a$ und wegen $A \in E_1$ erhält man:

E_1: $-3x+4z=10$

$3x-4z=-10$

b) **Zeigen der Lage der Punkte A und C:**
Punktprobe:
$A \in E_2$: $7 \cdot 2 - 1 \cdot 4 - 10 = 0$ w.A. und
$C \in E_2$: $7 \cdot 2 - 1 \cdot 4 - 10 = 0$ w.A.
Die Punkte A und C liegen in der Ebene E_2.

Ermitteln der Koordinaten des Punktes X_0:
Es gelten folgende Bedingungen:
$X_0 \in E_2$ und $X_0 \in g_{\overline{BS}}$, also $g_{\overline{BS}} \cap E_2 = \{X_0\}$.

$g_{\overline{BS}}$: $\vec{x} = \overrightarrow{OB} + r\overrightarrow{BS}$

$$\vec{x} = \begin{pmatrix} -2 \\ 5 \\ 1 \end{pmatrix} + r\begin{pmatrix} 7 \\ 0 \\ -1 \end{pmatrix} \text{ in } E_2$$

$$7(-2+7r) - (1-r) - 10 = 0$$
$$-14 + 49r - 1 + r - 10 = 0$$
$$50r = 25$$
$$r = \frac{1}{2}, \text{ also}$$

$$X_0\left(-2 + \frac{1}{2} \cdot 7 \;\middle|\; 5 \;\middle|\; 1 - 1 \cdot \frac{1}{2}\right)$$
$$X_0(1{,}5 \,|\, 5 \,|\, 0{,}5)$$

Berechnen des Gradmaßes des Schnittwinkels:

$$\cos(\vec{n}_{E_1}; \vec{n}_{E_2}) = \frac{\begin{pmatrix} 3 \\ 0 \\ -4 \end{pmatrix} \circ \begin{pmatrix} 7 \\ 0 \\ -1 \end{pmatrix}}{\left|\begin{pmatrix} 3 \\ 0 \\ -4 \end{pmatrix}\right| \cdot \left|\begin{pmatrix} 7 \\ 0 \\ -1 \end{pmatrix}\right|} = \frac{25}{\sqrt{25} \cdot \sqrt{50}} = \frac{1}{2}\sqrt{2}$$
$$\sphericalangle(\vec{n}_{E_1}; \vec{n}_{E_2}) = 45°$$

c) **Ermitteln der Koordinaten des Punktes M:**
Mit der Formel $M\left(\frac{x_1 + x_2}{2} \;\middle|\; \frac{y_1 + y_2}{2} \;\middle|\; \frac{z_1 + z_2}{2}\right)$

ergibt sich $M\left(\frac{2+2}{2} \;\middle|\; \frac{0+10}{2} \;\middle|\; \frac{4+4}{2}\right)$; $M(2 \,|\, 5 \,|\, 4)$.

Andere Möglichkeit:

$$\overrightarrow{OM} = \overrightarrow{OA} + \frac{1}{2}\overrightarrow{AC}$$

$$\overrightarrow{OM} = \begin{pmatrix} 2 \\ 0 \\ 4 \end{pmatrix} + \frac{1}{2}\begin{pmatrix} 0 \\ 10 \\ 0 \end{pmatrix} = \begin{pmatrix} 2 \\ 5 \\ 4 \end{pmatrix}, \quad M(2 \,|\, 5 \,|\, 4).$$

Nachweisen der Orthogonalität:

$$\overrightarrow{MX_0} \circ \overrightarrow{BS} = 0$$

$$\begin{pmatrix} -0{,}5 \\ 0 \\ -3{,}5 \end{pmatrix} \circ \begin{pmatrix} 7 \\ 0 \\ -1 \end{pmatrix} = 0, \quad -0{,}5 \cdot 7 - 3{,}5 \cdot (-1) = 0$$

$$-3{,}5 + 3{,}5 = 0 \quad \text{w. A.}$$

$$\Rightarrow \quad \overline{MX_0} \perp \overline{BS}$$

Begründen des kleinsten Flächeninhalts:

(1) Für alle derartigen Dreiecke gilt: $A = \frac{1}{2}\overline{AC} \cdot h$

(2) Der Flächeninhalt dieser Dreiecke ist minimal, wenn die Höhe dieser Dreiecke minimal ist.

(3) $\overrightarrow{MX_0} \perp \overrightarrow{BS}$

(4) Die Höhe $h = |\overrightarrow{MX_0}|$ ist minimal, weil der Fußpunkt des Lotes von M auf $\overline{BS}$ der Punkt X_0 ist.

Skizze:

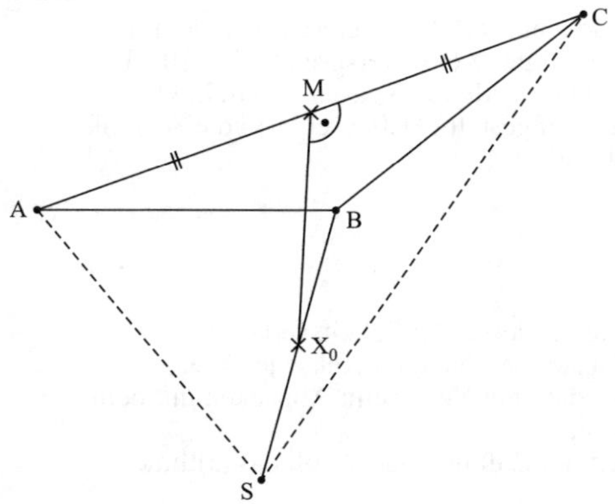

Andere Möglichkeit:

Der Flächeninhalt ist minimal, wenn die Höhe h minimal ist.

$h = |\overrightarrow{MX_0}|$ und $X_0 \in g(B, S)$; $X_0(-2 + 7r \mid 5 \mid 1 - r)$

$$h = \left| \begin{pmatrix} -4 + 7r \\ 0 \\ -3 - r \end{pmatrix} \right|$$

$$h(r)^2 = (-4 + 7r)^2 + (-3 - r)^2$$

$$h(r)^2 = 50r^2 - 50r + 25$$

$$[h(r)^2]' = 100r - 50, \quad 100r - 50 = 0$$

$$r = \frac{1}{2}$$

$$[h(r)^2]'' = 100 > 0 \qquad \text{minimal}$$

$X_0(1{,}5 \mid 5 \mid 0{,}5)$

$\Rightarrow$ Spiegel AX_0C besitzt kleinsten Flächeninhalt.

Kernfach Mathematik (Sachsen-Anhalt): Abiturprüfung 2008
Leistungskursniveau – Pflichtaufgabe L3: Stochastik

Eine Großbäckerei produziert Kekse, die erfahrungsgemäß mit einer Wahrscheinlichkeit von 0,3 beim Abpacken beschädigt werden. Die Kekse werden in Tüten zu je 5 Stück verpackt. Vor der Auslieferung wird stichprobenartig die Anzahl beschädigter Kekse je Tüte ermittelt.

a) Die Zufallsgröße X beschreibe die Anzahl beschädigter Kekse in einer Tüte.
Geben Sie eine geeignete Verteilung der Zufallsgröße X an und berechnen Sie deren Erwartungswert.
Ermitteln Sie die Wahrscheinlichkeiten folgender Ereignisse:
A: In einer Tüte sind genau 2 Kekse beschädigt.
B: In einer Tüte sind mindestens 4 Kekse nicht beschädigt.
C: Von 10 Tüten enthalten alle mindestens 4 nicht beschädigte Kekse.
D: Von 850 abgepackten Keksen sind höchstens 240 Kekse beschädigt. (13 BE)

In einem Probelauf wird ein neues Verpackungsverfahren getestet, von dem man sich eine Verminderung des Anteils beschädigter Kekse verspricht. Von 100 Tüten wird jeweils die Anzahl der Tüten mit beschädigten Keksen ermittelt. Das Ergebnis ist in der folgenden Tabelle zusammengestellt. Dabei sei H(x) die Anzahl der Tüten mit genau x beschädigten Keksen.

x	0	1	2	3	4	5
H(x)	16	41	26	15	2	0

b) Berechnen Sie das arithmetische Mittel $\overline{x}$ dieser Häufigkeitsverteilung.
Die Zufallsgröße Y beschreibe die Anzahl beschädigter Kekse je Tüte.
Es sei p die Wahrscheinlichkeit dafür, dass ein Keks beim Abpacken mit dem neuen Verfahren beschädigt worden ist.
Als Näherung für den Erwartungswert der Zufallsgröße Y soll das arithmetische Mittel $\overline{x}$ angenommen werden.
Berechnen Sie die Wahrscheinlichkeit p. (5 BE)

Die Großbäckerei hat eine neue Rezeptur für die Kekse entwickelt. Es soll untersucht werden, ob die Kekse nach neuer Rezeptur am Geschmack erkennbar sind. Dazu werden 100 Kunden, die die Kekse nach alter Rezeptur regelmäßig gegessen haben, gebeten, je einen Keks nach alter und neuer Rezeptur zu probieren und den Keks zu benennen, der nach neuer Rezeptur gebacken wurde.

c) Die Untersuchung soll mithilfe eines Signifikanztests mit der Nullhypothese H_0: $p = 0{,}5$ und der Gegenhypothese H_1: $p > 0{,}5$ geführt werden, wobei p mit $0{,}5 \leq p \leq 1$ die Wahrscheinlichkeit für das richtige Benennen des Kekses nach neuer Rezeptur ist.
Begründen Sie die Einschränkung der Wahrscheinlichkeit p auf dieses Intervall.
Ermitteln Sie den größtmöglichen Ablehnungsbereich auf dem Signifikanzniveau $\alpha = 5\ \%$.

Entscheiden Sie, ob auf einen signifikanten Geschmacksunterschied geschlossen werden kann, wenn 57 der befragten Kunden den Keks nach neuer Rezeptur richtig benannt haben. (7 BE)

(25 BE)

Tipps und Hinweise zum Lösen von Pflichtaufgabe L3: Stochastik

a) *Angeben einer Verteilung der Zufallsgröße X; Berechnen ihres Erwartungswertes*

Hinweis:

Entnehmen Sie dem Aufgabentext, durch welche Parameter und Eigenschaften die Zufallsgröße X gekennzeichnet ist.

Tipps:

- Haben Sie erkannt, dass die Zufallsgröße binomialverteilt ist?
- Mit welchen Parameterwerten ist die Zufallsgröße binomialverteilt?
- Für den Erwartungswert einer binomialverteilten Zufallsgröße gilt: $E(X) = n \cdot p$

Ermitteln der Wahrscheinlichkeiten der Ereignisse

Hinweise:

Prüfen Sie zunächst, ob die Nutzung von Tabellen zur Binomialverteilung möglich ist.

Die Näherungsformel nach dem Grenzwertsatz von DE MOIVRE-LAPLACE lautet:

$$P(X \leq k) = B_{n;\,p}(\{0; 1; \ldots; k\}) \approx \Phi\left(\frac{k + 0{,}5 - \mu}{\sigma}\right)$$

Tipps:

- Haben Sie erkannt, dass die Wahrscheinlichkeiten der Ereignisse A und B unter Verwendung der $B_{5;\,0,3}$-verteilten Zufallsgröße ermittelt werden können?
- Überlegen Sie, wie sich die Wahrscheinlichkeit P(B) möglichst rationell ermitteln lässt.
- Beachten Sie, dass das Ereignis C durch eine BERNOULLI-Kette der Länge 10 charakterisiert wird. Welche Bedeutung hat die Wahrscheinlichkeit P(B) für das Ereignis C?
- Erfassen Sie für das Ereignis D die Parameterwerte der Zufallsgröße X_D. Warum ist eine Näherung notwendig? Ist die Näherung durch Normalverteilung hinreichend genau?
- Mit $k = 240$, $\mu = 255$ und $\sigma = \sqrt{178{,}5}$ erhält man $P(D) = P(X_D \leq 240) \approx \Phi(-1{,}09)$.
- Nutzen Sie eine Tabelle der Funktionswerte $\Phi(x)$ der Normalverteilung unter Beachtung der Beziehung $\Phi(-x) = 1 - \Phi(x)$.

b) *Berechnen des arithmetischen Mittels $\overline{x}$ der Häufigkeitsverteilung*

Hinweis:

Die Formel für das (gewogene) arithmetische Mittel lautet:

$$\overline{x} = \frac{H(x_1) \cdot x_1 + H(x_2) \cdot x_2 + \ldots + H(x_k) \cdot x_k}{n} \quad (k \leq n)$$

Tipps:

- Beachten Sie die Gesamtzahl ($n = 100$) der untersuchten Tüten.
- Gemäß Formel (siehe Hinweis) ist jede erfasste Anzahl x beschädigter Kekse mit der zugehörigen relativen Häufigkeit $h(x) = \frac{H(x)}{n}$ zu wichten/zu multiplizieren.

Berechnen der Wahrscheinlichkeit p

Tipps:

- Die Zufallsgröße Y kann als binomialverteilt mit $n = 5$ (5 Kekse je Tüte) und unbekanntem p betrachtet werden.
- Für den Erwartungswert der Zufallsgröße Y gilt $E(Y) = 5 \cdot p \approx \overline{x}$. Formen Sie äquivalent nach p um!

c) *Begründen der Einschränkung der Wahrscheinlichkeit auf* $0{,}5 \leq p \leq 1$

Hinweis:
Sind derartige Einschränkungen a priori notwendig, liegen immer sachlogische Zwänge zugrunde.

Tipps:

- Bedenken Sie, dass formal auch Raten möglich ist. Mit welcher Wahrscheinlichkeit wird hier richtig geraten?
- Was würde eine Wahrscheinlichkeit $p < 0{,}5$ bedeuten?

Ermitteln des größtmöglichen Ablehnungsbereiches

Hinweis:
Ist bei einem Signifikanztest die Nullhypothese eine einfache Hypothese (z. B. $p = 0{,}5$) und die Gegenhypothese einseitig (z. B. $p > 0{,}5$), so wird der Test auch einseitig (orientiert an der „Richtung“ der Gegenhypothese) geführt.

Tipps:

- Legen Sie die Zufallsgröße Z fest.
- Haben Sie erkannt, dass ausschließlich große Werte der Zufallsgröße gegen die Nullhypothese sprechen können?
- Der Ablehnungsbereich $\overline{A}$ ist rechtsseitig; $\overline{A} = \{k; k+1; \ldots; n\}$. Warum gilt zum Ermitteln des kritischen Wertes k die Beziehung $P(Z \leq k-1) \geq 0{,}95$?

Entscheiden, ob auf einen signifikanten Unterschied geschlossen werden kann

Tipp: Prüfen Sie, ob die gegebene Anzahl (Kunden) zum ermittelten Ablehnungsbereich gehört, und formulieren Sie Ihre Entscheidung sachbezogen.

Lösungen

a) **Angeben einer Verteilung der Zufallsgröße X; Berechnen ihres Erwartungswertes:**
Die Zufallsgröße X kann als binomialverteilt angesehen werden mit $n = 5$ und $p = 0{,}3$;
$\mathbf{X \sim B_{5;\,0,3}}$.
Für den Erwartungswert einer binomialverteilten Zufallsgröße gilt $E(X) = n \cdot p$, also
$\mathbf{E(X) = 1{,}5}$.

Ermitteln der Wahrscheinlichkeiten der Ereignisse:
Ereignis A:
$X \sim B_{5;\,0,3}$
$P(A) = P(X = 2) = 0{,}30870$ (Tabellenwert); $\mathbf{P(A) \approx 30{,}9\ \%}$

Ereignis B:
$X \sim B_{5;\,0,3}$
Mindestens 4 *nicht beschädigte* Kekse in einer Tüte mit 5 Keksen bedeuten höchstens einen *beschädigten* Keks in dieser Tüte.
$P(B) = P(X \leq 1) = 0{,}52822$ (Tabellenwert); $\mathbf{P(B) \approx 52{,}8\ \%}$

Berechnungsvariante:
Das Ereignis B bezieht sich auf *nicht beschädigte* Kekse. Die Zufallsgröße X_B beschreibe die Anzahl nicht beschädigter Kekse; $X_B \sim B_{5;\,0,7}$.
$P(B) = P(X_B \geq 4) = 1 - P(X_B \leq 3) = 1 - 0{,}47178 = 0{,}52822$
(Tabellenwert)

Ereignis C:
Das Ereignis C wird durch eine BERNOULLI-Kette der Länge $n = 10$ mit der Wahrscheinlichkeit $p = P(B)$ auf jeder Stufe charakterisiert; also:
$P(C) = [P(B)]^{10} = 0{,}52822^{10} \approx 0{,}00169$; $\mathbf{P(C) \approx 0{,}2\ \%}$

Ereignis D:
Die Zufallsgröße X_D beschreibe die Anzahl der beschädigten Kekse unter 850 abgepackten Keksen. Die Zufallsgröße X_D ist binomialverteilt ($X_D \sim B_{850;\,0,3}$) und wird (wegen fehlender Tabellierung) näherungsweise als normalverteilt angesehen. Die Näherung ist hinreichend genau, da für die Varianz $V(X_D) = n \cdot p \cdot (1-p) = 178{,}5 > 9$ gilt (Faustregel bzw. empirisches Kriterium $V(X_D) > 9$ ist erfüllt).
Zur Berechnung wird die Näherungsformel für die globale Näherung nach dem Grenzwertsatz von DE MOIVRE-LAPLACE verwendet.

$$P(X_D \leq k) = B_{n;\,p}(\{0; 1; \ldots; k\}) \approx \Phi\left(\frac{k + 0{,}5 - \mu}{\sigma}\right)$$

k – kritischer Wert 0,5 – Korrektursummand
μ – Erwartungswert $\mu = E(X_D) = n \cdot p = 255$
σ – Standardabweichung $\sigma = \sqrt{V(X_D)} = \sqrt{n \cdot p \cdot (1-p)} = \sqrt{178{,}5}$

Mit $k = 240$, $\mu = 255$ und $\sigma = \sqrt{178{,}5}$ erhält man $P(X_D \leq 240) \approx \Phi(-1{,}09)$ und ermittelt aus einer Tabelle der Funktionswerte $\Phi(x)$ der Normalverteilung unter Beachtung der Beziehung $\Phi(-x) = 1 - \Phi(x)$ den Tabellenwert $\Phi(1{,}09) = 0{,}8621$.
Somit folgt $P(X_D \leq 240) \approx 1 - 0{,}8621 = 0{,}1379$; $\mathbf{P(D) \approx 13{,}8\ \%}$.

b) **Berechnen des arithmetischen Mittels $\overline{x}$ der Häufigkeitsverteilung:**
Unter Verwendung der Formel für das (gewogene) arithmetische Mittel

$$\overline{x} = \frac{H(x_1) \cdot x_1 + H(x_2) \cdot x_2 + \ldots + H(x_k) \cdot x_k}{n}$$

erhält man mit $n = 100$ (Tüten):

$\overline{x} = 0{,}16 \cdot 0 + 0{,}41 \cdot 1 + 0{,}26 \cdot 2 + 0{,}15 \cdot 3 + 0{,}02 \cdot 4 + 0 \cdot 5$

$\mathbf{\overline{x} = 1{,}46}$

Berechnen der Wahrscheinlichkeit p:

Die Zufallsgröße Y kann als binomialverteilt mit $n = 5$ (5 Kekse je Tüte!) und unbekanntem p betrachtet werden. Für ihren Erwartungswert E(Y) soll als Näherung $E(Y) \approx \overline{x}$ angenommen werden. Wegen $E(Y) = n \cdot p \approx \overline{x}$ folgt aus $5 \cdot p \approx 1{,}46$ für die gesuchte Wahrscheinlichkeit $\mathbf{p \approx 0{,}292}$.

c) **Begründen der Einschränkung der Wahrscheinlichkeit auf $0{,}5 \leq p \leq 1$:**

Die Einschränkung der Wahrscheinlichkeit erschließt sich aus dem vorliegenden Sachverhalt. Die Wahrscheinlichkeit für das Erkennen des Kekses nach neuer Rezeptur beträgt mindestens 0,5, weil formal Raten „1 aus 2" („Es ist ein Keks neuer Rezeptur" oder „Es ist kein Keks neuer Rezeptur") möglich ist. Eine Wahrscheinlichkeit $p < 0{,}5$ würde demnach bedeuten, dass der Keks erkannt wurde, jedoch wissentlich falsch benannt wird. Dies widerspräche einer seriösen Testpraxis.

Ermitteln des größtmöglichen Ablehnungsbereiches:

Die Zufallsgröße Z beschreibe die Anzahl der Kunden, die den Keks richtig benennen. Die Zufallsgröße Z kann als binomialverteilt angenommen werden mit $n = 100$ und $p = 0{,}5$; d. h. $Z \sim B_{100;\,0,5}$ (bei wahrer Nullhypothese).

(1) Nullhypothese H_0: $p = 0{,}5$; Gegenhypothese H_1: $p > 0{,}5$

(2) Stichprobenumfang n: $n = 100$; Signifikanzniveau α: $\alpha = 0{,}05$

Da allein große Werte der Zufallsgröße Z gegen die Nullhypothese (und somit für die Gegenhypothese) sprechen, wird der Test als *rechtsseitiger Signifikanztest* durchgeführt mit dem größtmöglichen Ablehnungsbereich $\overline{A} = \{k; k+1; \ldots; 100\}$;

$P(Z \geq k) = 1 - P(Z \leq k-1) \leq 0{,}05$.

Die Beziehung ist äquivalent mit

$P(Z \leq k-1) \geq 0{,}95$.

(3) Ermitteln des größtmöglichen kritischen Wertes k des Ablehnungsbereiches $\overline{A}$:

Die Ungleichung $P(Z \leq k-1) \geq 0{,}95$ bzw. $B_{100;\,0,5}(\{0; 1; \ldots; k-1\}) \geq 0{,}95$ ist erstmalig erfüllt für den Wert $k - 1 = 58$ [Tabellenwert: $B_{100;\,0,5}(\{0; 1; \ldots; 58\}) = 0{,}95569$], also $k = 59$.

Für den größtmöglichen Ablehnungsbereich $\overline{A}$ folgt somit $\mathbf{\overline{A} = \{59; 60; \ldots; 100\}}$.

Entscheiden, ob auf einen signifikanten Unterschied geschlossen werden kann:

Da $57 \notin \overline{A}$ gilt, die Nullhypothese somit nicht abzulehnen ist, kann (auf dem gegebenen Signifikanzniveau $\alpha = 5\,\%$) nicht auf einen signifikanten Geschmacksunterschied geschlossen werden.

Bezogen auf die Irrtumswahrscheinlichkeit könnte auch formuliert werden: Da $57 \notin \overline{A}$, kann nicht mit 5 %iger Irrtumswahrscheinlichkeit auf einen signifikanten Geschmacksunterschied geschlossen werden.

Kernfach Mathematik (Sachsen-Anhalt): Abiturprüfung 2008
Leistungskursniveau – Wahlpflichtaufgabe L4.1: Analysis

Bei der Planung von Überland-Elektroleitungen sind u. a. der Durchhang d des Kabels, der Sicherheitsabstand s des tiefsten Punktes des Kabels über der Horizontalebene sowie der Abstand z zwischen zwei benachbarten Masten zu beachten.
Die nicht maßstäbliche Abbildung zeigt diese Größen für zwei gleich hohe Masten über der Horizontalebene.

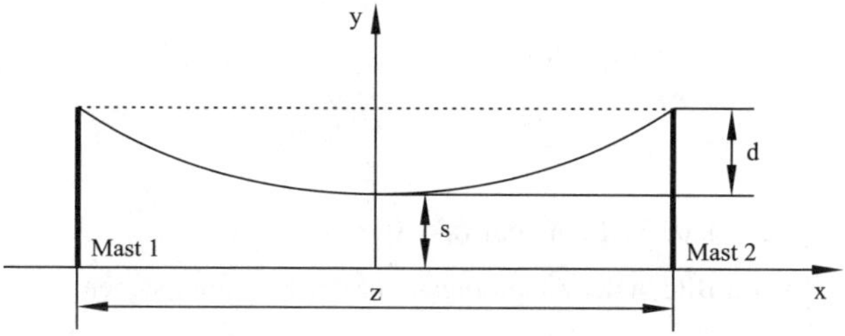

Die Höhe des Kabels über der Horizontalebene kann durch Funktionen $f_{a,\,b}$ beschrieben werden:

$$f_{a;\,b}\colon y = f_{a;\,b}(x) = \frac{a}{2}(e^{bx} + e^{-bx});\quad x, a, b \in \mathbb{R};\quad a > 0;\quad b > 0.$$

Eine Längeneinheit entspricht einem Meter.

a) Weisen Sie nach, dass die Graphen aller Funktionen $f_{a,\,b}$ symmetrisch zur y-Achse sind und den Tiefpunkt $T(0\,|\,a)$ haben. (8 BE)

b) Für eine Mittelspannungsleitung wurde die Funktion f mit der Gleichung
$y = f(x) = 8(e^{0{,}02\,x} + e^{-0{,}02\,x})$, $x \in \mathbb{R}$, ermittelt.
Geben Sie für diese Mittelspannungsleitung den Sicherheitsabstand an.
Die Funktion f kann durch eine Funktion f^* mit der Gleichung
$y = f^*(x) = 8e^{0{,}02\,x}$ für $x \in \mathbb{R}$ und $x > 75$
angenähert werden.
Berechnen Sie mithilfe der Näherungsfunktion f^* den Abstand zweier benachbarter Masten, wenn die Höhe der Masten jeweils 40 m beträgt.
Geben Sie eine Gleichung der Funktion an, die den relativen Fehler bei Verwendung der Näherungsfunktion f^* beschreibt und berechnen Sie den größtmöglichen relativen Fehler bei der Verwendung von f^*. (7 BE)

(15 BE)

Tipps und Hinweise zum Lösen von Wahlpflichtaufgabe L4.1: Analysis

a) *Nachweisen der Symmetrie zur y-Achse*

Hinweis:
Die Graphen von Funktionen $f_{a,\,b}$ sind symmetrisch zur y-Achse, wenn für alle $x \in \mathbb{R}$ gilt: $f_{a,\,b}(x) = f_{a,\,b}(-x)$

Tipps:
- Setzen Sie für x den Term (–x) ein.
- Denken Sie an das Kommutativgesetz der Addition.

Nachweisen der Tiefpunkte T_a

Hinweis:

$$f(x) = u(x) + v(x) \quad \Rightarrow \quad f'(x) = u'(x) + v'(x)$$
$$f(x) = k \cdot u(x) \quad \Rightarrow \quad f'(x) = k \cdot u'(x)$$
$$f(x) = e^{ax} \quad \Rightarrow \quad f'(x) = a \cdot e^{ax}$$

Tipps:
- Hinreichende Bedingung für lokale Tiefpunkte: $f'(x) = 0 \;\wedge\; f''(x) > 0$
- Lassen Sie den Faktor $\frac{a}{2}$ beim Bilden der Ableitungen vor der Klammer stehen.
- Vergleichen Sie Ihr errechnetes Ergebnis mit dem vorgegebenen Ergebnis.

b) *Angeben des Sicherheitsabstandes*

Tipp: Suchen Sie nach einem Zusammenhang zwischen den Faktoren in den Funktionstermen.

Berechnen des Abstandes zweier Masten

Tipp: Haben Sie erkannt, dass die Höhe der Masten der Funktionswert der Näherungsfunktion f^* ist?

Angeben einer Gleichung und Berechnen des größtmöglichen Fehlers

Hinweis:
Der relative Fehler δ lässt sich berechnen mit der Gleichung $\delta(x) = \frac{f(x) - f^*(x)}{f(x)}$.

Tipps:
- Setzen Sie die Funktionswerte in die obige Gleichung ein und vereinfachen Sie den Term.
- Überlegen Sie, wann der größtmögliche Fehler auftritt.

Lösungen

a) **Nachweisen der Symmetrie zur y-Achse:**
Es gilt $f(x) = f(-x)$.

$$\begin{aligned}\frac{a}{2}(e^{bx} + e^{-bx}) &= \frac{a}{2}(e^{b\cdot(-x)} + e^{-b\cdot(-x)})\\ &= \frac{a}{2}(e^{-bx} + e^{bx})\\ &= \frac{a}{2}(e^{bx} + e^{-bx}) \quad \text{w.A.}\end{aligned}$$

Nachweisen des Tiefpunktes durch Berechnen:

$$f'_{a,b}(x) = \frac{a}{2}(e^{bx} \cdot b + e^{-bx} \cdot (-b))$$

$$0 = \frac{a}{2}(be^{bx} - be^{-bx})$$

$$be^{bx} = be^{-bx} \qquad |:b, \text{ da } b > 0$$

$$e^{bx} = e^{-bx}$$

$$bx = -bx$$

$$2bx = 0$$

$$x = 0$$

$$f''_{a,b}(x) = \frac{a}{2}(be^{bx} \cdot b - be^{-bx} \cdot (-b))$$

$$= \frac{a}{2}(b^2e^{bx} + b^2e^{-bx})$$

$$f''_{a,b}(0) = \frac{a}{2}(b^2 + b^2)$$

$$= ab^2 > 0, \quad a, b > 0, \quad \text{Minimum}$$

und

$$f_{a,b}(0) = \frac{a}{2}(e^{b \cdot 0} + e^{-b \cdot 0})$$

$$= \frac{a}{2}(1+1) = a$$

$\Rightarrow \quad T_a(0\,|\,a) \quad$ w. A.

b) **Angeben des Sicherheitsabstandes s:**

s: $\frac{a}{2} = 8 \quad$ und $\quad s = a \quad \Rightarrow \quad s = 16$

Der Sicherheitsabstand beträgt 16 m.

Berechnen des Abstandes benachbarter Masten:

$f(x) = 8e^{0,02x}$ für $x \geq 75$ und

Höhe Mast: $h = 40$ m, also

$f(x) = 40, \qquad 8e^{0,02x} = 40, \qquad e^{0,02x} = 5, \qquad 0,02x = \ln 5, \qquad x \approx 80,47$

Der Abstand benachbarter Masten beträgt 80,47 m.

Angeben einer Gleichung und Berechnen des größtmöglichen Fehlers:

Formel für den relativen Fehler

$$\delta(x) = \frac{f(x) - f^*(x)}{f(x)} = \frac{\cancel{8e^{0,02x}} + 8e^{-0,02x} - \cancel{8e^{0,02x}}}{8e^{0,02x} + 8e^{-0,02x}}$$

$$\delta(x) = \frac{e^{-0,02x}}{e^{0,02x} + e^{-0,02x}} = \frac{1}{\frac{e^{0,02x}}{e^{-0,02x}} + 1} = \frac{1}{e^{0,04x} + 1}$$

$$\delta(75) = \frac{1}{e^{0,04 \cdot 75} + 1} = \frac{1}{e^3 + 1} \approx 0,0474$$

größtmöglicher relativer Fehler, da $x > 75 \quad \Rightarrow \quad \delta(x) < \delta(75)$.

In einem kartesischen Koordinatensystem sind Kreise gegeben. Sie berühren jeweils die x-Achse; ihre Mittelpunkte liegen auf einer Geraden g.

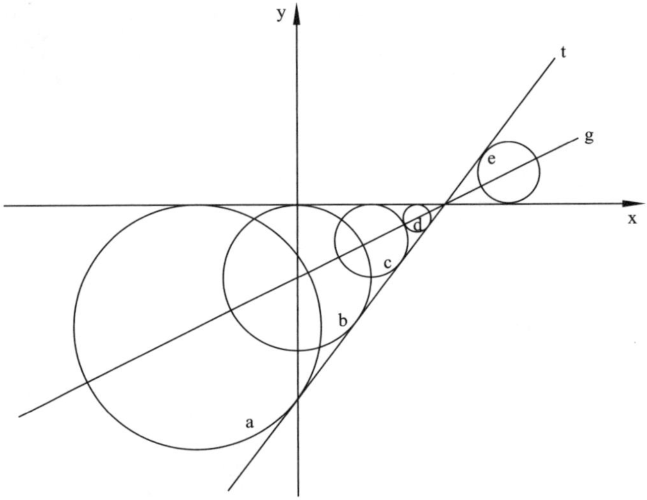

a) Von zwei solchen Kreisen ist jeweils eine Gleichung gegeben:
k_1: $x^2 + (y+2)^2 = 4$
k_2: $x^2 + y^2 - 4x + 2y + 4 = 0$
Ermitteln Sie eine Gleichung der Geraden g, auf der die Mittelpunkte aller Kreise liegen, und berechnen Sie die Koordinaten des Schnittpunktes der Geraden g mit der x-Achse.
Zwei Kreise der Abbildung stellen die Kreise k_1 und k_2 dar. Geben Sie an und begründen Sie, welche das sind. (8 BE)

b) Genau zwei Kreise berühren jeweils beide Koordinatenachsen. Ermitteln Sie von einem dieser Kreise eine Gleichung. (3 BE)

c) Weisen Sie nach, dass alle Kreise die Gerade t mit der Gleichung
$$y = \frac{4}{3}x - \frac{16}{3}$$
als gemeinsame Tangente haben. (4 BE)
(15 BE)

Tipps und Hinweise zum Lösen von Wahlpflichtaufgabe L4.2: Analytische Geometrie

a) *Ermitteln einer Gleichung für g*

Tipps:
- Berechnen Sie die Mittelpunkte beider Kreise.
- Die Geradengleichung hat die allgemeine Form $y = mx + n$.
- Ermitteln Sie über den Differenzenquotienten den Anstieg m.
- Vergessen Sie nicht S_x zu berechnen.

Angeben und Begründen

Tipps:
- Anhand der Mittelpunktskoordinaten von k_1 ist eine Aussage möglich.
- Aufgrund der Lage des Mittelpunktes von k_2 gelingt die Zuordnung.

b) *Ermitteln einer Kreisgleichung*

Tipps:
- Haben Sie erkannt, dass $y_M = x_M$ gilt?
- Beachten Sie auch, dass $M \in g$ gilt.

c) *Nachweisen der Tangente*

Tipps:
- Überlegen Sie, wie man die Koordinaten aller Mittelpunkte der Kreise allgemein angeben kann (Punktmenge).
- Berechnen Sie den Abstand aller Mittelpunkte von der Tangente t; nutzen Sie die Hesseform.
- Den Abstand aller Mittelpunkte von der x-Achse können Sie sofort ablesen.

Lösungen

a) **Ermitteln einer Gleichung für g:**
Da $M_k \in g$, müssen zuerst die Mittelpunkte der Kreise berechnet werden, um die Geradengleichung aufzustellen.

k_1: $M_1(0\,|\,-2)$, $\quad r_1 = 2$

k_2: $x^2 - 4x + y^2 + 2y + 4 = 0$

$$(x-2)^2 - 4 + (y+1)^2 - 1 + 4 = 0 \quad \text{(quadratische Ergänzung)}$$

$$(x-2)^2 + (y+1)^2 = 1$$

$M_2(2\,|\,-1)$, $\quad r_2 = 1$

g: $y = mx + n \quad \text{mit} \quad m = \dfrac{\Delta y}{\Delta x} = \dfrac{-2-(-1)}{0-2} = \dfrac{-1}{-2} = \dfrac{1}{2}$

$$y = \frac{1}{2}x + n \quad \text{mit} \quad M_1$$

$$y = \frac{1}{2}x - 2$$

S_x: $0 = \dfrac{1}{2}x - 2, \quad x = 4, \quad S_x(4\,|\,0)$

Oder vektorielle Geradengleichung für g:

$\vec{x} = \overrightarrow{OM_1} + s\overrightarrow{M_1M_2}$

$\vec{x} = \begin{pmatrix} 0 \\ -2 \end{pmatrix} + s\begin{pmatrix} 2 \\ 1 \end{pmatrix}$

Schnittpunkt mit x-Achse: $y = 0$

$\begin{pmatrix} x \\ 0 \end{pmatrix} = \begin{pmatrix} 0 \\ -2 \end{pmatrix} + s\begin{pmatrix} 2 \\ 1 \end{pmatrix}$

$x = \quad 2s$

$0 = -2 + s$

$s = 2 \;\Rightarrow\; x = 4, \quad S_x(4\,|\,0)$

Angeben und Begründen:
Die Mittelpunktskoordinate des Kreises k_1 ist $x_M = 0$, daher muss der Kreis k_1 die x-Achse im Koordinatenursprung berühren. Der Kreis b veranschaulicht den Kreis k_1.

Die Mittelpunktskoordinate des Kreises k_2 ist $x_M = 2$, daher muss der Kreis k_2 die x-Achse im Mittelpunkt der Strecke $\overline{OS_x}$ berühren. Der Kreis c veranschaulicht den Kreis k_2.

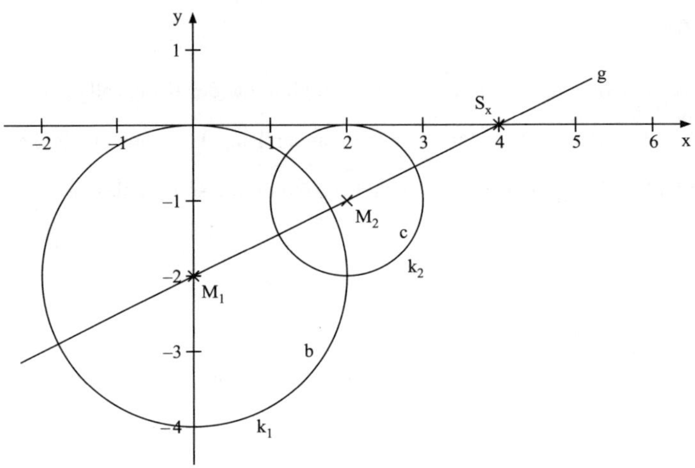

b) **Ermitteln einer Kreisgleichung:**
Es muss gelten $y_M = x_M$ und $M \in g$.
Alle Mittelpunkte haben daher die Koordinaten $M_s(2s\,|\,-2+s)$, wegen g: $\vec{x} = \begin{pmatrix} 0 \\ -2 \end{pmatrix} + s\begin{pmatrix} 2 \\ 1 \end{pmatrix}$.
Da $x_M = y_M$, gilt $2s = -2 + s$, $s = -2$ und damit
$M(-4\,|\,-4)$ und $r = 4$, also $(x+4)^2 + (y+4)^2 = 16$.

Andere Möglichkeit (vektorfrei):

$y_M = x_M$ und g: $y = \frac{1}{2}x - 2$

$\Rightarrow \quad x_M = \frac{1}{2}x_M - 2, \quad x_M = -4$ und $(x+4)^2 + (y+4)^2 = 16$

Es existiert noch ein weiterer Kreis mit der genannten Eigenschaft.
Hier muss gelten $y_M = -x_M$ und
$M \in g$.
Alle Mittelpunkte haben daher die Koordinaten $M_s(2s \mid -2+s)$,

wegen g: $\vec{x} = \begin{pmatrix} 0 \\ -2 \end{pmatrix} + s\begin{pmatrix} 2 \\ 1 \end{pmatrix}$.

Da $y_M = -x_M$, gilt

$-2+s = -2s$, $s = \frac{2}{3}$ und damit

$M\left(\frac{4}{3} \,\middle|\, -\frac{4}{3}\right)$ und $r = \frac{4}{3}$,

also $\left(x - \frac{4}{3}\right)^2 + \left(y + \frac{4}{3}\right)^2 = \frac{16}{9}$.

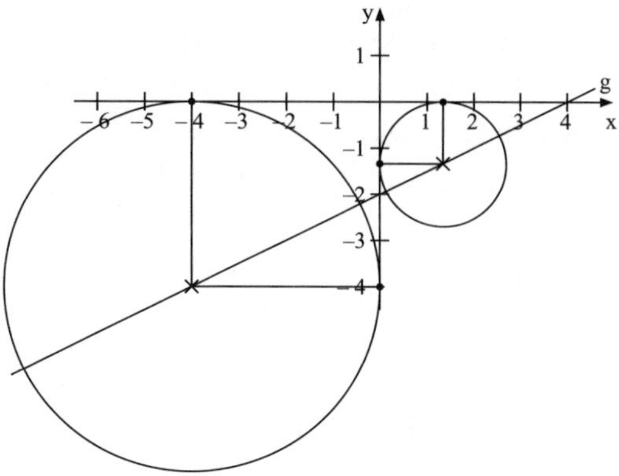

c) **Nachweisen der Tangente:**
Zu zeigen d(M, x-Achse) = d(M, t) = r.

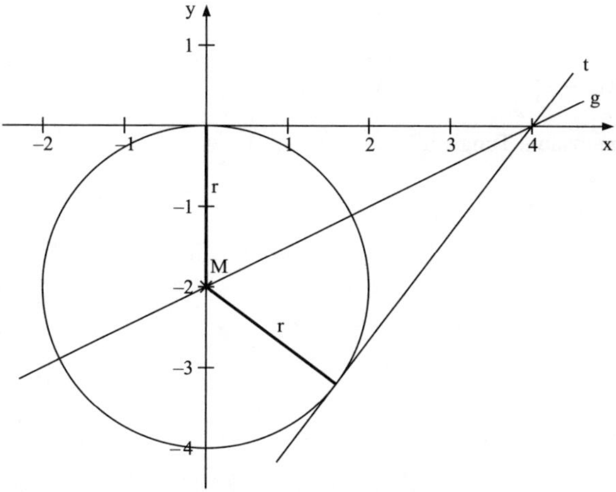

$M \in g$, also $M(2s \mid -2+s)$, da g: $\vec{x} = \begin{pmatrix} 0 \\ -2 \end{pmatrix} + s\begin{pmatrix} 2 \\ 1 \end{pmatrix}$

(1) **Abstand aller Mittelpunkte von der Tangente t:**
d(M, t), also

Hesseform von t: $\dfrac{\frac{4}{3}x - y - \frac{16}{3}}{\sqrt{\left(\frac{4}{3}\right)^2 + (-1)^2}} = 0$

M eingesetzt: $\dfrac{\frac{4}{3} \cdot 2s - (-2+s) - \frac{16}{3}}{\frac{5}{3}} = d(M, t) = r$

$r = s - 2$

(2) **Abstand aller Mittelpunkte von der x-Achse:**
d(M, x-Achse), also
y-Wert der Koordinaten von M $\Rightarrow$ $r = -2 + s$

aus (1) und (2) $\Rightarrow$ $r = s - 2$ und damit ist t gemeinsame Tangente.

Andere Möglichkeit (vektorfrei):

(1) $r = d(M, t) = \dfrac{|4x_M - 3y_M - 16|}{\sqrt{4^2 + (-3)^2}} = \dfrac{1}{5}|4x_M - 3y_M - 16|$

und $y_M = \dfrac{1}{2}x_M - 2$

$$\Rightarrow \quad r = \left|\frac{1}{5}\left[4x_M - 3\left(\frac{1}{2}x_M - 2\right) - 16\right]\right|$$

$$r = \left|\frac{1}{5}\left(4x_M - \frac{3}{2}x_M + 6 - 16\right)\right|$$

$$r = \left|\frac{1}{5}\left(\frac{5}{2}x_M - 10\right)\right|$$

$$r = \left|\frac{1}{2}x_M - 2\right|$$

(2) $r = d(M, \text{x-Achse}) = \left|\dfrac{1}{2}x_M - 2\right|$

aus (1) und (2) folgt, t ist gemeinsame Tangente.

Kernfach Mathematik (Sachsen-Anhalt): Abiturprüfung 2009
Leistungskursniveau – Pflichtaufgabe L1: Analysis

Gegeben sind die Funktionen f und g_a durch

$$y = f(x) = \frac{3}{32}x^3 - \frac{9}{16}x^2 + 3, \quad x \in \mathbb{R},$$

$$y = g_a(x) = \frac{1}{e^{ax-1}}, \quad x \in \mathbb{R}, a \in \mathbb{R}.$$

a) Untersuchen Sie den Graphen der Funktion f auf Existenz lokaler Extrempunkte sowie Wendepunkte und berechnen Sie die zugehörigen Koordinaten.
Untersuchen Sie die Funktionen g_a auf Monotonie.
Die dargestellten Kurven sind Graphen der Funktion f bzw. einer der Funktionen g_a im Intervall [0; 4].
Geben Sie drei Eigenschaften der Funktion f an, mit denen man begründen kann, dass die Kurve K_2 Graph der Funktion f ist.
Ermitteln Sie unter Verwendung des dargestellten Graphen einer Funktion g_a den zu diesem Graphen zugehörigen Wert des Parameters a.

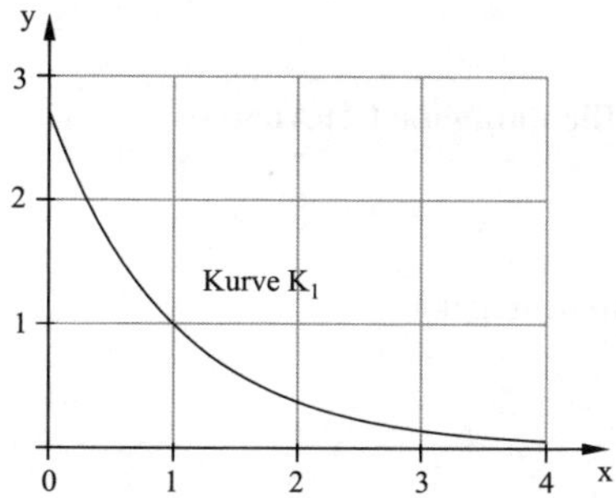

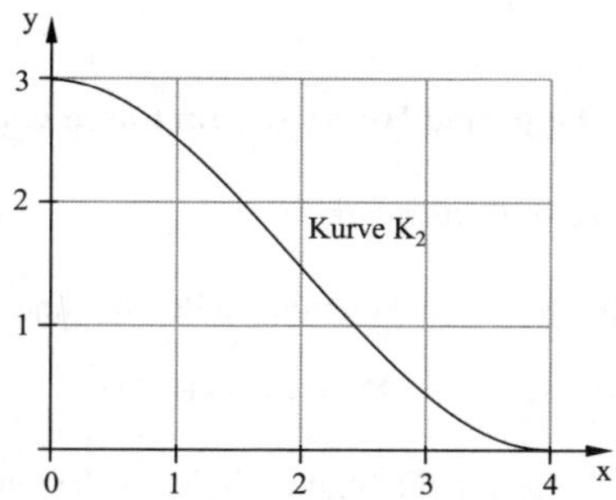

(18 BE)

Ein Designer will die Kurven K_1 und K_2 als Profile von Rutschen wählen und benötigt Aussagen über deren Gefälle. Ein Maß für das Gefälle sei der entgegengesetzte Wert des Anstieges der Kurven K_1 bzw. K_2. Eine Einheit im Koordinatensystem entspricht einem Meter.

b) Geben Sie für jede Rutsche an, an welcher Stelle das Gefälle am größten ist und berechnen Sie jeweils das Maß dieses Gefälles.
Berechnen Sie das durchschnittliche Gefälle derjenigen Rutsche, deren Profil durch die Kurve K_2 bestimmt ist. (6 BE)

c) Die Rutsche, deren Profil durch die Kurve K_1 bestimmt ist, soll beiderseits eine ebene Verkleidung erhalten (siehe Abbildung). Berechnen Sie den Inhalt der zu verkleidenden Fläche.

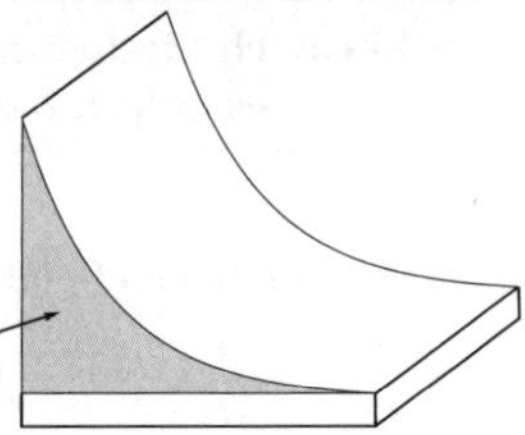

Abbildung (nicht maßstäblich) (6 BE)

d) Das durch den Graphen der Funktion f beschriebene Profil einer Rutsche soll wie folgt verändert werden: Der Graph der Funktion f wird im Intervall $0 \leq x \leq 3$ durch den Graphen einer linearen Funktion h so ersetzt, dass ein knickfreier Anschluss an den Graphen der Funktion f im Punkt $P(3\,|\,f(3))$ vorhanden ist.
Ermitteln Sie eine Gleichung dieser linearen Funktion h und begründen Sie, dass von dieser Veränderung das durchschnittliche Gefälle der Rutsche nicht betroffen ist. (5 BE)

(35 BE)

Tipps und Hinweise zum Lösen von Pflichtaufgabe L1: Analysis

a) *Extrempunkte, Wendepunkt*

Hinweis:
Verwenden Sie beim Ableiten die Potenz- und Summenregel:
$f(x) = x^n \quad \Rightarrow \quad f'(x) = n \cdot x^{n-1}$
$f(x) = u(x) + v(x) \quad \Rightarrow \quad f'(x) = u'(x) + v'(x)$

Tipps:
- Hinreichende Bedingung für lokale Extrema:
  $f'(x) = 0 \wedge f''(x) \neq 0$
- Klammern Sie x aus und lesen Sie die Extremstellen ab.
- Berechnen Sie die vollständigen Koordinaten der Extrempunkte.
- Hinreichende Bedingung für Wendepunkte:
  $f''(x) = 0 \wedge f'''(x) \neq 0$

Monotonie von g_a

Hinweis:
Monotoniekriterium
Der Funktionswert der Funktion g' an der Stelle x gibt den Anstieg der Funktion g an ebendieser Stelle x an. Nimmt g' also in einem Intervall nur negative (positive) Funktionswerte an, so ist der Graph von g in diesem Intervall streng monoton fallend (steigend).

Tipps:
- Beachten Sie, dass eine Funktionenschar g_a vorliegt.
- Nehmen Sie eine Fallunterscheidung vor:
  $a > 0,\ a < 0,\ a = 0$
- Haben Sie erkannt, dass $e^{-ax+1} > 0$ für $x, a \in \mathbb{R}$ ist?

Angeben von Eigenschaften

Tipps:
- Denken Sie an die Koordinaten der Schnittpunkte mit den Koordinatenachsen.
- Sie haben Extrem- und Wendestellen berechnet.

Ermitteln des Wertes des Parameters

Tipps:
- Suchen Sie einen gut ablesbaren Punkt aus der Zeichnung heraus.
- Setzen Sie die Koordinaten des Punktes in die gegebene Gleichung ein.

b) *Gefälle der Rutschen*

Tipps:
- Haben Sie für die Kurve K_1 das maximale Gefälle an der Stelle $x = 0$ erkannt?
- Für die Kurve K_2 liegt das maximale Gefälle an der Wendestelle.
- Berechnen Sie jeweils das Maß der Gefälle.
- Denken Sie daran, wie der Begriff Gefälle definiert ist.

c) *Berechnen des Inhalts der zu verkleidenden Fläche*

Hinweis:
Der Inhalt der Fläche unter dem Graphen einer Funktion g lässt sich berechnen nach

$$A = \left| \int_a^b g(x)\,dx \right|.$$

Tipps:
- Haben Sie erkannt, dass die rechteckige Fläche nicht mit zur Verkleidung gehört?
- Denken Sie an die Bedeutung des Begriffs beiderseits.
- Vergessen Sie die Einheit nicht.

d) *Ermitteln einer Gleichung der linearen Funktion*

Tipp: Stellen Sie die Gleichung der Tangente im Punkt $P(3\,|\,f(3))$ auf.

Begründung

Tipp: Vergleichen Sie den Anstieg der Tangente im Punkt P mit dem mittleren Anstieg (Differenzenquotient) von f im Intervall $0 \le x \le 3$.

Lösungen

$$y = f(x) = \frac{3}{32}x^3 - \frac{9}{16}x^2 + 3, \quad x \in \mathbb{R}$$

$$y = g_a(x) = \frac{1}{e^{ax-1}}, \quad x \in \mathbb{R}, a \in \mathbb{R}$$

$$f'(x) = \frac{9}{32}x^2 - \frac{9}{8}x$$

$$f''(x) = \frac{9}{16}x - \frac{9}{8}$$

$$f'''(x) = \frac{9}{16}$$

$$g_a(x) = \frac{1}{e^{ax-1}} = (e^{ax-1})^{-1} = e^{-ax+1}$$

$$g_a'(x) = -ae^{-ax+1}$$

a) **Extrempunkte:**

$$f'(x) = 0, \quad \frac{9}{32}x^2 - \frac{9}{8}x = 0, \quad x\left(\frac{9}{32}x - \frac{9}{8}\right) = 0, \quad x_1 = 0, \; x_2 = 4$$

$$f''(0) = -\frac{9}{8} < 0 \;\Rightarrow\; H(0\,|\,3)$$

$$f''(4) = \frac{9}{16} \cdot 4 - \frac{9}{8} = \frac{9}{8} > 0 \;\Rightarrow\; T(4\,|\,0)$$

Wendepunkt:

$$f''(x) = 0, \quad \frac{9}{16}x - \frac{9}{8} = 0, \quad x = 2$$

$$f'''(2) = \frac{9}{16} \neq 0 \;\Rightarrow\; W\left(2\,\middle|\,\frac{3}{2}\right)$$

Monotonie von g_a:

$m = g_a'(x) = -ae^{-ax+1}$

(1) für $a = 0$ konstante Funktion, da $m = 0$

(2) für $a > 0$ streng monoton fallend, da $e^{-ax+1} > 0$ für $a, x \in \mathbb{R} \Rightarrow m < 0$

(3) für $a < 0$ streng monoton steigend, da $e^{-ax+1} > 0$ für $a, x \in \mathbb{R} \Rightarrow m > 0$

Angeben von Eigenschaften, z. B.:

– es existiert eine Wendestelle bei $x_W = 2$,

– der Punkt $S_y(0\,|\,3)$ gehört zum Graphen von f,

– der Punkt $S_x(4\,|\,0)$ gehört zum Graphen von f

$\Rightarrow$ Der Graph der Funktion f ist die Kurve K_2.

Ermitteln des Wertes des Parameters, z. B.:

Der Punkt $P(1\,|\,1)$ wird aus der Kurve K_1 abgelesen und in $g_a(x)$ eingesetzt, also

$$1 = \frac{1}{e^{a-1}}, \quad e^{a-1} = 1, \quad \ln e^{a-1} = \ln 1, \quad a - 1 = 0, \quad a = 1.$$

b) **Gefälle der Rutschen:**

K_1: maximales Gefälle an der Stelle $x = 0$, also

$$-g_1'(0) = -(-1e^{-1\cdot 0+1}) = e \approx 2{,}7$$

K_2: maximales Gefälle an der Stelle $x = 2$, also

$$-f'(2) = -\left(\frac{9}{32}\cdot 2^2 - \frac{9}{8}\cdot 2\right) = \frac{9}{8} \approx 1{,}1$$

Durchschnittliches Gefälle für Kurve K_2:

$-\dfrac{\Delta y}{\Delta x} = \dfrac{3}{4}$ mit $S_y(0\,|\,3)$ und $S_x(4\,|\,0)$.

c) **Berechnen des Inhalts der zu verkleidenden Fläche:**

$A = 2(A_1 - A_2)$ mit $A_1 = \int\limits_0^4 g_1(x)\,dx$ und $A_2(\text{Rechteck}) = 4 \cdot g_1(4)$,

also

$$A_1 = \int\limits_0^4 e^{-x+1}\,dx = \left[-e^{-x+1}\right]_0^4 = -e^{-4+1} - (-e^{-0+1})$$

$$A_1 = -e^{-3} + e$$

und

$$A_2 = 4 \cdot e^{-4+1} = 4e^{-3} \quad \text{und damit}$$

$$A = 2(-e^{-3} + e - 4e^{-3}) = 2(-5e^{-3} + e)$$

$$A = 2e - 10e^{-3} \approx 4{,}94$$

Die zu verkleidende Fläche beträgt 4,94 m².

d) **Ermitteln einer Gleichung der linearen Funktion, z. B.:**

Tangente an den Graphen von f im Punkt $P(3\,|\,f(3))$

mit $f(3) = \dfrac{3}{32}\cdot 3^3 - \dfrac{9}{16}\cdot 3^2 + 3 = \dfrac{15}{32}$, also

$$y = mx + n \qquad \text{mit } m = f'(3) = \frac{9}{32}\cdot 3^2 - \frac{9}{8}\cdot 3 = -\frac{27}{32}$$

$$y = -\frac{27}{32}x + n \quad \text{mit P}$$

$$\frac{15}{32} = -\frac{27}{32}\cdot 3 + n,\ n = 3,\ \text{also}$$

$$y = -\frac{27}{32}x + 3.$$

Begründung:

Das durchschnittliche Gefälle ist in beiden Fällen gleich, da jeweils gleiche Ordinaten- und Abszissendifferenzen auftreten, also

(1) entgegengesetzter Anstieg der Tangente in $P(3\,|\,f(3))$

$$-m = -\left(-\frac{27}{32}\right) = \frac{27}{32}$$

(2) entgegengesetzter mittlerer Anstieg (Differenzenquotient) von f(x) im Intervall $0 \le x \le 3$

$$-m = -\frac{\Delta y}{\Delta x} = \frac{27}{32}, \text{ da } Q(0\,|\,3) \text{ und } P(3\,|\,f(3)).$$

Kernfach Mathematik (Sachsen-Anhalt): Abiturprüfung 2009
Leistungskursniveau – Pflichtaufgabe L2: Analytische Geometrie

In einem kartesischen Koordinatensystem ist ein Viereck ABCD durch die Eckpunkte $A(0|0|0)$, $B(2|4|4)$, $C(-4|10|1)$ und $D(-6|6|-3)$ gegeben.

a) Weisen Sie nach, dass das Viereck ABCD ein Rechteck ist.
Begründen Sie, dass nur die Rechteckseite $\overline{CD}$ die xy-Ebene durchstößt.
Berechnen Sie die Koordinaten des Punktes, in dem die Rechteckseite $\overline{CD}$ die xy-Ebene durchstößt, sowie das Gradmaß des Winkels, den die Rechteckseite $\overline{CD}$ mit der xy-Ebene einschließt. (10 BE)

b) Ermitteln Sie eine Koordinatengleichung der Ebene ε, in der das Rechteck ABCD liegt.
Gegeben sei der Punkt $E(4|2|-4)$, sodass das Dreieck ABE Grundfläche eines geraden Prismas ABEDCF ist.
Berechnen Sie die Koordinaten des Punktes F und die Maßzahl des Volumens dieses Prismas.
Es gibt genau zwei Geraden g_1 und g_2, auf denen weitere Punkte E_{g_1} bzw. E_{g_2} liegen, sodass die Dreiecke ABE_{g_1} bzw. $AE_{g_2}B$ jeweils Grundflächen von geraden Prismen mit der Seitenfläche ABCD sind, die das gleiche Volumen wie das Prisma ABEDCF haben.
Ermitteln Sie für diese Geraden g_1 und g_2 jeweils eine Gleichung. (15 BE)

(25 BE)

Tipps und Hinweise zum Lösen von Pflichtaufgabe L2: Analytische Geometrie

a) *Nachweisen, dass das Viereck ABCD ein Rechteck ist*

Tipps:
- Berechnen Sie die Maßzahl der Länge aller vier Seiten des Rechtecks.
- Weisen Sie die Orthogonalität mit dem Skalarprodukt nach.

Begründen, dass nur die Rechteckseite $\overline{CD}$ die xy-Ebene durchstößt

Tipp: Treffen Sie eine Aussage über die z-Koordinate der Punkte.

Berechnen der Koordinaten des Durchstoßpunktes S

Tipps:
- Denken Sie an die Darstellung der xy-Ebene, nämlich $z = 0$.
- Setzen Sie die Geradengleichung in die Ebenengleichung ein.

Berechnen des Gradmaßes des Winkels

Hinweis:

Die Formel zur Berechnung des Gradmaßes eines Winkels zwischen einer Geraden und einer Ebene lautet:

$$\sin\alpha = \frac{|\vec{n}_E \circ \vec{u}_g|}{|\vec{n}_E| \cdot |\vec{u}_g|}$$

Dabei bezeichnen $\vec{n}_E$ den Normalenvektor der Ebene und $\vec{u}_g$ den Richtungsvektor der Geraden.

b) *Ermitteln einer Koordinatengleichung der Ebene*

Hinweis:

Ermitteln Sie zunächst die Ebenengleichung in Parameterform und dann eine Koordinatengleichung der Form $ax + by + cz = d$.

Tipps:

- Ermitteln Sie einen Normalenvektor $\vec{n} = \begin{pmatrix} n_1 \\ n_2 \\ n_3 \end{pmatrix}$ aus dem Vektorprodukt der Spannvektoren der Ebene.
- Dann gilt: $n_1x + n_2y + n_3z = d$, wobei sich d durch Punktprobe mit A ermitteln lässt.

Berechnen der Koordinaten des Punktes F

Tipps:

- Fertigen Sie eine Skizze an; überlegen Sie, wie Sie vom Koordinatenursprung zum Punkt F kommen.
- Denken Sie daran, dass $\overrightarrow{EF} = \overrightarrow{AD}$ gilt.

Berechnen der Maßzahl des Volumens

Hinweis:

Das Volumen eines geraden Prismas lässt sich berechnen mit der Formel $V = A_G \cdot h$.

Tipps:

- Haben Sie daran gedacht, dass die Grundfläche ein Dreieck ist, deren Fläche Sie mit dem Vektorprodukt berechnen können?
- Die Höhe ergibt sich z. B. als Abstand der Punkte A und D.

Ermitteln jeweils einer Gleichung

Tipps:

- Was bedeutet gleiches Volumen bezogen auf Höhe und Grundfläche?
- Schlussfolgern Sie auf die Höhe der dreieckigen Grundfläche.
- Haben Sie erkannt, dass die Geraden g_1 und g_2 parallel zu AB verlaufen?
- Die Ortsvektoren ergeben sich aus $\overrightarrow{AE}$ bzw. $-\overrightarrow{AE}$.

Lösungen

a) **Nachweisen, dass das Viereck ABCD ein Rechteck ist, z. B.:**
Es muss gelten:
$\overline{AB} = \overline{CD}$ und $\overline{BC} = \overline{AD}$

$$|\overrightarrow{AB}| = \left|\begin{pmatrix}2\\4\\4\end{pmatrix}\right| = 6, \quad |\overrightarrow{CD}| = \left|\begin{pmatrix}-2\\-4\\-4\end{pmatrix}\right| = 6$$

$$|\overrightarrow{BC}| = \left|\begin{pmatrix}-6\\6\\-3\end{pmatrix}\right| = 9, \quad |\overrightarrow{AD}| = \left|\begin{pmatrix}-6\\6\\-3\end{pmatrix}\right| = 9$$

Die gegenüberliegenden Seiten sind gleich lang und es gilt

$$\overrightarrow{AB} \circ \overrightarrow{AD} = \begin{pmatrix}2\\4\\4\end{pmatrix} \circ \begin{pmatrix}-6\\6\\-3\end{pmatrix} = -12 + 24 - 12 = 0 \quad \text{w. A.}$$

Daher schließen die aufeinander stehenden Seiten einen rechten Winkel ein; die Punkte A, B, C und D sind Eckpunkte eines Rechtecks.

Andere Möglichkeit:
Nachweisen von drei rechten Winkel, also $\overrightarrow{AB} \circ \overrightarrow{AD} = 0$, $\overrightarrow{BA} \circ \overrightarrow{BC} = 0$, $\overrightarrow{CB} \circ \overrightarrow{CD} = 0$, der vierte rechte Winkel ergibt sich aus der Winkelsumme im Viereck.

Begründen, dass nur die Rechteckseite $\overline{CD}$ die xy-Ebene durchstößt:
Nur bei Seite $\overline{CD}$ haben die z-Koordinaten der begrenzenden Punkte verschiedene Vorzeichen, sodass diese Seite die xy-Ebene durchstößt.

Berechnen der Koordinaten des Durchstoßpunktes S:
Aufstellen der Geradengleichung g_{CD}:

$$\vec{x} = \overrightarrow{OC} + t\overrightarrow{CD}$$

$$\vec{x} = \begin{pmatrix}-4\\10\\1\end{pmatrix} + t\begin{pmatrix}-2\\-4\\-4\end{pmatrix}, \quad t \in \mathbb{R};$$

xy-Ebene: $z = 0$; also
$g_{CD} \cap \text{xy-Ebene} = \{S\}$, g_{CD} in xy-Ebene einsetzen:

$$1 - 4t = 0, \quad t = \frac{1}{4}, \quad S(-4{,}5\,|\,9\,|\,0)$$

Berechnen des Gradmaßes des Winkels:

$$\sin\alpha = \frac{|\vec{n}_{xy} \circ \vec{u}_g|}{|\vec{n}_{xy}| \cdot |\vec{u}_g|}$$

$$\sin\alpha = \frac{\left|\begin{pmatrix}0\\0\\1\end{pmatrix} \circ \begin{pmatrix}-2\\-4\\-4\end{pmatrix}\right|}{\left|\begin{pmatrix}0\\0\\1\end{pmatrix}\right| \cdot \left|\begin{pmatrix}-2\\-4\\-4\end{pmatrix}\right|}$$

$$\sin\alpha = \frac{|-4|}{1 \cdot 6} = \frac{2}{3}, \quad \alpha \approx 41{,}81°$$

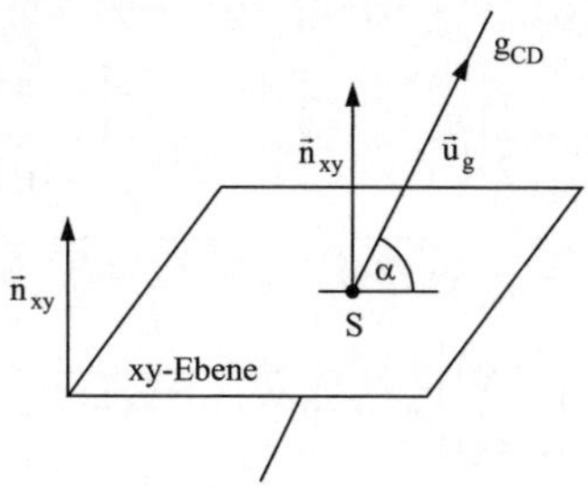

b) **Ermitteln einer Koordinatengleichung der Ebene:**
Aufstellen einer Parametergleichung:

$\varepsilon:\ \vec{x} = \overrightarrow{OA} + t\overrightarrow{AB} + s\overrightarrow{AC}$

$$\vec{x} = \begin{pmatrix} 0 \\ 0 \\ 0 \end{pmatrix} + t\begin{pmatrix} 2 \\ 4 \\ 4 \end{pmatrix} + s\begin{pmatrix} -4 \\ 10 \\ 1 \end{pmatrix},\quad t, s \in \mathbb{R}$$

1. Möglichkeit:
Den Normalenvektor $\vec{n}$ der Ebene berechnet man mithilfe des Vektorprodukts aus den Spannvektoren der Ebene.

$$\begin{pmatrix} 2 \\ 4 \\ 4 \end{pmatrix} \times \begin{pmatrix} -4 \\ 10 \\ 1 \end{pmatrix} = \begin{pmatrix} 4\cdot 1 - 10\cdot 4 \\ 4\cdot(-4) - 1\cdot 2 \\ 2\cdot 10 - (-4)\cdot 4 \end{pmatrix} = \begin{pmatrix} -36 \\ -18 \\ 36 \end{pmatrix} = -18\begin{pmatrix} 2 \\ 1 \\ -2 \end{pmatrix}$$

Mit dem Ansatz $2x + y - 2z = d$ und wegen $A(0\,|\,0\,|\,0) \in \varepsilon$ ergibt sich $\varepsilon:\ 2x + y - 2z = 0$.

2. Möglichkeit:
Der Normalenvektor $\vec{n}$ steht senkrecht auf den Spannvektoren der Ebene, also

$$\vec{n} \perp \begin{pmatrix} 2 \\ 4 \\ 4 \end{pmatrix} \text{ und } \vec{n} \perp \begin{pmatrix} -4 \\ 10 \\ 1 \end{pmatrix}, \text{ damit gilt } \vec{n} \circ \begin{pmatrix} 2 \\ 4 \\ 4 \end{pmatrix} = 0 \text{ und } \vec{n} \circ \begin{pmatrix} -4 \\ 10 \\ 1 \end{pmatrix} = 0$$

$$\begin{array}{rl} 2n_1 + 4n_2 + 4n_3 = 0 & |\cdot 2 \ \text{(+)} \\ -4n_1 + 10n_2 + n_3 = 0 & \\ \hline 18n_2 + 9n_3 = 0, & n_3 = -2,\ n_2 = 1 \end{array}$$

und $2n_1 + 4\cdot 1 + 4\cdot(-2) = 0$

$$n_1 = 2, \text{ also } \vec{n} = \begin{pmatrix} 2 \\ 1 \\ -2 \end{pmatrix}$$

und damit $2x + y - 2z = d$ und wegen $A(0\,|\,0\,|\,0) \in \varepsilon$ ergibt sich $\varepsilon:\ 2x + y - 2z = 0$.

Berechnen der Koordinaten des Punktes F, z. B.:

$\overrightarrow{OF} = \overrightarrow{OE} + \overrightarrow{EF}$ mit $\overrightarrow{EF} = \overrightarrow{AD}$

$$\overrightarrow{OF} = \begin{pmatrix} 4 \\ 2 \\ -4 \end{pmatrix} + \begin{pmatrix} -6 \\ 6 \\ -3 \end{pmatrix}$$

$F(-2\,|\,8\,|\,-7)$

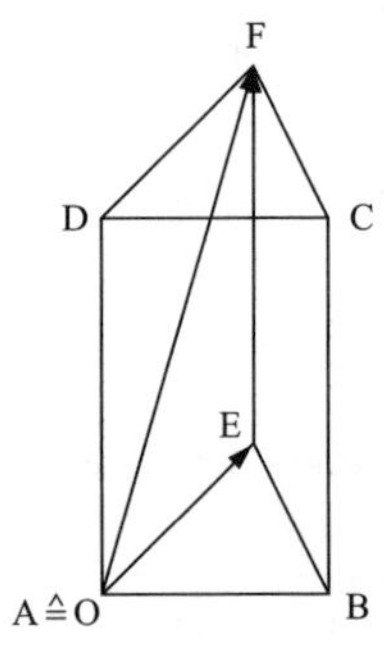

Berechnen der Maßzahl des Volumens, z. B.:

$V = A_G \cdot h$ mit $A_G = \frac{1}{2}\left|\overrightarrow{AB} \times \overrightarrow{AE}\right|$ und $h = \left|\overrightarrow{AD}\right|$, also

$$A_G = \frac{1}{2}\left|\begin{pmatrix} 2 \\ 4 \\ 4 \end{pmatrix} \times \begin{pmatrix} 4 \\ 2 \\ -4 \end{pmatrix}\right| = \frac{1}{2}\left|\begin{pmatrix} -16-8 \\ 16+8 \\ 4-16 \end{pmatrix}\right| = \frac{1}{2}\left|\begin{pmatrix} -24 \\ 24 \\ -12 \end{pmatrix}\right|$$

$$A_G = \frac{1}{2}\cdot\sqrt{(-24)^2 + 24^2 + (-12)^2} = 18 \text{ und}$$

$$h = \left|\begin{pmatrix} -6 \\ 6 \\ -3 \end{pmatrix}\right| = \sqrt{(-6)^2 + 6^2 + (-3)^2} = 9 \text{ und damit}$$

$V = 18 \cdot 9 = 162$

Andere Möglichkeit über das Spatprodukt:

$$V = \frac{1}{2}(\overrightarrow{AB} \times \overrightarrow{AE}) \circ \overrightarrow{AD}$$

$$V = \frac{1}{2}\left[\begin{pmatrix} 2 \\ 4 \\ 4 \end{pmatrix} \times \begin{pmatrix} 4 \\ 2 \\ -4 \end{pmatrix}\right] \circ \begin{pmatrix} -6 \\ 6 \\ -3 \end{pmatrix} = \frac{1}{2}\begin{pmatrix} -24 \\ 24 \\ -12 \end{pmatrix} \circ \begin{pmatrix} -6 \\ 6 \\ -3 \end{pmatrix} = 162$$

Ermitteln jeweils einer Gleichung:

Gleiches Volumen der Prismen bedeutet gleiche Maßzahl der Höhen der Prismen und gleiche Maßzahl der Inhalte der Grundflächen der Prismen. Da die dreieckigen Grundflächen eine gemeinsame Seite AB haben, muss auch die Höhe der Dreiecke gleich sein.

Daher verlaufen die beiden Richtungsvektoren der Geraden g_1 und g_2 parallel zum Vektor $\overrightarrow{AB}$.

Da der Punkt E auf einer der beiden Geraden g_1 oder g_2 liegt, ergibt sich der eine Ortsvektor aus $\overrightarrow{AE} = \overrightarrow{OE}$ und der andere Ortsvektor aus $-\overrightarrow{AE} = -\overrightarrow{OE} = \overrightarrow{EO}$.

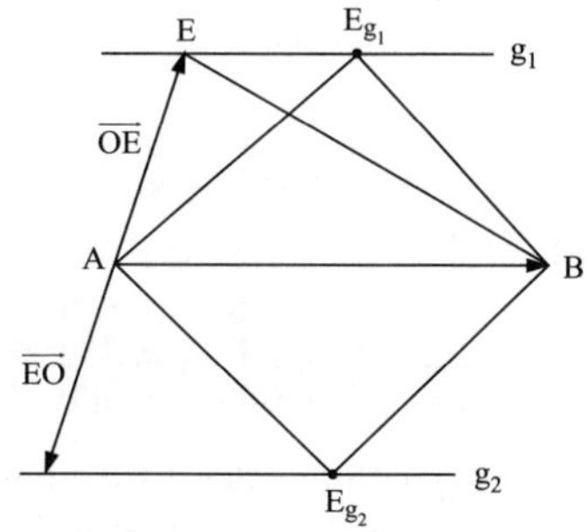

g_1: $\vec{x} = \overrightarrow{OE} + t\overrightarrow{AB}$

$$\vec{x} = \begin{pmatrix} 4 \\ 2 \\ -4 \end{pmatrix} + t\begin{pmatrix} 2 \\ 4 \\ 4 \end{pmatrix}, \quad t \in \mathbb{R}$$

g_2: $\vec{x} = \overrightarrow{EO} + r\overrightarrow{AB}$

$$\vec{x} = \begin{pmatrix} -4 \\ -2 \\ 4 \end{pmatrix} + r\begin{pmatrix} 2 \\ 4 \\ 4 \end{pmatrix}, \quad r \in \mathbb{R}$$

Kernfach Mathematik (Sachsen-Anhalt): Abiturprüfung 2009
Leistungskursniveau – Pflichtaufgabe L3: Stochastik

Zur Herstellung von Getränkeflaschen wird ein Kunststoffgemisch PET aus farblosen und farbigen Chips verwendet, das nach Einschmelzen einen einheitlichen Farbton ergibt.
Für Flaschen eines bestimmten Getränkes wird eine Mischung aus farblosen und farbigen Chips im Verhältnis 5 : 1 verwendet.
In Stichproben mit einem Umfang von n Chips beschreibe die Zufallsgröße X_n die Anzahl der farbigen Chips.

a) Begründen Sie, dass die Zufallsgröße X_n als binomialverteilt mit den Parametern n und $p = \frac{1}{6}$ (kurz: $X_n \sim B_{n;\frac{1}{6}}$) angenommen werden kann.
Berechnen Sie jeweils die Wahrscheinlichkeit dafür, dass sich
- in einer Stichprobe von 50 Chips höchstens 10 farbige Chips befinden,
- in einer Stichprobe von 35 Chips genau 5 farbige Chips befinden,
- in einer Stichprobe von 300 Chips höchstens 40 farbige Chips befinden. (10 BE)

b) Es soll geprüft werden, ob es signifikante Abweichungen vom Mischungsverhältnis 5 : 1 gibt. Dazu wird eine Stichprobe von 100 Chips untersucht. Konstruieren Sie hierfür einen zweiseitigen Signifikanztest mit dem Signifikanzniveau $\alpha = 0{,}05$ und formulieren Sie eine Entscheidungsregel. (7 BE)

c) Von einer binomialverteilten Zufallsgröße Y_{30}, die die Anzahl der farbigen Chips in einer Stichprobe vom Umfang $n = 30$ eines neuen Mischungsverhältnisses angibt, ist die Wahrscheinlichkeitsverteilung in einem Histogramm gegeben.
Der Erwartungswert der Zufallsgröße Y_{30} ist eine ganze Zahl.
Ermitteln Sie diesen Erwartungswert und den Wert des Parameters p der Binomialverteilung von Y_{30} sowie das neue Mischungsverhältnis.
Ermitteln Sie anhand des Histogramms die Zahl k, sodass $P(|Y_{30} - 6| \le k) \approx 0{,}75$.
Nennen Sie zwei Merkmale, in denen sich die Histogramme der Wahrscheinlichkeitsverteilungen für die Zufallsgrößen X_{30} und Y_{30} voneinander unterscheiden.

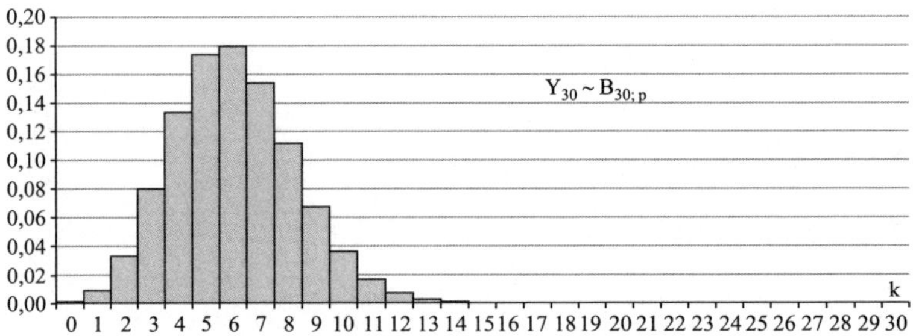

(8 BE)
(25 BE)

Tipps und Hinweise zum Lösen von Pflichtaufgabe L3: Stochastik

a) *Begründen der Binomialverteilung der Zufallsgröße X_n mit den Parametern n und $p = \frac{1}{6}$ (Vorliegen einer BERNOULLI-Kette der Länge n)*

Hinweis:
Die zu einer BERNOULLI-Kette der Länge n mit der Erfolgswahrscheinlichkeit p gehörende Verteilung heißt Binomialverteilung mit den Parametern n und p. Die zugehörige Zufallsgröße wird als binomialverteilt bezeichnet.

Tipps:
- Überlegen Sie, unter welchen Bedingungen ein BERNOULLI-Experiment vorliegt (mögliche Versuchsausgänge, zugehörige Wahrscheinlichkeiten, Besonderheiten, ...).
- Mit welchen Parameterwerten ist die Zufallsgröße binomialverteilt?
- Haben Sie erkannt, warum $p = \frac{1}{6}$ gilt? Beachten Sie das Mischungsverhältnis 5 : 1.

Berechnen der gesuchten Wahrscheinlichkeiten

Hinweise:
Prüfen Sie zunächst, ob die Nutzung von Tabellen zur Binomialverteilung möglich ist.

Die BERNOULLI-Formel lautet: $P(X = k) = \binom{n}{k} \cdot p^k \cdot (1-p)^{n-k}; \quad 0 \le k \le n$

Die Näherungsformel nach dem Grenzwertsatz von DE MOIVRE-LAPLACE lautet:

$$P(X \le k) = B_{n;\,p}(\{0; 1; \ldots; k\}) \approx \Phi\left(\frac{k + 0,5 - \mu}{\sigma}\right)$$

Die näherungsweise Berechnung ist im Allgemeinen bei genügend großen n-Werten sinnvoll.

Ist das empirische Kriterium (Faustregel) $V(X) > 9$ erfüllt, gelten die Näherungswerte als hinreichend genau. Gelegentlich wird auch als Kriterium $V(X) > \frac{1}{2}\sqrt{n}$ verwendet.

Tipps:
- Ermitteln Sie, mit welchen Parameterwerten für n und p die Zufallsgröße X_n jeweils verteilt ist.
- Beachten Sie die obigen Hinweise und nutzen Sie bei der Berechnung eine entsprechende Tabelle der kumulierten (aufsummierten) Binomialverteilung, die BERNOULLI-Formel bzw. die Näherungsformel.
- Nutzen Sie eine Tabelle der Funktionswerte $\Phi(x)$ der Normalverteilung unter Beachtung der Beziehung $\Phi(-x) = 1 - \Phi(x)$.
- Mögliche Lösungsansätze:
  $P(X_{50} \le 10)$, Tabelle der kumulierten Binomialverteilung nutzen;
  $P(X_{35} = 5)$, BERNOULLI-Formel nutzen;
  $P(X_{300} \le 40)$, Näherungsformel nutzen!

b) *Konstruieren eines zweiseitigen Signifikanztests*

Hinweis:
Bei einem zweiseitigen Signifikanztest ist das Signifikanzniveau zu halbieren. Der Ablehnungsbereich ist zweiseitig und lautet: $\overline{A} = \{0; 1; \ldots; k_L\} \cup \{k_R; k_R + 1; \ldots; n\}$

Tipps:
- Legen Sie die Zufallsgröße X_n fest.
- Die Zufallsgröße X_n ist $B_{100;\,\frac{1}{6}}$-verteilt (bei wahrer Nullhypothese).
- Haben Sie erkannt, dass bei einem zweiseitigen Signifikanztest sowohl kleine als auch große Werte der Zufallsgröße gegen die Nullhypothese sprechen?

- Formulieren Sie die Nullhypothese.
  Beachten Sie, dass die Nullhypothese eine einfache Hypothese sein muss.
- Ermitteln Sie die kritischen Werte k_L und k_R des zweiseitigen Ablehnungsbereiches $\overline{A}$.
  Warum gilt zum Ermitteln von k_R die Beziehung $P(X_{100} \leq k_R - 1) \geq 0{,}975$?

Formulieren der zugehörigen Entscheidungsregel

Hinweis:
Die Entscheidungsregel ist orientiert an den kritischen Werten und stets sachbezogen zu formulieren.

Tipp:
Der Sachbezug geht aus dem Aufgabentext hervor.

c) *Ermitteln des Erwartungswertes, des Parameterwertes für p und des neuen Mischungsverhältnisses*

Hinweis:
Für den Erwartungswert einer binomialverteilten Zufallsgröße Y gilt: $\mu = E(Y) = n \cdot p$

Tipps:
- Ist der Erwartungswert (einer binomialverteilten Zufallsgröße) ganzzahlig, dann ist ihm im Histogramm die Säule für die größte Einzelwahrscheinlichkeit zugeordnet.
- Lesen Sie den Erwartungswert aus dem Histogramm ab.
- Ermitteln Sie den Parameterwert p unter Verwendung des abgelesenen Erwartungswertes und der Formel aus dem obigen Hinweis.
- Haben Sie erkannt, dass auf das neue Mischungsverhältnis aus dem Parameterwert p geschlossen werden kann?

Ermitteln der Zahl k

Hinweis:
Jede Betragsungleichung der Form $|Y - \mu| \leq k$ lässt sich als Ungleichungskette $\mu - k \leq Y \leq \mu + k$ schreiben.

Tipps:
- Haben Sie erkannt, dass $P(|Y_{30} - 6| \leq k)$ in der Form $P(6 - k \leq Y_{30} \leq 6 + k)$ geschrieben werden kann und die Zahl k aus $P(6 - k \leq Y_{30} \leq 6 + k) \approx 0{,}75$ zu ermitteln ist?
- Lesen Sie aus dem gegebenen Histogramm zunächst Näherungswerte für die Wahrscheinlichkeiten $P(Y_{30} = k)$ ab.
- Berechnen Sie $P(6 - k \leq Y_{30} \leq 6 + k)$ für ausgewählte k und vergleichen Sie jeweils mit dem Wert 0,75. Setzen Sie solange fort, bis der Wert 0,75 eingegrenzt ist.
- Für das systematische Berechnen/Probieren mit verschiedenen k-Werten kann eine übersichtliche Darstellung, z. B. in Tabellenform, hilfreich sein.

Nennen von zwei unterscheidenden Merkmalen der Histogramme

Tipps:
- Haben Sie bemerkt, dass sich die Verteilung der beiden Zufallsgrößen bei festem n ($n = 30$) nur in Abhängigkeit von p unterscheidet?
- Beachten Sie die Erwartungswerte der beiden Zufallsgrößen und überlegen Sie, welche Besonderheiten die jeweils zugehörige Säule im Histogramm aufweist.
- Überlegen Sie, wie sich die Symmetrieverhältnisse eines Histogramms in Abhängigkeit von p (bei festem n) ändern.

Lösungen

a) **Begründen der Binomialverteilung der Zufallsgröße X_n mit den Parametern n und $p = \frac{1}{6}$ (Vorliegen einer BERNOULLI-Kette der Länge n):**

- Die Zufallsgröße X_n beschreibt in einer Stichprobe mit dem Umfang n Chips die Anzahl der farbigen Chips und somit die „Anzahl der Treffer" in einer BERNOULLI-Kette der Länge n.
- Für jeden der n Chips wird in genau zwei Ereignisse unterschieden, nämlich das Ereignis „Chip farblos" und das zugehörige Gegenereignis „Chip farbig".
- Die Wahrscheinlichkeit für das Ereignis bzw. Gegenereignis bleibt (aufgrund der voneinander unabhängigen n Entscheidungen/Stufen des Zufallsversuchs) für jeden entnommenen Chip unverändert.
- Der Stichprobenumfang bestimmt den Wert des Parameters n. Der Wert des Parameters p folgt mit $p = \frac{1}{5+1}$ aus dem gegebenen Mischungsverhältnis; also $X_n \sim B_{n;\frac{1}{6}}$.

Berechnen der gesuchten Wahrscheinlichkeiten:
Die Zufallsgröße X_{50} ist binomialverteilt mit $n = 50$ und $p = \frac{1}{6}$; $X_{50} \sim B_{50;\frac{1}{6}}$.

$P(X_{50} \leq 10) = B_{50;\frac{1}{6}}(\{0; 1; \ldots; 10\}) = 0{,}79863$ (Tabellenwert)

$P(X_{50} \leq 10) = 0{,}79863 \approx 79{,}9\,\%$

Die Zufallsgröße X_{35} ist binomialverteilt mit $n = 35$ und $p = \frac{1}{6}$; $X_{35} \sim B_{35;\frac{1}{6}}$.

$P(X_{35} = 5) = \binom{35}{5} \cdot \left(\frac{1}{6}\right)^5 \cdot \left(\frac{5}{6}\right)^{30} \approx 0{,}17587$ (Anwenden der BERNOULLI-Formel)

$P(X_{35} = 5) \approx 0{,}17587 \approx 17{,}6\,\%$

Die Zufallsgröße X_{300} ist binomialverteilt mit $n = 300$ und $p = \frac{1}{6}$; $X_{300} \sim B_{300;\frac{1}{6}}$.
Zur Berechnung wird die Näherungsformel nach dem Grenzwertsatz von DE MOIVRE-LAPLACE verwendet.

$$P(X \leq k) = B_{n;p}(\{0; 1; \ldots; k\}) \approx \Phi\left(\frac{k + 0{,}5 - \mu}{\sigma}\right)$$

k – kritischer Wert	0,5 – Korrektursummand
μ – Erwartungswert	$\mu = E(X_{300}) = n \cdot p = 300 \cdot \frac{1}{6} = 50$
σ – Standardabweichung	$\sigma = \sqrt{V(X_{300})} = \sqrt{n \cdot p \cdot (1-p)} = \sqrt{30 \cdot \frac{1}{6} \cdot \frac{5}{6}} = \sqrt{41{,}\overline{6}}$

Mit der Näherungsformel erhält man wegen $V(X_{300}) = 41{,}\overline{6} > 9$ (empirisches Kriterium erfüllt) den hinreichend genauen Näherungswert:

$$P(X_{300} \leq 40) \approx \Phi\left(\frac{40 + 0{,}5 - 50}{\sqrt{41{,}\overline{6}}}\right) \approx \Phi(-1{,}47) = 1 - \Phi(1{,}47)$$

Aus einer Tabelle der Funktionswerte $\Phi(x)$ der Normalverteilung entnimmt man den Tabellenwert $\Phi(1{,}47) = 0{,}9292$ und berechnet $P(X_{300} \leq 40) \approx 1 - 0{,}9292 = 0{,}0708$.
$P(X_{300} \leq 40) \approx 0{,}0708 \approx 7{,}1\,\%$

b) **Konstruieren eines zweiseitigen Signifikanztests:**

Die Zufallsgröße X_{100} beschreibt die Anzahl der farbigen Chips in der Stichprobe. Sie ist binomialverteilt mit $n = 100$ und $p = \frac{1}{6}$; $X_{100} \sim B_{100;\frac{1}{6}}$ (bei wahrer Nullhypothese).

(1) Nullhypothese H_0: $p = \dfrac{1}{6}$ [Gegenhypothese H_1: $p \neq \dfrac{1}{6}$]

(2) Stichprobenumfang n: $n = 100$; Signifikanzniveau α: $\alpha = 0{,}05 \Rightarrow \dfrac{\alpha}{2} = 0{,}025$

(Beachten Sie: Bei einem zweiseitigen Signifikanztest ist das Signifikanzniveau zu halbieren.)

Da sowohl kleine als auch große Werte der Zufallsgröße X_{100} gegen die Nullhypothese sprechen (zweiseitiger Signifikanztest), sind die kritischen Werte k_L und k_R des größtmöglichen zweiseitigen Ablehnungsbereiches $\overline{A} = \{0; 1; \ldots; k_L\} \cup \{k_R; k_R + 1; \ldots; 100\}$ zu ermitteln.

(3) Ermitteln der kritischen Werte:

kritischer Wert k_L:

Die Ungleichung $P(X_{100} \leq k_L) = B_{100;\frac{1}{6}}(\{0; 1; \ldots; k_L\}) \leq 0{,}025$ ist letztmalig für den Wert $\mathbf{k_L = 9}$ erfüllt [Tabellenwert: $B_{100;\frac{1}{6}}(\{0; 1; \ldots; 9\}) = 0{,}02129$].

kritischer Wert k_R:

$P(X_{100} \geq k_R) = 1 - P(X_{100} \leq k_R - 1) \leq 0{,}025 \Rightarrow P(X_{100} \leq k_R - 1) \geq 0{,}975$

bzw. $B_{100;\frac{1}{6}}(\{0; 1; \ldots; k_R - 1\}) \geq 0{,}975$

Diese Ungleichung ist erstmalig erfüllt für den Wert $k_R - 1 = 24$ [Tabellenwert: $B_{100;\frac{1}{6}}(\{0; 1; \ldots; 24\}) = 0{,}97830$], also $\mathbf{k_R = 25}$.

Für den Ablehnungsbereich $\overline{A}$ folgt somit $\overline{A} = \{0; 1; \ldots; 9\} \cup \{25; 26; \ldots; 100\}$.

(4) Formulieren der **Entscheidungsregel:**

Wenn die Anzahl der farbigen Chips in der Stichprobe mindestens 10 und höchstens 24 ist (zwischen 9 und 25 liegt), dann kann mit mindestens 95 %-iger Sicherheit davon ausgegangen werden, dass es keine signifikanten Abweichungen vom Mischungsverhältnis 5 : 1 gibt. (Die Irrtumswahrscheinlichkeit beträgt 5 %.)

c) **Ermitteln des Erwartungswertes, des Parameterwertes für p und des neuen Mischungsverhältnisses:**

Die Zufallsgröße Y_{30} ist binomialverteilt mit $n = 30$ und unbekanntem Wert des Parameters p; $Y_{30} \sim B_{30;\,p}$.

Da der Erwartungswert $\mu = E(Y_{30})$ ganzzahlig ist, lässt sich für den **Erwartungswert $\boldsymbol{\mu = 6}$** aus dem Histogramm direkt ablesen.

Wegen $\mu = n \cdot p$ erhält man $p = \frac{\mu}{n} = \frac{6}{30}$, also für den **Wert des Parameters $\mathbf{p = \frac{1}{5}}$.**

Aus $p = \frac{1}{5} = \frac{1}{4+1}$ folgt **das neue Mischungsverhältnis 4 : 1** (4 von 5 Chips sind farblos, 1 Chip ist farbig).

Ermitteln der Zahl k:

Es soll gelten $P(|Y_{30} - 6| \leq k) \approx 0{,}75$. D. h., die Wahrscheinlichkeit dafür, dass die Zufallsgröße Y_{30} um höchstens k vom Erwartungswert $\mu = 6$ abweicht, beträgt etwa 0,75. Die Betragsungleichung steht für $6 - k \leq Y_{30} \leq 6 + k$.

Aus dem gegebenen Histogramm liest man Näherungswerte für die einzelnen Wahrscheinlichkeiten $P(Y_{30}=k)$ ab:

$P(Y_{30}=0) \approx 0$; $P(Y_{30}=1) \approx 0{,}01$; $P(Y_{30}=2) \approx 0{,}03$; $P(Y_{30}=3) \approx 0{,}08$; $P(Y_{30}=4) \approx 0{,}13$; $P(Y_{30}=5) \approx 0{,}17$; $P(Y_{30}=6) \approx 0{,}18$; $P(Y_{30}=7) \approx 0{,}15$; $P(Y_{30}=8) \approx 0{,}11$; $P(Y_{30}=9) \approx 0{,}07$

Durch systematisches Probieren unter Verwendung der abgelesenen Näherungswerte kann der gesuchte Wert k eingeschachtelt werden:

k	$6-k \le Y_{30} \le 6+k$	$P(\lvert Y_{30}-6 \rvert \le k)$	Vergleich
1	$5 \le Y_{30} \le 7$	$P(5 \le Y_{30} \le 7) =$ $= P(Y_{30} \le 7) - P(Y_{30} \le 4) \approx$ $\approx 0{,}75 - 0{,}25 = 0{,}50$	$0{,}50 < 0{,}75$ k zu klein
2	$4 \le Y_{30} \le 8$	$P(4 \le Y_{30} \le 8) =$ $= P(Y_{30} \le 8) - P(Y_{30} \le 3) \approx$ $\approx 0{,}86 - 0{,}12 = 0{,}74$	$0{,}74 \approx 0{,}75$ **Bedingung für k = 2 erfüllt**
3	$3 \le Y_{30} \le 9$	$P(3 \le Y_{30} \le 9) =$ $= P(Y_{30} \le 9) - P(Y_{30} \le 2) \approx$ $\approx 0{,}93 - 0{,}04 = 0{,}89$	$0{,}89 > 0{,}75$ k zu groß

Da $k=1$ zu klein und $k=3$ zu groß ist, muss der gesuchte (ganzzahlige) Wert $k=2$ sein.

Nennen von zwei unterscheidenden Merkmalen der Histogramme:

Histogramm für die Wahrscheinlichkeitsverteilung der Zufallsgröße Y_{30} $Y_{30} \sim B_{30;\frac{1}{5}}$	Histogramm für die Wahrscheinlichkeitsverteilung der Zufallsgröße X_{30} $X_{30} \sim B_{30;\frac{1}{6}}$
Erwartungswert: $E(Y_{30}) = 6$ Maximum von Y_{30} (Histogramm-Säule mit der größten Wahrscheinlichkeit) bei k = 6	Erwartungswert: $E(X_{30}) = 5$ Maximum von X_{30} (Histogramm-Säule mit der größten Wahrscheinlichkeit) bei k = 5
Histogramm unsymmetrisch (da $p = \frac{1}{5} \neq \frac{1}{2}$)	Histogramm „stärker unsymmetrisch“ (da $p = \frac{1}{6}$ stärker von $\frac{1}{2}$ abweicht als $p = \frac{1}{5}$)

Gegeben sind die Funktionen f_a und h_a durch

$y = f_a(x) = \ln ax, \qquad x \in \mathbb{R},\ x > 0 \text{ und } a \in \mathbb{R},\ a \geq 1,$

$y = h_a(x) = f_a(x) - f_1(x), \qquad x \in \mathbb{R},\ x > 0 \text{ und } a \in \mathbb{R},\ a > 1.$

a) Berechnen Sie die Nullstellen der Funktionen f_a und zeichnen Sie die Graphen der Funktionen f_1 und $f_{1,5}$ im Intervall $0 < x \leq 8$ in ein und dasselbe Koordinatensystem. (5 BE)

b) Das bestimmte Integral $\int_1^5 \pi [h_{1,5}(x)]^2 dx$ ist in folgenden Schritten richtig berechnet worden.

$$\int_1^5 \pi [h_{1,5}(x)]^2 dx = \int_1^5 \pi \left[\ln\frac{3}{2} + \ln x - \ln x\right]^2 dx = \left[\pi x \left(\ln\frac{3}{2}\right)^2\right]_1^5 = 4\pi\left(\ln\frac{3}{2}\right)^2$$

Erklären Sie diese Lösungsschritte. (4 BE)

c) Die Graphen der Funktionen f_1 und $f_{1,5}$ sowie die Gerade mit der Gleichung $x = 1$ und die Gerade mit der Gleichung $x = 5$ schließen eine Fläche vollständig ein.
Berechnen Sie die Maßzahl des Inhaltes dieser Fläche.
Bei Rotation dieser Fläche um die x-Achse entsteht ein Rotationskörper.
Zur Berechnung der Maßzahl des Volumens dieses Rotationskörpers ist folgender Ansatz aufgestellt worden:

$$V = \int_1^5 \pi [h_{1,5}(x)]^2 dx$$

Beurteilen Sie diesen Ansatz. (6 BE)

(15 BE)

Tipps und Hinweise zum Lösen von Wahlpflichtaufgabe L4.1: Analysis

a) *Nullstellen von f_a*

Hinweis:
Die Nullstelle einer Funktion ist die Abszisse des Schnittpunktes des Graphen der Funktion mit der x-Achse.

Tipp: Nutzen Sie die Umkehrfunktion.

Zeichnen der Graphen

Tipp: Erstellen Sie Wertetabellen, berechnen Sie auch die Funktionswerte an der Intervallgrenze $x = 8$ und in der Nähe von $x = 0$ mit $x > 0$.

b) *Erklären der Lösungsschritte*

Tipps:
- Ersetzen Sie $h_{1,5}(x)$ durch die gegebenen Funktionsgleichungen.
- Haben Sie das Logarithmengesetz erkannt?
  $\ln(a \cdot b) = \ln a + \ln b$
- Bilden Sie die Stammfunktion und denken Sie an das Einsetzen der Grenzen.

c) *Berechnen der Maßzahl des Inhalts der Fläche*

Hinweis:
Die Maßzahl des Inhalts der Fläche, die von zwei Graphen von Funktionen eingeschlossen wird, lässt sich berechnen nach $A = \left| \int_a^b (f(x) - g(x))\,dx \right|$.

Tipps:
- Die Differenzfunktion ist bereits durch die Funktion $h_{1,5}(x)$ gegeben.
- Haben Sie im Aufgabenteil b die Stammfunktion erkannt?

Beurteilen des Ansatzes

Hinweis:
Rotiert eine Fläche, die von zwei Graphen von Funktionen f und g im Intervall [a; b] eingeschlossen wird, um die x-Achse, so entsteht ein Rotationskörper mit dem Volumen

$$V = \pi \cdot \int_a^b (f(x)^2 - g(x)^2)\,dx.$$

Lösungen

$y = f_a(x) = \ln(ax), \quad x \in \mathbb{R}, x > 0 \text{ und } a \in \mathbb{R}, a \geq 1$

$y = h_a(x) = f_a(x) - f_1(x), \quad x \in \mathbb{R}, x > 0 \text{ und } a \in \mathbb{R}, a > 1$

a) **Nullstellen von f_a:**

$f_a(x) = 0, \quad \ln(ax) = 0, \quad e^{\ln(ax)} = e^0, \quad ax = 1, \quad x = \frac{1}{a}$

Zeichnen der Graphen:

Wertetabelle für $f_1(x)$ und $f_{1,5}(x)$ im Intervall $0 < x \leq 8$:

x	0,5	1	1,5	2	3	4	5	6	7	8
$f_1(x)$	−0,7	0	0,4	0,7	1,1	1,4	1,6	1,8	1,9	2,1
$f_{1,5}(x)$	−0,3	0,4	0,8	1,1	1,5	1,8	2,0	2,2	2,4	2,5

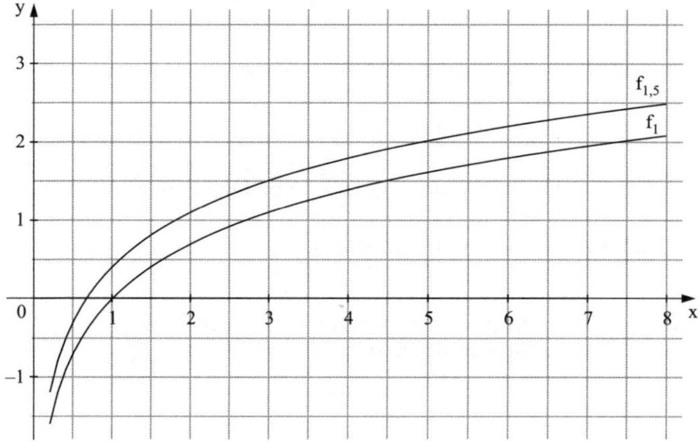

b) **Erklären der Lösungsschritte:**

1. Schritt: Substituieren der Funktionsgleichung, also
$h_{1,5}(x) = f_{1,5}(x) - f_1(x) = \ln(1{,}5x) - \ln x$;
Anwenden des Logarithmengesetzes
$\ln(a \cdot b) = \ln a + \ln b$, also
$\ln(1{,}5x) = \ln 1{,}5 + \ln x$

2. Schritt: Zusammenfassen, also $h_{1,5}(x) = \ln 1{,}5$;
Bilden der Stammfunktion
$H_{1,5}(x) = x \cdot \ln 1{,}5$

3. Schritt: Anwenden des Hauptsatzes der Differenzial- und Integralrechnung, also (obere Grenze minus untere Grenze)
$\pi \cdot 5 \cdot (\ln 1{,}5)^2 - \pi \cdot 1 \cdot (\ln 1{,}5)^2 = 4\pi \cdot (\ln 1{,}5)^2$

c) **Berechnen der Maßzahl des Inhalts der Fläche:**

$$A = \int_1^5 (f_{1,5}(x) - f_1(x))\,dx = \int_1^5 h_{1,5}(x)\,dx$$

$$A = \int_1^5 \ln 1{,}5\,dx = [x \cdot \ln 1{,}5]_1^5 = 4\ln 1{,}5 \approx 1{,}62$$

Beurteilen des Ansatzes:
Der Ansatz ist falsch. Bei der Rotation einer Fläche um die x-Achse darf nicht die Differenzfunktion quadriert werden, sondern es muss die Differenz aus den Quadraten der einzelnen Funktionsterme gebildet werden:

$$V = \pi \int_1^5 [(f_{1,5}(x))^2 - (f_1(x))^2]\,dx$$

Kernfach Mathematik (Sachsen-Anhalt): Abiturprüfung 2009
Leistungskursniveau – Wahlpflichtaufgabe L4.2: Analytische Geometrie

Der Verlauf von zwei Transportbändern im ebenen Gelände wird in einem kartesischen Koordinatensystem durch die Strecken s_1 und s_2 beschrieben. Eine Einheit entspricht einem Meter.

$$s_1\colon\ \vec{x} = \begin{pmatrix} -9 \\ -12 \end{pmatrix} + u\begin{pmatrix} 3 \\ 4 \end{pmatrix}, \qquad u \in \mathbb{R},\ 0 \le u \le 3,$$

$$s_2\colon\ \vec{x} = \begin{pmatrix} 18 \\ -26 \end{pmatrix} + v\begin{pmatrix} 0 \\ 1 \end{pmatrix}, \qquad v \in \mathbb{R},\ 0 \le v \le 20.$$

a) Jeder der Punkte $A(18\,|\,-6)$ und $B(0\,|\,0)$ liegt auf genau einer der Strecken s_1 und s_2.
Ermitteln Sie, welcher Punkt auf welcher Strecke liegt.
Berechnen Sie das Gradmaß des Winkels, unter dem die Geraden, auf denen die Strecken s_1 und s_2 liegen, zueinander verlaufen.
Weisen Sie rechnerisch nach, dass die Strecken s_1 und s_2 einander nicht schneiden. (7 BE)

b) Vom Punkt A zum Punkt B verläuft ein Transportband kreisförmig, sodass die Geraden, auf denen die Strecken s_1 und s_2 liegen, Tangenten des entsprechenden Kreises sind (siehe Abbildung).
Berechnen Sie die Koordinaten des Mittelpunktes und den Radius dieses Kreises sowie die Länge des kreisförmig verlaufenden Transportbandes.

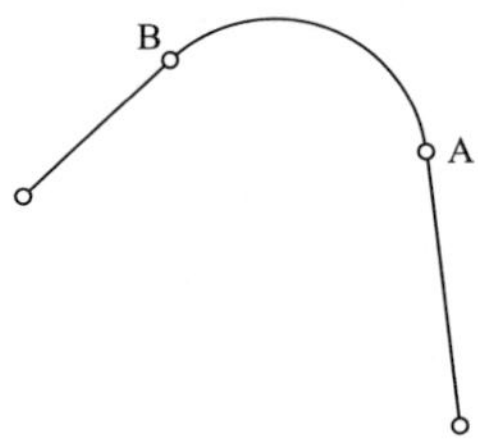

(8 BE)
(15 BE)

Tipps und Hinweise zum Lösen von Wahlpflichtaufgabe L4.2: Analytische Geometrie

a) *Ermitteln der Lage der Punkte*

Tipp: Führen Sie eine Punktprobe durch.

Berechnen des Gradmaßes des Winkels

Hinweis:
Der Schnittwinkel zweier Geraden lässt sich berechnen mit der Formel $\cos\beta = \frac{\vec{r} \circ \vec{s}}{|\vec{r}| \cdot |\vec{s}|}$, wobei $\vec{r}$ und $\vec{s}$ die Richtungsvektoren der Geraden sind.

Nachweisen, dass sich die Strecken nicht schneiden

Tipps:
- Stellen Sie ein Gleichungssystem auf und lösen Sie es.
- Beachten Sie die gegebenen Einschränkungen der Parameter u bzw. v.

b) *Berechnen der Koordinaten des Mittelpunktes und des Radius*

Tipps:
- Fertigen Sie eine Skizze an bzw. vervollständigen Sie die gegebene Abbildung.
- Stellen Sie jeweils eine senkrechte Gerade zu s_1 durch B und zu s_2 durch A auf.
- Der Schnittpunkt dieser beiden senkrechten Geraden ist der Mittelpunkt des Kreises.

Länge des kreisförmigen Transportbandes

Tipps:
- Haben Sie erkannt, dass nur die Länge des Kreisbogens von A nach B zu berechnen ist?
- Nutzen Sie die Formel $\frac{b}{u} = \frac{\alpha}{360°}$, wobei u den Umfang des Kreises bezeichnet.
- Ergänzen Sie den Winkel α in der Skizze und berechnen Sie den Winkel aus
  $$\cos\alpha = \frac{\overrightarrow{MA} \circ \overrightarrow{MB}}{|\overrightarrow{MA}| \cdot |\overrightarrow{MB}|}.$$
- Denken Sie an die Einheit.

Lösungen

a) **Ermitteln der Lage der Punkte – Punktprobe:**
$A \in s_2$, A in s_2 einsetzen:

$$\begin{pmatrix}18\\-6\end{pmatrix}=\begin{pmatrix}18\\-26\end{pmatrix}+v\begin{pmatrix}0\\1\end{pmatrix} \qquad \begin{array}{l}18=18\\ -6=-26+v, \quad v=20 \quad \text{w. A.}\end{array}$$

$B \in s_1$, B in s_1 einsetzen:

$$\begin{pmatrix}0\\0\end{pmatrix}=\begin{pmatrix}-9\\-12\end{pmatrix}+u\begin{pmatrix}3\\4\end{pmatrix} \qquad \begin{array}{ll}0=-9+3u, & u=3\\ 0=-12+4u, & u=3 \quad \text{w. A.}\end{array}$$

$\Rightarrow$ Der Punkt A liegt auf s_2 und der Punkt B liegt auf s_1.

Berechnen des Gradmaßes des Winkels:

$$\cos\beta=\frac{\begin{pmatrix}3\\4\end{pmatrix}\circ\begin{pmatrix}0\\1\end{pmatrix}}{\left|\begin{pmatrix}3\\4\end{pmatrix}\right|\cdot\left|\begin{pmatrix}0\\1\end{pmatrix}\right|}=\frac{4}{5\cdot 1}=\frac{4}{5}, \quad \alpha\approx 36{,}87°$$

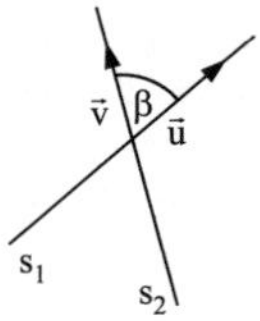

Nachweisen, dass sich die Strecken nicht schneiden:
$s_1 \cap s_2 = \varnothing$, gleichsetzen:

$$\begin{pmatrix}-9\\-12\end{pmatrix}+u\begin{pmatrix}3\\4\end{pmatrix}=\begin{pmatrix}18\\-26\end{pmatrix}+v\begin{pmatrix}0\\1\end{pmatrix}$$

$$\begin{array}{lll}-9+3u=18 & \Rightarrow & u=9\\ \underline{-12+4u=-26+v} & \Rightarrow & v=50, \quad \text{aber}\end{array}$$

$0\le u\le 3$ für $u=9$ falsche Aussage bzw.
$0\le v\le 20$ für $v=50$ falsche Aussage, also die Strecken schneiden sich nicht.

b) **Berechnen der Koordinaten des Mittelpunktes und des Radius:**
(1) senkrechte Gerade zu s_1 durch B:

$$\begin{pmatrix}3\\4\end{pmatrix}\circ\vec{k}=0, \quad \vec{k}=\begin{pmatrix}-4\\3\end{pmatrix}, \text{ also}$$

$$\vec{x}=\begin{pmatrix}0\\0\end{pmatrix}+r\begin{pmatrix}-4\\3\end{pmatrix}, \quad r\in\mathbb{R}$$

(2) senkrechte Gerade zu s_2 durch A:

$$\begin{pmatrix}0\\1\end{pmatrix}\circ\vec{\ell}=0, \quad \vec{\ell}=\begin{pmatrix}-1\\0\end{pmatrix}, \text{ also}$$

$$\vec{x}=\begin{pmatrix}18\\-6\end{pmatrix}+s\begin{pmatrix}-1\\0\end{pmatrix}, \quad s\in\mathbb{R}$$

Die Koordinaten des Mittelpunktes des Kreises erhält man durch Gleichsetzen:

$$\begin{pmatrix}0\\0\end{pmatrix}+r\begin{pmatrix}-4\\3\end{pmatrix}=\begin{pmatrix}18\\-6\end{pmatrix}+s\begin{pmatrix}-1\\0\end{pmatrix}$$

$$\begin{array}{l}-4r=18-s\\ \underline{3r=-6}\\ r=-2 \text{ bzw. } s=10, \text{ also } M(8\,|-6) \text{ und}\end{array}$$

$$r=|\overrightarrow{MA}|=|\overrightarrow{MB}|$$

$$r=\left|\begin{pmatrix}10\\0\end{pmatrix}\right|=10, \quad \text{also } r=10\text{ m}.$$

Länge des kreisförmigen Transportbandes:

Es gilt:

$$\frac{b}{u} = \frac{\alpha}{360°} \text{ mit}$$

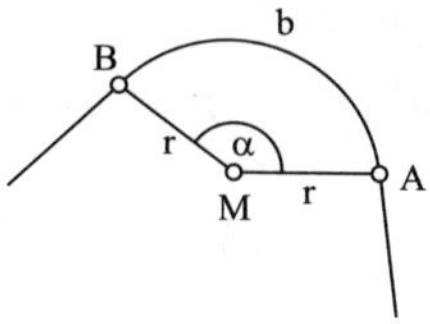

$$\cos\alpha = \frac{\overrightarrow{MA} \circ \overrightarrow{MB}}{|\overrightarrow{MA}| \cdot |\overrightarrow{MB}|}$$

$$\cos\alpha = \frac{\begin{pmatrix}10\\0\end{pmatrix} \circ \begin{pmatrix}-8\\6\end{pmatrix}}{\left|\begin{pmatrix}10\\0\end{pmatrix}\right| \cdot \left|\begin{pmatrix}-8\\6\end{pmatrix}\right|} = \frac{-80}{10 \cdot 10} = -\frac{4}{5}$$

$\alpha \approx 143{,}13°$, also

$$\frac{b}{2\pi \cdot 10} = \frac{143{,}13°}{360°}, \quad b = 7{,}95\pi, \quad \text{also } b \approx 25 \text{ m.}$$

Andere Möglichkeit zur Berechnung von α:

Aus der Winkelsumme im Viereck und dem schon berechneten Winkel β (Schnittwinkel von s_1 und s_2) ergibt sich für α:

$\alpha = 360° - 2 \cdot 90° - \beta, \quad \alpha \approx 143{,}13°$

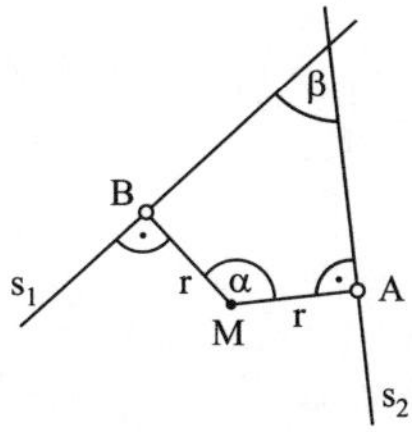

Möglichkeit zur Bearbeitung der Aufgabe ohne Vektoren:

Umwandeln in vektorfreie Gleichungen

s_1:
$$\begin{aligned} x &= -9 + 3u \quad &|\cdot 4 \\ y &= -12 + 4u \quad &|\cdot(-3) \end{aligned} \quad +$$

$$4x - 3y = 0$$

$$y = \frac{4}{3}x, \quad -9 \le x \le 0$$

s_2:
$$\begin{aligned} x &= 18 + 0v \\ y &= -26 + v \end{aligned} \quad \Rightarrow \quad x = 18, \quad -26 \le y \le -6$$

Darstellung:

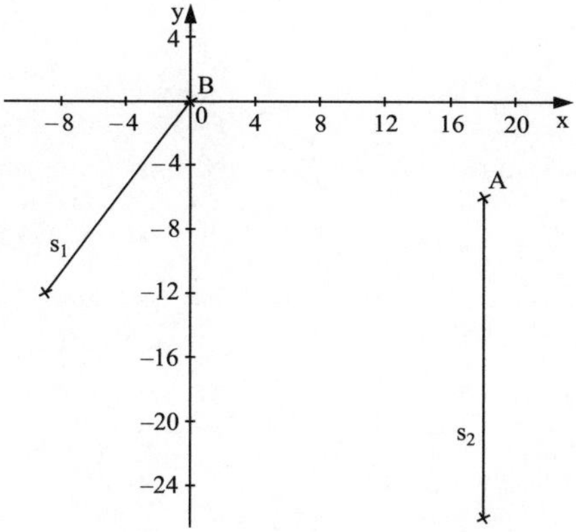

a) ablesen: $B \in s_1$ und $A \in s_2$

Gradmaß des Winkels:

$m = \tan\beta_1 = \frac{4}{3}, \quad \beta_1 \approx 53{,}13°$

und

$\beta = 90° - \beta_1 \approx 36{,}87°$

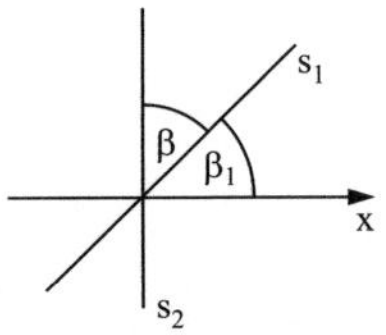

b) senkrechte Gerade zu s_1 durch B:

$y = -\frac{3}{4}x + 0$

senkrechte Gerade zu s_2 durch A:

$y = 0x - 6$

gleichsetzen:

$-\frac{3}{4}x = -6, \quad x = 8, \quad M(8\,|-6)$

Leerseiten verbilligen in diesem Fall die Herstellung des Buches!

Kernfach Mathematik (Sachsen-Anhalt): Abiturprüfung 2010
Leistungskursniveau – Pflichtaufgabe L1: Analysis

Gegeben sind die Funktionen f_b durch

$$y = f_b(x) = \frac{5}{x} - 5bx \quad \text{mit } x \in \mathbb{R}, x \neq 0, b \in \mathbb{R}, b > 0.$$

Ihre Graphen seien G_b.

a) Untersuchen Sie die Funktionen f_b auf Nullstellen, Polstellen sowie auf das Verhalten für $x \to \pm\infty$ und geben Sie Gleichungen der Asymptoten der Graphen G_b an.

Weisen Sie die folgenden Eigenschaften nach:
(1) Die Funktionen f_b sind monoton fallend.
(2) Die Graphen G_b sind punktsymmetrisch zum Koordinatenursprung.

Zeichnen Sie den Graphen G_b für $b = \frac{1}{5}$ im Intervall $-4 \leq x \leq 4$. (17 BE)

b) Der Graph G_b für $b = \frac{1}{5}$, die Gerade mit der Gleichung $x = 1$ und die x-Achse schließen eine Fläche vollständig ein.
Berechnen Sie die Maßzahl des Inhaltes dieser Fläche. (5 BE)

Eine Firma produziert Garderobenspiegel in Form eines Rechtecks mit aufgesetztem Halbkreis (vgl. Abbildung). Die Spiegelfläche von 2 m² wird von einem Spiegelrahmen vollständig eingefasst. Die Kosten für die Herstellung eines Spiegelrahmens werden wie folgt kalkuliert:

- kreisförmig gebogener Teil des Rahmens mit dem Radius x (in m): 50 € pro Meter
- übrige Rahmenteile: 25 € pro Meter

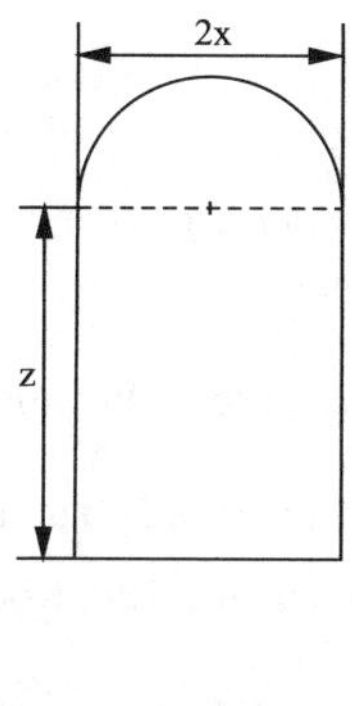

c) Weisen Sie nach, dass die Funktion K mit

$$y = K(x) = 50 \cdot \left(\frac{3}{4}\pi \cdot x + x + \frac{1}{x}\right) \quad \text{und } x > 0$$

die Kosten y (in €) für einen Spiegelrahmen in Abhängigkeit von x (in m) beschreibt.
Ermitteln Sie die Längen x und z für den Fall, dass die Kosten minimal sind und geben Sie die minimalen Kosten für einen solchen Spiegelrahmen an. (13 BE)

(35 BE)

Tipps und Hinweise zum Lösen von Pflichtaufgabe L1: Analysis

a) *Nullstellen der Funktionen f_b*

Hinweis:
Die Nullstelle einer Funktion ist die Abszisse des Schnittpunktes des Graphen der Funktion mit der x-Achse.

Tipps:
- Haben Sie erkannt, dass nach dem Umformen eine quadratische Gleichung entsteht?
- Denken Sie an beide Lösungen.

Polstelle

Hinweis:
Die Polstelle einer gebrochenrationalen Funktion ist eine Nullstelle x_0 der Nennerfunktion, wenn x_0 nicht gleichzeitig eine Nullstelle der Zählerfunktion ist.

Tipp: Setzen Sie dazu die Nennerfunktion gleich 0.

Verhalten im Unendlichen

Tipp: Beachten Sie, dass $\lim\limits_{x \to \pm\infty} \frac{1}{x} = 0$ ist.

Gleichungen der Asymptoten

Hinweis:
Ist bei Bruchfunktionen der Grad des Zählers um 1 größer als der Grad des Nenners, so existiert eine schiefe Asymptote.

Tipps:
- Sie können die Gleichung der schiefen Asymptote gleich ablesen.
- Denken Sie aber auch an die Polasymptote.

Nachweisen der Eigenschaften

(1) Monotonie

Hinweis:
Eine differenzierbare Funktion ist genau dann monoton fallend, wenn $f'(x) \leq 0$ für alle $x \in D_f$.

Tipp: Berechnen und untersuchen Sie $f_b'(x)$.

(2) Punktsymmetrie zum Koordinatenursprung

Hinweis:
Die Graphen der Funktionen f_b sind symmetrisch zum Koordinatenursprung, wenn für alle $x \in D_f$ gilt: $f_b(x) = -f_b(-x)$

Tipp: Setzen Sie für x den Term (–x) ein.

Zeichnen des Graphen

Tipps:
- Erstellen Sie eine Wertetabelle, berechnen Sie auch die Funktionswerte an den Intervallgrenzen.
- Vergessen Sie nicht, die schiefe Asymptote einzuzeichnen.
- Beachten Sie, dass die y-Achse senkrechte Asymptote ist.

b) *Berechnen der Maßzahl des Inhalts der Fläche*

Hinweis:

Die Fläche, die von dem Graphen einer Funktion f, der x-Achse und einer Geraden mit der Gleichung $x = x_1$ begrenzt wird, lässt sich berechnen nach der Formel:

$$A = \left| \int_{x_1}^{x_0} f(x)\,dx \right|,$$ wobei x_0 die Nullstelle der Funktion ist.

Tipps:

- Ermitteln Sie eine Stammfunktion, denken Sie daran, dass gilt $\int \frac{1}{x}\,dx = \ln|x| + c$.
- Haben Sie die obere und untere Grenze erkannt?

c) *Nachweisen der gegebenen Kostenfunktion K(x)*

Tipps:

- Haben Sie erkannt, dass sowohl die Fläche als auch der Umfang des Spiegels eine Rolle spielen?
- Notieren Sie sich zunächst die entsprechenden Flächenformeln und entwickeln Sie daraus die Nebenbedingung für z.
- Gehen Sie analog für den Umfang vor, beachten Sie die angegebene Kalkulation.
- Setzen Sie die Nebenbedingung ein.

Ermitteln der Längen

Hinweis:

Es liegt eine Extremwertaufgabe vor, also $K'(x_E) = 0$ und $K''(x_E) > 0 \Rightarrow$ Minimum

Tipps:

- Überlegen Sie, warum nicht beide Ergebnisse Lösungen sein können.
- Vergessen Sie nicht, die Kosten anzugeben.

Lösungen

$$y = f_b(x) = \frac{5}{x} - 5bx, \qquad x \in \mathbb{R}, x \neq 0, b \in \mathbb{R}, b > 0$$

$$f_b(x) = \frac{5 - 5bx^2}{x}$$

$$f_b'(x) = -\frac{5}{x^2} - 5b$$

$$f_b'(x) = \frac{-5 - 5bx^2}{x^2}$$

a) **Nullstellen der Funktionen f_b:**

$$f_b(x) = 0, \quad \frac{5}{x} - 5bx = 0, \quad 5 - 5bx^2 = 0, \quad x^2 = \frac{1}{b}, \quad x_1 = \sqrt{\frac{1}{b}}, \; x_2 = -\sqrt{\frac{1}{b}}$$

Polstelle:

$x_P = 0$

Verhalten im Unendlichen:

$$\lim_{x \to +\infty} \left(\frac{5}{x} - 5bx\right) = -\infty, \text{ da } \lim_{x \to +\infty} \frac{5}{x} = 0$$

$$\lim_{x \to -\infty} \left(\frac{5}{x} - 5bx\right) = +\infty, \text{ da } \lim_{x \to -\infty} \frac{5}{x} = 0$$

Gleichungen der Asymptoten:

Polasymptote: $x = 0$

schiefe Asymptote, da Grad des Zählers um 1 größer als Grad des Nenners:

$$y = -5bx, \text{ da } \lim_{x \to \pm\infty} \frac{5}{x} = 0$$

Nachweisen der Eigenschaften:

(1) Monotonie: $m = f_b'(x) \leq 0 \quad \Rightarrow \quad$ monoton fallend

$-\frac{5}{x^2} - 5b < 0$, da $b > 0$ und für $x \in \mathbb{R}, x \neq 0$ ist auch $x^2 > 0$; beide Summanden sind also negativ und damit ist auch die Summe kleiner 0, w. A.

(2) Punktsymmetrie zum Koordinatenursprung

Bedingung $f_b(x) = -f_b(-x)$, also

$$\frac{5}{x} - 5bx = -\left[\frac{5}{-x} - 5b(-x)\right]$$

$$\frac{5}{x} - 5bx = -\left(-\frac{5}{x} + 5bx\right)$$

$$\frac{5}{x} - 5bx = \frac{5}{x} - 5bx \quad \text{w. A.}$$

Wertetabelle und Graph für $f_{\frac{1}{5}}(x) = \frac{5}{x} - x$:

x	−4	−3	−2	−1	0	1	2	3	4
$f_{\frac{1}{5}}(x)$	2,75	1,3	−0,5	−4	–	4	0,5	−1,3	−2,75

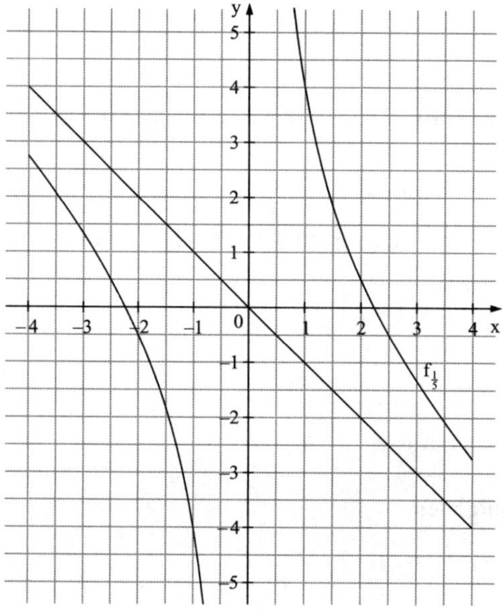

b) **Berechnen der Maßzahl des Inhalts der Fläche:**
untere Grenze: $x = 1$, obere Grenze: Nullstelle $x = \sqrt{5}$

$$A = \int_1^{\sqrt{5}} \left(\frac{5}{x} - x\right) dx = \left[5 \ln|x| - \frac{1}{2}x^2\right]_1^{\sqrt{5}}$$

$$A = 5 \ln\sqrt{5} - \frac{1}{2}(\sqrt{5})^2 - \left(5 \ln 1 - \frac{1}{2} \cdot 1^2\right)$$

$$A = 5 \ln\sqrt{5} - \frac{5}{2} + \frac{1}{2} = 5 \ln\sqrt{5} - 2$$

$$A \approx 2{,}02$$

c) **Nachweisen der gegebenen Kostenfunktion K(x):**
Die Spiegelfläche von 2 m^2 setzt sich aus einem Halbkreis und einem Rechteck zusammen, also

Halbkreis: $A_1 = \frac{1}{2}\pi r^2$ mit $d = 2x$, $r = x$

$A_1 = \frac{1}{2}\pi x^2$

Rechteck: $A_2 = a \cdot b = 2x \cdot z$, also

$A_{ges} = A_1 + A_2$

$$2 = \frac{1}{2}\pi x^2 + 2xz, \text{ umstellen nach z, da K(x)}$$

$$2xz = 2 - \frac{1}{2}\pi x^2$$

$$z = \frac{1}{x} - \frac{1}{4}\pi x \quad \text{(Nebenbedingung)}$$

Da die Kosten pro Meter berechnet werden, benötigt man zum Aufstellen der Kostenfunktion die Formeln für die Umfänge, also

Halbkreis: $u = \frac{1}{2} \cdot 2\pi r = \pi x \quad \Rightarrow \quad K_{Halbkreis}(x) = 50 \cdot \pi x$

Rechteck: $u = z + 2x + z = 2z + 2x \quad \Rightarrow \quad K_{Rechteck}(x, z) = 25(2z + 2x) = 50(z + x)$, also

$K(x, z) = 50\pi x + 50(z + x) = 50(\pi x + z + x)$

Einsetzen der Nebenbedingung:

$$K(x) = 50\left(\pi x + \frac{1}{x} - \frac{1}{4}\pi x + x\right)$$

$$K(x) = 50\left(\frac{3}{4}\pi x + \frac{1}{x} + x\right) \text{ und } x > 0, \text{ wahre Aussage.}$$

Ermitteln der Längen (Extremwertaufgabe):

$$K'(x) = 50 \cdot \left(\frac{3}{4}\pi + \frac{-1}{x^2} + 1\right), \text{ da } \left(\frac{1}{x}\right)' = (x^{-1})' = -1x^{-2} = -\frac{1}{x^2}$$

$$0 = 50 \cdot \left(\frac{3}{4}\pi - \frac{1}{x^2} + 1\right)$$

$$\frac{1}{x^2} = \frac{3}{4}\pi + 1, \quad x^2 = \frac{1}{\frac{3}{4}\pi + 1}, \quad x^2 \approx 0{,}298, \quad x \approx 0{,}546, \text{ da } x > 0$$

$$K''(x) = 50 \cdot \frac{2}{x^3}, \text{ da } \left(-\frac{1}{x^2}\right)' = (-x^{-2})' = 2x^{-3} = \frac{2}{x^3}$$

$$K''(0{,}546) = 50 \cdot \frac{2}{(0{,}546)^3} = 614{,}4 > 0 \text{ Minimum}$$

Das lokale Minimum ist zugleich das globale Minimum.

Berechnen von z durch Einsetzen in die Nebenbedingung:

$$z = \frac{1}{0{,}546} - \frac{1}{4}\pi \cdot 0{,}546 \approx 1{,}403$$

Längen: $x \approx 0{,}546$ m und $z \approx 1{,}403$ m

Kosten für den Rahmen:

$K(x, z) = 50 \cdot (\pi \cdot 0{,}546 + 1{,}403 + 0{,}546)$

$K(x, z) = 183{,}22$

Die Gesamtkosten betragen 183,22 €.

In einem ebenen kartesischen Koordinatensystem ist die Punktmenge k mit der Gleichung $x^2 + y^2 + 2x - 8y - 8 = 0$ gegeben.

a) Zeigen Sie, dass es sich bei der Punktmenge k um einen Kreis handelt und geben Sie die Koordinaten des Mittelpunktes M sowie den Radius r dieses Kreises an.

Ermitteln Sie die x-Koordinate eines Punktes $P(x_P < 0 \mid 0)$ so, dass dieser Punkt auf dem Kreis k liegt, und entwickeln Sie eine Gleichung der Tangente an den Kreis k im Punkt P. (9 BE)

Das oben verwendete Koordinatensystem wird zu einem kartesischen Koordinatensystem des Raumes unter Beibehaltung der xy-Ebene erweitert.

b) Begründen Sie, dass die Gerade mit der Gleichung

$$\vec{x} = \begin{pmatrix} -4 \\ 0 \\ 0 \end{pmatrix} + \lambda \cdot \begin{pmatrix} 4 \\ -3 \\ 0 \end{pmatrix},\ \lambda \in \mathbb{R},$$

und der Punkt $Q(3 \mid 1 \mid 4)$ eindeutig eine Ebene E bestimmen.
Ermitteln Sie eine Koordinatengleichung der Ebene E und berechnen Sie das Gradmaß des Schnittwinkels der Ebene E mit der xy-Ebene. (8 BE)

Betrachtet wird nun ein gerader Kreiskegel K mit der Grundfläche, die durch den Kreis k begrenzt wird, und der Spitze S. Der Punkt S sei derjenige Punkt der Ebene E, der durch senkrechte Projektion in die xy-Ebene auf den Punkt M abgebildet wird.

c) Berechnen Sie die Koordinaten des Punktes S.
Weisen Sie nach, dass der Punkt $T\left(-4 \mid \frac{25}{4} \mid 1\right)$ ein Punkt der Mantelfläche des Kreiskegels K ist. (8 BE)

(25 BE)

Tipps und Hinweise zum Lösen von Pflichtaufgabe L2: Analytische Geometrie

a) *Umformen der gegebenen Gleichung*

Tipps:
- Nutzen Sie zum Umformen die quadratische Ergänzung.
- Lesen Sie Mittelpunkt und Radius ab.

Ermitteln der x-Koordinate des Punktes P

Tipps:
- Haben Sie erkannt, dass $y_P = 0$ ist?
- Lösen Sie die quadratische Gleichung, denken Sie an die Bedingung $x_P < 0$.

Aufstellen der Tangentengleichung

Tipp: Beachten Sie, dass gilt: $t \perp r$

b) *Begründen, dass durch die Gerade und den Punkt eine Ebene eindeutig bestimmt ist*

Tipp: Führen Sie eine Punktprobe durch.

Ermitteln einer Koordinatengleichung für E

Hinweis:
Stellen Sie zunächst eine vektorielle Ebenengleichung (Parametergleichung) der Ebene auf, in der die Gerade und der Punkt liegen. Ermitteln Sie dann eine Koordinatengleichung der Form $ax + by + cz = d$.

Tipps:
- Ein Normalenvektor der Ebene lässt sich mit dem Vektorprodukt der Spannvektoren berechnen.
- Beachten Sie den obigen Hinweis und ermitteln Sie d durch Punktprobe mit Q.

Berechnen des Gradmaßes des Schnittwinkels α

Hinweis:
Zur Winkelberechnung bietet sich die Formel $\cos\alpha = \dfrac{|\vec{a} \circ \vec{b}|}{|\vec{a}| \cdot |\vec{b}|}$ an.

Tipps:
- Beachten Sie, dass hier der Winkel zwischen Normalenvektoren zu berechnen ist.
- Aus der Koordinatengleichung der xy-Ebene $z = 0$ können Sie den Normalenvektor ablesen.

c) *Berechnen der Koordinaten des Punktes S*

Tipps:
- Haben Sie erkannt, dass der Punkt S die gleichen x- und y-Koordinaten wie M haben muss?
- Setzen Sie $S(-1\,|\,4\,|\,z_S)$ in die Ebene E ein.

Nachweisen, dass T ein Punkt der Mantelfläche des Kreiskegels ist

Tipps:
- Fertigen Sie eine Skizze an.
- Haben Sie erkannt, dass die Gerade durch S und T die xy-Ebene in einem Punkt durchstößt und dieser Punkt auf dem Kreis liegen muss?

Lösungen

a) **Umformen der gegebenen Gleichung:**

$$x^2 + y^2 + 2x - 8y - 8 = 0$$

$$x^2 + 2x + y^2 - 8y - 8 = 0 \quad \text{(quadratische Ergänzung)}$$

$$(x+1)^2 - 1 + (y-4)^2 - 16 - 8 = 0$$

$$(x+1)^2 + (y-4)^2 = 25 \quad \text{Kreisgleichung mit}$$

$M(-1\,|\,4)$, $r = 5$

Ermitteln der x-Koordinate des Punktes $P(x_P < 0\,|\,0)$:

Bedingung: $y = 0$, also

$x^2 + 2x - 8 = 0$, $(x-2)(x+4) = 0$, $x_1 = -4$, $x_2 = 2$ entfällt wegen $x_P < 0$, also $P(-4\,|\,0)$.

Aufstellen einer Tangentengleichung:

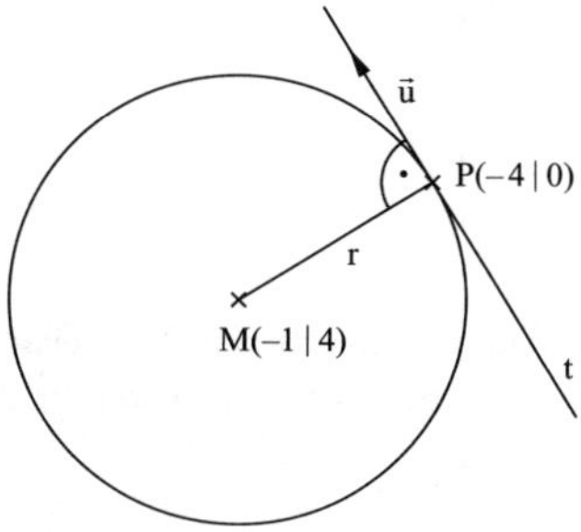

t: $\vec{x} = \overrightarrow{OP} + t \cdot \vec{u}$ mit

$\vec{u} \circ \overrightarrow{PM} = 0$

$\vec{u} \circ \begin{pmatrix} 3 \\ 4 \end{pmatrix} = 0$, $\vec{u} = \begin{pmatrix} -4 \\ 3 \end{pmatrix}$

$\vec{x} = \begin{pmatrix} -4 \\ 0 \end{pmatrix} + t \begin{pmatrix} -4 \\ 3 \end{pmatrix}$, $t \in \mathbb{R}$

Andere Möglichkeit (vektorfrei):

Gerade g durch P und M:

g: $y = mx + n$ mit $m = \dfrac{\Delta y}{\Delta x} = \dfrac{4-0}{-1-(-4)} = \dfrac{4}{3}$

und $g \perp t$, also $m \cdot m_t = -1$, $m_t = -\dfrac{3}{4}$, also

$y = -\dfrac{3}{4}x + n$ mit $P(-4\,|\,0)$

$0 = -\dfrac{3}{4} \cdot (-4) + n$, $n = -3$

t: $y = -\dfrac{3}{4}x - 3$

Da der Operator „entwickeln“ angegeben ist, könnte die Teilaufgabe auch zeichnerisch gelöst werden:

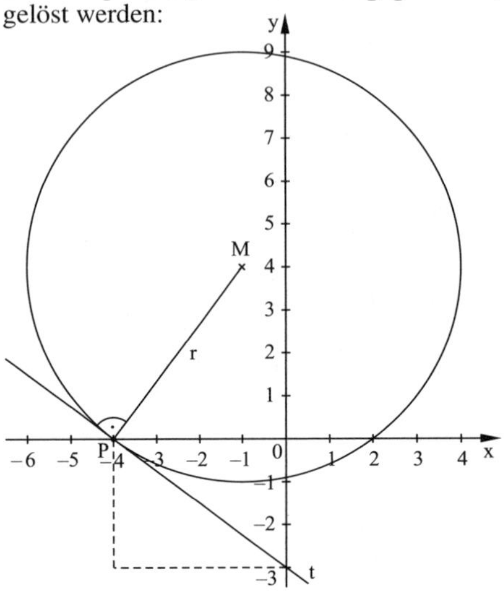

$P(x_P < 0 \,|\, 0)$, abgelesen $P(-4 \,|\, 0)$

t: $y = mx + n$, abgelesen $n = -3$ und Steigungsdreieck $m = -\frac{3}{4}$

$$y = -\frac{3}{4}x - 3$$

b) **Begründen, dass durch die Gerade und den Punkt eine Ebene eindeutig bestimmt ist:**

z. B.: Punktprobe $Q \notin g$, also Q in g einsetzen:

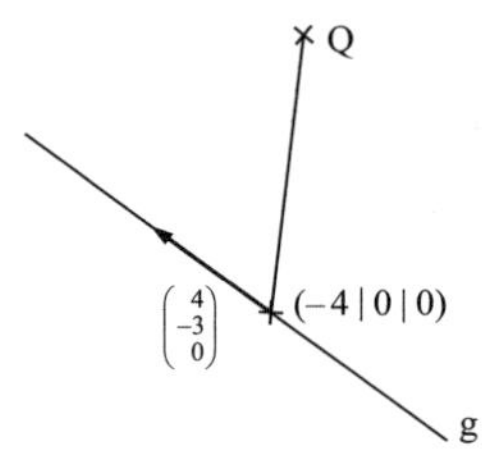

$$\begin{pmatrix} 3 \\ 1 \\ 4 \end{pmatrix} = \begin{pmatrix} -4 \\ 0 \\ 0 \end{pmatrix} + \lambda \begin{pmatrix} 4 \\ -3 \\ 0 \end{pmatrix}, \quad 4 = 0 \quad \text{Widerspruch}$$

Q liegt nicht auf g, also existiert Ebene.

Ermitteln einer Koordinatengleichung für E:

Eine mögliche Parametergleichung der Ebene E lautet:

$$\vec{x} = \begin{pmatrix} -4 \\ 0 \\ 0 \end{pmatrix} + \lambda \begin{pmatrix} 4 \\ -3 \\ 0 \end{pmatrix} + r \begin{pmatrix} 3-(-4) \\ 1-0 \\ 4-0 \end{pmatrix}$$

$$\vec{x} = \begin{pmatrix} -4 \\ 0 \\ 0 \end{pmatrix} + \lambda \begin{pmatrix} 4 \\ -3 \\ 0 \end{pmatrix} + r \begin{pmatrix} 7 \\ 1 \\ 4 \end{pmatrix}, \quad \lambda, r \in \mathbb{R}$$

1. Möglichkeit:

Einen Normalenvektor $\vec{n}$ von E berechnet man mithilfe des Vektorprodukts aus den Spannvektoren der Ebene E:

$$\begin{pmatrix} 4 \\ -3 \\ 0 \end{pmatrix} \times \begin{pmatrix} 7 \\ 1 \\ 4 \end{pmatrix} = \begin{pmatrix} -3 \cdot 4 - 1 \cdot 0 \\ 0 \cdot 7 - 4 \cdot 4 \\ 4 \cdot 1 - 7 \cdot (-3) \end{pmatrix} = \begin{pmatrix} -12 \\ -16 \\ 25 \end{pmatrix}$$

Mit dem Ansatz $-12x - 16y + 25z = d$ und durch Einsetzen der Koordinaten des Punktes $Q \in E$ ergibt sich

$-12 \cdot 3 - 16 \cdot 1 + 25 \cdot 4 = d, \quad d = 48, \quad$ also

E: $-12x - 16y + 25z = 48$ oder

$12x + 16y - 25z = -48.$

2. Möglichkeit:

Der Normalenvektor $\vec{n}$ steht senkrecht auf den Spannvektoren der Ebene E, also

$$\vec{n} \perp \begin{pmatrix} 4 \\ -3 \\ 0 \end{pmatrix} \text{ und } \vec{n} \perp \begin{pmatrix} 7 \\ 1 \\ 4 \end{pmatrix}, \text{ damit gilt } \vec{n} \circ \begin{pmatrix} 4 \\ -3 \\ 0 \end{pmatrix} = 0 \text{ und } \vec{n} \circ \begin{pmatrix} 7 \\ 1 \\ 4 \end{pmatrix} = 0$$

$$\begin{array}{rcl|l} 4n_1 - 3n_2 & & = 0 & \\ 7n_1 + n_2 + 4n_3 & & = 0 & \cdot 3 \quad + \\ \hline 25n_1 \quad + 12n_3 & & = 0 & \end{array}$$

Eine mögliche Lösung ist $n_1 = 12$, $n_3 = -25$, $n_2 = 16$, d. h. $\vec{n} = \begin{pmatrix} 12 \\ 16 \\ -25 \end{pmatrix}$.

Mit dem Ansatz $12x + 16y - 25z = d$ und durch Einsetzen der Koordinaten des Punktes $Q \in E$ ergibt sich

$12 \cdot 3 + 16 \cdot 1 - 25 \cdot 4 = d$, $d = -48$, also

E: $12x + 16y - 25z = -48$.

3. Möglichkeit:

Aus der Parametergleichung von E

$$\vec{x} = \begin{pmatrix} x \\ y \\ z \end{pmatrix} = \begin{pmatrix} -4 \\ 0 \\ 0 \end{pmatrix} + \lambda \begin{pmatrix} 4 \\ -3 \\ 0 \end{pmatrix} + r \begin{pmatrix} 7 \\ 1 \\ 4 \end{pmatrix}$$

folgt das Gleichungssystem:

$$\begin{array}{ll} \text{I} & x = -4 + 4\lambda + 7r \\ \text{II} & y = \quad -3\lambda + r \\ \text{III} & z = \quad 4r \end{array}$$

Aus Gleichung III folgt $r = \frac{1}{4}z$; eingesetzt in II:

$y = -3\lambda + \frac{1}{4}z$, umgestellt nach λ:

$$y - \frac{1}{4}z = -3\lambda$$

$$\lambda = -\frac{1}{3}y + \frac{1}{12}z$$

eingesetzt in I:

$$x = -4 + 4 \cdot \left(-\frac{1}{3}y + \frac{1}{12}z\right) + 7 \cdot \frac{1}{4}z$$

$$x = -4 - \frac{4}{3}y + \frac{1}{3}z + \frac{7}{4}z$$

$$x = -4 - \frac{4}{3}y + \frac{25}{12}z \qquad | \cdot 12$$

$12x = -48 - 16y + 25z$, also

E: $12x + 16y - 25z = -48$.

Berechnen des Gradmaßes des Schnittwinkels α:

$\alpha = \sphericalangle(E;\, E_{xy})$ und E_{xy}: $z = 0$, also $\vec{n}_{xy} = \begin{pmatrix} 0 \\ 0 \\ 1 \end{pmatrix}$

$$\cos\alpha = \frac{|\vec{n}_E \circ \vec{n}_{xy}|}{|\vec{n}_E| \cdot |\vec{n}_{xy}|} = \frac{\left|\begin{pmatrix} -12 \\ -16 \\ 25 \end{pmatrix} \circ \begin{pmatrix} 0 \\ 0 \\ 1 \end{pmatrix}\right|}{\left|\begin{pmatrix} -12 \\ -16 \\ 25 \end{pmatrix}\right| \cdot \left|\begin{pmatrix} 0 \\ 0 \\ 1 \end{pmatrix}\right|} = \frac{25}{5 \cdot \sqrt{41}} = \frac{5}{\sqrt{41}}$$

$\alpha \approx 38{,}7°$

c) **Berechnen der Koordinaten des Punktes S:**
Der Punkt S muss die gleichen x- und y-Koordinaten haben wie M, da S durch senkrechte Projektion auf M abgebildet wird, also $S(-1\,|\,4\,|\,z_S)$.

Da $S \in E$, wird S in E eingesetzt:

$$12 \cdot (-1) + 16 \cdot 4 - 25 \cdot z_S = -48$$
$$-25 z_S = -100$$
$$z_S = 4, \text{ also}$$

$S(-1\,|\,4\,|\,4)$

Nachweisen, dass T ein Punkt der Mantelfläche des Kreiskegels ist:

(1) Gerade m durch S und T aufstellen:

m: $\vec{x} = \overrightarrow{OS} + r\overrightarrow{ST}$

$$\vec{x} = \begin{pmatrix} -1 \\ 4 \\ 4 \end{pmatrix} + r\begin{pmatrix} -3 \\ \frac{9}{4} \\ -3 \end{pmatrix}, \quad r \in \mathbb{R}$$

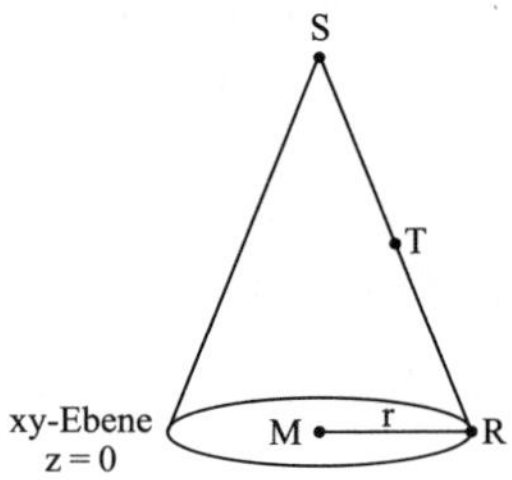

(2) $m \cap xy\text{-Ebene} = \{R\}$, dazu m in $z = 0$ einsetzen:

$4 - 3r = 0, \quad 4 = 3r, \quad r = \frac{4}{3}$ und

$$R\left(-1 - 3 \cdot \frac{4}{3} \,\middle|\, 4 + \frac{4}{3} \cdot \frac{9}{4} \,\middle|\, 4 - 3 \cdot \frac{4}{3}\right)$$

$R(-5\,|\,7\,|\,0)$; R liegt in der xy-Ebene, da $z_R = 0$.

(3) zeigen, dass $R \in k$; z. B. R in k einsetzen:

$$(-5)^2 + 7^2 + 2 \cdot (-5) - 8 \cdot 7 - 8 = 0$$
$$25 + 49 - 10 - 56 - 8 = 0 \quad \text{w. A.}$$

Aus (1), (2) und (3) folgt: T liegt auf der Mantellinie des Kreiskegels.

Kernfach Mathematik (Sachsen-Anhalt): Abiturprüfung 2010
Leistungskursniveau – Pflichtaufgabe L3: Stochastik

Studien zufolge treten allergische Erkrankungen immer häufiger auf.

a) Heuschnupfen ist die häufigste Allergieform. Davon sind 20 % der Bevölkerung betroffen.
Die Zufallsgröße X beschreibe die Anzahl der von Heuschnupfen betroffenen Personen in einer Stichprobe.

Begründen Sie, dass die Zufallsgröße X als binomialverteilt angesehen werden kann.

Berechnen Sie die Wahrscheinlichkeiten folgender Ereignisse.

A: Von 28 zufällig ausgewählten Personen sind genau 5 von Heuschnupfen betroffen.

B: Von 200 zufällig ausgewählten Personen sind mehr als 30 aber höchstens 50 von Heuschnupfen betroffen.

C: Von 5 000 zufällig ausgewählten Personen sind höchstens 950 von Heuschnupfen betroffen.

Berechnen Sie, wie viele Personen mindestens ausgewählt werden müssen, um mit einer Wahrscheinlichkeit von höchstens 10 % keine von Heuschnupfen betroffene Person unter diesen ausgewählten Personen zu finden. (14 BE)

b) Man vermutet, dass mehr als 80 % der Kinder, deren Eltern beide die gleiche Allergie haben, ebenfalls von dieser Allergie betroffen sind. Zur Beurteilung dieser Vermutung sollen 500 Kinder solcher Eltern untersucht werden.
Ermitteln Sie den größtmöglichen Ablehnungsbereich für einen Signifikanztest, bei dem die Wahrscheinlichkeit der irrtümlichen Ablehnung der Nullhypothese H_0: $p \leq 0{,}80$ höchstens 5 % beträgt und formulieren Sie eine zugehörige Entscheidungsregel. (7 BE)

Von einem Pollentest sind die in der Vierfeldertafel erfassten Wahrscheinlichkeiten bekannt, wobei die Ereignisse D und E wie folgt definiert sind.

D: Eine Person ist auf Pollen allergisch.

E: Der Pollentest zeigt Allergie an.

	D	$\overline{D}$
E	0,199	0,004
$\overline{E}$	0,001	0,796

c) Berechnen Sie die Wahrscheinlichkeit $P_D(E)$.
Erklären Sie, weshalb $P_D(E)$ größer als $P(D \cap E)$ ist. (4 BE)

(25 BE)

Tipps und Hinweise zum Lösen von Pflichtaufgabe L3: Stochastik

a) *Begründen der Binomialverteilung der Zufallsgröße X (Vorliegen einer BERNOULLI-Kette der Länge n)*

Hinweis:
Die zu einer BERNOULLI-Kette der Länge n mit der Erfolgswahrscheinlichkeit p gehörende Verteilung heißt Binomialverteilung mit den Parametern n und p. Die zugehörige Zufallsgröße wird als binomialverteilt bezeichnet.

Tipps:
- Überlegen Sie, unter welchen Bedingungen ein BERNOULLI-Experiment vorliegt (mögliche Versuchsausgänge, zugehörige Wahrscheinlichkeiten, Besonderheiten, ...).
- Erfassen Sie für die Begründung die Bedingungen sachbezogen (siehe Aufgabentext).

Berechnen der Wahrscheinlichkeiten der Ereignisse

Hinweise:
Prüfen Sie zunächst, ob die Nutzung von Tabellen zur Binomialverteilung möglich ist.

Die BERNOULLI-Formel lautet: $P(X=k)=\binom{n}{k}\cdot p^k\cdot(1-p)^{n-k};\ 0\leq k\leq n$

Die Näherungsformel nach dem Grenzwertsatz von DE MOIVRE-LAPLACE lautet:

$$P(X\leq k)=B_{n;\,p}(\{0;1;\ldots;k\})\approx\Phi\left(\frac{k+0{,}5-\mu}{\sigma}\right)$$

Die näherungsweise Berechnung ist im Allgemeinen bei genügend großen n-Werten sinnvoll. Ist das empirische Kriterium (Faustregel) $V(X)>9$ erfüllt, gelten die Näherungswerte als hinreichend genau. Gelegentlich wird auch als Kriterium $V(X)>\frac{1}{2}\sqrt{n}$ verwendet.

Tipps:
- Ermitteln Sie, mit welchen Parameterwerten für n und p die Zufallsgröße X_n jeweils verteilt ist.
- Beachten Sie die obigen Hinweise und nutzen Sie bei der Berechnung eine entsprechende Tabelle der kumulierten (aufsummierten) Binomialverteilung, die BERNOULLI-Formel bzw. die Näherungsformel.
- Nutzen Sie eine Tabelle der Funktionswerte $\Phi(x)$ der Normalverteilung unter Beachtung der Beziehung $\Phi(-x)=1-\Phi(x)$.
- Mögliche Lösungsansätze:
  $P(A)=P(X_{28}=5)$, BERNOULLI-Formel nutzen;
  $P(B)=P(31\leq X_{200}\leq 50)$, Tabelle der kumulierten Binomialverteilung nutzen;
  $P(C)=P(X_{5\,000}\leq 950)$, Näherungsformel und Tabelle der Normalverteilung nutzen.

Mindestanzahl der auszuwählenden Personen (Mindestumfang n der Stichprobe/Mindestlänge einer BERNOULLI-Kette)

Hinweis:
Für $k=0$ vereinfacht sich die BERNOULLI-Formel zu $P(X=0)=(1-p)^n$.

Tipps:
- Mit welchen Parameterwerten ist die Zufallsgröße X_n binomialverteilt?
- Die Zufallsgröße X_n ist $B_{n;\,p}$-verteilt, wobei n der unbekannte Stichprobenumfang (Mindestanzahl der Personen) und $p=0{,}2$ der Parameterwert für die Wahrscheinlichkeit ist.
- Haben Sie erkannt, dass die Bedingung $P(X_n=0)\leq 0{,}1$ gefordert ist?
- Ermitteln Sie n mithilfe der BERNOULLI-Formel und Umformungen unter Beachtung der Logarithmengesetze sowie der Umkehrung des Relationszeichens.

b) *Ermitteln des größtmöglichen Ablehnungsbereichs und Formulieren der zugehörigen Entscheidungsregel*

Hinweise:
Durch die Nullhypothese ist festgelegt, mit welchen Parameterwerten n und p die Zufallsgröße (bei wahrer Nullhypothese) binomialverteilt ist.
Formulieren Sie die Entscheidungsregel sachbezogen unter Beachtung des ermittelten Ablehnungsbereichs.

Tipps:

- Legen Sie die Zufallsgröße fest. (Was wird durch sie beschrieben?)
- Haben Sie erkannt, dass ausschließlich große Werte der Zufallsgröße gegen die Nullhypothese sprechen? Wie ist dann die Richtung des Signifikanztests?
- Führen Sie einen rechtsseitigen Signifikanztest durch, da große Werte der Zufallsgröße gegen die Nullhypothese sprechen.
- Der Ablehnungsbereich ist rechtsseitig: $\overline{A} = \{k; k+1; \ldots; n\}$. Warum gilt zum Ermitteln des kritischen Werts k die Beziehung $P(Y \leq k-1) \geq 0{,}95$?
- Verwenden Sie zur Ermittlung von k die Näherungsformel nach dem Grenzwertsatz von DE MOIVRE-LAPLACE und eine Tabelle der Funktionswerte $\Phi(x)$ der Normalverteilung.
- Möglicher Lösungsansatz:

  $$P(Y \leq k-1) = B_{500;\,0,8}(\{0; 1; \ldots; k-1\}) \approx \Phi\left(\frac{k-400{,}5}{\sqrt{80}}\right) \geq 0{,}95$$

  Warum ist die Beziehung $\frac{k-400{,}5}{\sqrt{80}} \geq 1{,}65$ äquivalent nach k umzuformen?

c) *Berechnen der Wahrscheinlichkeit $P_D(E)$ und Erklären, warum $P_D(E) > P(D \cap E)$*

Hinweis:
Mit $P_D(E)$ ist eine bedingte Wahrscheinlichkeit zu berechnen.

Es gilt: $P_D(E) = \frac{P(D \cap E)}{P(D)}$

Tipps:

- Ergänzen Sie die Randfelder der Vierfeldertafel.
- Entnehmen Sie die zur Berechnung benötigten Wahrscheinlichkeiten der ergänzten Vierfeldertafel.
- Haben Sie erkannt, welcher Sachbezug der einzelnen Wahrscheinlichkeiten besteht?
- Überlegen Sie für eine Erklärung, auf welche Grundgesamtheit sich die miteinander zu vergleichenden Wahrscheinlichkeiten jeweils beziehen.

Lösungen

a) **Begründen der Binomialverteilung der Zufallsgröße X (Vorliegen einer BERNOULLI-Kette der Länge n):**

- Die Zufallsgröße X beschreibt in einer Stichprobe mit dem Umfang n Personen die Anzahl der von Heuschnupfen betroffenen Personen und somit die „Anzahl der Treffer" in einer BERNOULLI-Kette der Länge n.
- Für jede der n Personen werden genau zwei Ereignisse unterschieden: das Ereignis „Person von Heuschnupfen betroffen" und das zugehörige Gegenereignis „Person *nicht* von Heuschnupfen betroffen".
- Die Wahrscheinlichkeiten der beiden Ereignisse bleiben (aufgrund der voneinander unabhängigen n Entscheidungen/Stufen des Zufallsversuchs) für jede Person der Stichprobe unverändert.

Berechnen der Wahrscheinlichkeiten der Ereignisse:

Ereignis A:

Die Zufallsgröße X_{28} ist binomialverteilt mit $n = 28$ und $p = 0{,}2$; $X_{28} \sim B_{28;\,0,2}$.

$P(A) = P(X_{28} = 5) = B_{28;\,0,2}(\{5\})$

$P(A) = P(X_{28} = 5) = \binom{28}{5} \cdot 0{,}2^5 \cdot 0{,}8^{23} \approx 0{,}18565$ (Anwenden der BERNOULLI-Formel)

$\mathbf{P(A) = 0{,}18565 \approx 18{,}6\ \%}$

Ereignis B:

Die Zufallsgröße X_{200} ist binomialverteilt mit $n = 200$ und $p = 0{,}2$; $X_{200} \sim B_{200;\,0,2}$.

$P(B) = P(31 \leq X_{200} \leq 50) = P(X_{200} \leq 50) - P(X_{200} \leq 30) = 0{,}96550 - 0{,}04302 = 0{,}92248$

(Tabellenwerte)

$\mathbf{P(B) = 0{,}92248 \approx 92{,}2\ \%}$

Ereignis C:

Die Zufallsgröße $X_{5\,000}$ ist binomialverteilt mit $n = 5\,000$ und $p = 0{,}2$; $X_{5\,000} \sim B_{5\,000;\,0,2}$.

$P(C) = P(X_{5\,000} \leq 950) = B_{5\,000;\,0,2}(\{0; 1; \ldots; 950\})$

Zur Berechnung wird die Näherungsformel nach dem Grenzwertsatz von DE MOIVRE-LAPLACE verwendet.

$$P(X \leq k) = B_{n;\,p}(\{0; 1; \ldots; k\}) \approx \Phi\left(\frac{k + 0{,}5 - \mu}{\sigma}\right)$$

k – kritischer Wert 0,5 – Korrektursummand

μ – Erwartungswert $\mu = E(X_{5\,000}) = n \cdot p = 5\,000 \cdot 0{,}2 = 1\,000$

σ – Standardabweichung $\sigma = \sqrt{V(X_{5\,000})} = \sqrt{n \cdot p \cdot (1-p)} = \sqrt{5\,000 \cdot 0{,}2 \cdot 0{,}8} = \sqrt{800}$

Mit der Näherungsformel erhält man wegen $V(X_{5\,000}) = 800 > 9$ (empirisches Kriterium erfüllt) den hinreichend genauen Näherungswert:

$$P(X_{5\,000} \leq 950) \approx \Phi\left(\frac{950 + 0{,}5 - 1\,000}{\sqrt{800}}\right) \approx \Phi(-1{,}75) = 1 - \Phi(1{,}75)$$

Aus einer Tabelle der Funktionswerte $\Phi(x)$ der Normalverteilung entnimmt man den Tabellenwert $\Phi(1{,}75) = 0{,}9599$ und berechnet $P(X_{5\,000} \leq 950) \approx 1 - 0{,}9599 = 0{,}0401$.

$\mathbf{P(C) \approx 0{,}0401 \approx 4{,}0\ \%}$

Mindestanzahl der auszuwählenden Personen (Mindestumfang n der Stichprobe/ Mindestlänge einer BERNOULLI-Kette):
Die Zufallsgröße X_n gebe die Anzahl der Personen in der Stichprobe an, die von Heuschnupfen betroffen sind. Die Zufallsgröße X_n ist binomialverteilt mit unbekanntem n und $p = 0{,}2$, also $X_n \sim B_{n;\,0{,}2}$.

Es wird die Bedingung $P(X_n = 0) \leq 0{,}1$ gefordert.

Mit $P(X_n = 0) = \binom{n}{0} \cdot 0{,}2^0 \cdot 0{,}8^n = 0{,}8^n$ (Anwenden der BERNOULLI-Formel) folgt:

$$0{,}8^n \leq 0{,}1$$

$$n \cdot \ln 0{,}8 \leq \ln 0{,}1 \qquad \text{(Logarithmieren, Logarithmengesetz)}$$

$$n \geq \frac{\ln 0{,}1}{\ln 0{,}8} \qquad \text{(Umkehrung des Relationszeichens wegen } \ln 0{,}8 < 0\text{)}$$

$$n \geq 10{,}3\ldots \qquad \Rightarrow \quad \mathbf{n \geq 11}$$

Mindestens 11 Personen müssen ausgewählt werden (Stichprobenumfang $n \geq 11$).

b) **Ermitteln des größtmöglichen Ablehnungsbereichs und Formulieren der zugehörigen Entscheidungsregel:**
Die Zufallsgröße Y beschreibe die Anzahl der Kinder mit der Allergie in der Stichprobe. Die Zufallsgröße Y kann als binomialverteilt angenommen werden mit $n = 500$ und $p = 0{,}8$; d. h. $Y \sim B_{500;\,0{,}8}$ (bei wahrer Nullhypothese).

(1) Nullhypothese H_0: $p \leq 0{,}8$ [Gegenhypothese H_1: $p > 0{,}8$]

(2) Stichprobenumfang n: $n = 500$; Signifikanzniveau α: $\alpha = 0{,}05$

Da ausschließlich große Werte der Zufallsgröße Y gegen die Nullhypothese (und somit für die Gegenhypothese) sprechen, wird der Test als *rechtsseitiger Signifikanztest* durchgeführt mit dem größtmöglichen Ablehnungsbereich $\overline{A} = \{k; k+1; \ldots; 500\}$.

(3) Ermitteln des kritischen Werts k und des größtmöglichen Ablehnungsbereichs $\overline{A}$:
Es gilt $P(Y \geq k) = 1 - P(Y \leq k-1) \leq 0{,}05$.
Die Beziehung ist äquivalent mit $P(Y \leq k-1) \geq 0{,}95$.
Es wird die Näherungsformel nach dem Grenzwertsatz von DE MOIVRE-LAPLACE verwendet (vgl. Teilaufgabe a).

$$\mu = E(Y) = n \cdot p = 500 \cdot 0{,}8 = 400;$$

$$\sigma = \sqrt{V(Y)} = \sqrt{n \cdot p \cdot (1-p)} = \sqrt{500 \cdot 0{,}8 \cdot 0{,}2} = \sqrt{80}$$

Mit der Näherungsformel erhält man wegen $V(Y) = 80 > 9$ (empirisches Kriterium erfüllt) den hinreichend genauen Näherungswert:

$$P(Y \leq k-1) = B_{500;\,0{,}8}(\{0; 1; \ldots; k-1\}) \approx \Phi\left(\frac{k-1+0{,}5-400}{\sqrt{80}}\right) \geq 0{,}95$$

Das Argument der Φ-Funktion liest man aus einer Tabelle der Funktionswerte $\Phi(x)$ der Normalverteilung ab. Die Ungleichung $\Phi(x) \geq 0{,}95$ ist erstmalig erfüllt für das Argument $x = 1{,}65$, also gilt:

$$\frac{k-1+0{,}5-400}{\sqrt{80}} \geq 1{,}65 \quad \text{bzw.} \quad \frac{k-400{,}5}{\sqrt{80}} \geq 1{,}65$$

Diese Ungleichung wird zu $k = 1{,}65 \cdot \sqrt{80} + 400{,}5$ äquivalent umgeformt, woraus $k \geq 415{,}2\ldots$ folgt, also $\mathbf{k \geq 416}$.
Für den größtmöglichen **Ablehnungsbereich** $\overline{A}$ folgt somit $\mathbf{\overline{A} = \{416; 417; \ldots; 500\}}$.

(4) Formulieren der zugehörigen **Entscheidungsregel:**
Wenn weniger als 416 Kinder von der Allergie betroffen sind, dann kann die Vermutung, dass es mehr als 80 % der Kinder sind, nicht mit einer Irrtumswahrscheinlichkeit von höchstens 5 % aufrecht erhalten werden.

c) **Berechnen der Wahrscheinlichkeit $P_D(E)$:**
Zu berechnen ist eine bedingte Wahrscheinlichkeit. Aus der Vierfeldertafel und dem ergänzten Randfeld sind die zur Berechnung benötigten Wahrscheinlichkeiten direkt ablesbar.

	D	$\overline{D}$
E	0,199	0,004
$\overline{E}$	0,001	0,796
	0,200	

$$P_D(E) = \frac{P(D \cap E)}{P(D)} = \frac{0,199}{0,200} = 0,995$$

$\mathbf{P_D(E) = 0,995}$

Erklären, weshalb $P_D(E) > P(D \cap E)$ gilt:
$P_D(E)$ gibt die Wahrscheinlichkeit dafür an, dass der Pollentest Allergie anzeigt unter der Bedingung, dass die getesteten Personen alle allergisch sind.
$P(D \cap E)$ gibt die Wahrscheinlichkeit dafür an, dass eine Person allergisch auf Pollen ist und der Pollentest Allergie anzeigt, bezogen auf alle getesteten Personen mit und ohne Allergie.
Die Wahrscheinlichkeit $P_D(E)$ bezieht sich also auf eine kleinere Grundgesamtheit als die Wahrscheinlichkeit $P(D \cap E)$; somit muss $P_D(E)$ größer als $P(D \cap E)$ sein.

Kernfach Mathematik (Sachsen-Anhalt): Abiturprüfung 2010
Leistungskursniveau – Wahlpflichtaufgabe L4.1: Analysis

Gegeben ist die Funktion f mit $y = f(x) = 4 \cdot (1 - x) \cdot e^x$, $x \in \mathbb{R}$.

a) Der Graph der Funktion f besitzt genau einen Wendepunkt.
Ermitteln Sie eine Gleichung der Tangente an diesen Graphen in seinem Wendepunkt. (6 BE)

b) Aus den Regelmäßigkeiten der Gleichungen der Funktion f und ihrer Ableitungsfunktionen f' und f'' kann man auf eine Gleichung einer Stammfunktion F von f schließen.
Geben Sie eine Vermutung für eine Gleichung von F an und überprüfen Sie diese. (4 BE)

c) Die Funktion f gehört zu den Funktionen f_t mit $y = f_t(x) = (4 - tx) \cdot e^x$ und $x \in \mathbb{R}, t \in \mathbb{R}, t > 0$.
Jeder ihrer Graphen besitzt genau einen Hochpunkt.
Ermitteln Sie eine Gleichung der Ortskurve dieser Hochpunkte.

Zu dieser Ortskurve gehört der Punkt $P(-3 \mid -2e^{-3})$.
Zeigen Sie, dass dieser Punkt auf keinem der Graphen der Funktionen f_t liegt. (5 BE)

(15 BE)

Tipps und Hinweise zum Lösen von Wahlpflichtaufgabe L4.1: Analysis

a) *Ermitteln einer Gleichung der Tangente*

Wendepunkt

Hinweis:
Verwenden Sie beim Ableiten die Faktor- und Produktregel:
$f(x) = k \cdot u(x) \quad \Rightarrow \quad f'(x) = k \cdot u'(x)$
$f(x) = u(x) \cdot v(x) \quad \Rightarrow \quad f'(x) = u'(x) \cdot v(x) + u(x) \cdot v'(x)$

Für die Ableitung der e-Funktion gilt:
$f(x) = e^x \quad \Rightarrow \quad f'(x) = e^x$

Tipps:
- Es wird nur die notwendige Bedingung für Wendepunkte benötigt: $f''(x) = 0$
- Berechnen Sie die Koordinaten des Wendepunktes, nicht nur die Wendestelle x_W.

Aufstellen der Tangentengleichung

Tipps:
- Eine Tangentengleichung hat die Form $y = mx + n$.
- Der Anstieg ergibt sich aus $m = f'(x_W)$.

b) *Angeben und Überprüfen einer Vermutung*

Tipps:
- Haben Sie erkannt, dass für die gesuchte Stammfunktion F gelten muss $F'(x) = f(x)$?
- Schreiben Sie sich die Funktion f und deren Ableitungen untereinander.
- Führen Sie einen Rückschluss durch.

c) *Ermitteln einer Gleichung der Ortskurve der Hochpunkte*

Hochpunkt

Hinweis:
Verwenden Sie beim Ableiten die Faktor- und Produktregel (siehe Teilaufgabe a).

Tipps:
- Es wird nur die notwendige Bedingung für Extrempunkte benötigt: $f'(x) = 0$
- Berechnen Sie die Koordinaten des Extrempunktes, nicht nur die Extremstelle.

Ortskurve

Hinweis:
Auf der Ortskurve liegen alle Hochpunkte, die sich beim Einsetzen aller zulässigen t-Werte ergeben.

Tipps:
- Die Hochpunkte besitzen die Koordinaten $x = \frac{4-t}{t}$ und $y = te^{\frac{4-t}{t}}$.
- Stellen Sie die x-Gleichung nach t um.
- Einsetzen von $t = \frac{4}{x+1}$ in die y-Gleichung ergibt die Ortskurve der Hochpunkte.

Zeigen, dass der Punkt P auf keinem Graphen der Funktionen f_t liegt

Tipp: Führen Sie eine Punktprobe durch.

Lösungen

$y = f(x) = 4(1-x)\cdot e^x, \quad x \in \mathbb{R}$

$f'(x) = -4xe^x$

$f''(x) = (-4-4x)e^x = -4(1+x)e^x$

a) **Ermitteln einer Gleichung der Tangente:**

Wendepunkt:
Bilden der 1. und 2. Ableitung mit der Produktregel, also

$f(x) = 4(1-x)e^x = (4-4x)e^x \qquad u = 4-4x \qquad u' = -4$
$\qquad v = e^x \qquad v' = e^x$

$f'(x) = u'v + uv'$

$f'(x) = -4e^x + (4-4x)e^x$

$f'(x) = e^x(-4+4-4x)$

$f'(x) = -4xe^x \qquad u = -4x \qquad u' = -4$
$\qquad v = e^x \qquad v' = e^x$

$f''(x) = -4e^x + (-4x)e^x$

$f''(x) = e^x(-4-4x)$

$f''(x) = 0, \quad e^x(-4-4x) = 0, \quad -4-4x = 0, \text{ da } e^x \neq 0, \quad x = -1$

und $f(-1) = 4(1-(-1))e^{-1} = 8e^{-1}$, also $W(-1\,|\,8e^{-1})$

Aufstellen der Tangentengleichung $y = mx + n$ mit

$m = f'(-1) = -4\cdot(-1)\cdot e^{-1} = 4e^{-1}$

$y = 4e^{-1}x + n$ mit W

$8e^{-1} = 4e^{-1}\cdot(-1) + n, \quad n = 12e^{-1}$, also

$y = 4e^{-1}x + 12e^{-1}$ oder

$$y = \frac{4}{e}x + \frac{12}{e}$$

b) **Angeben und Überprüfen einer Vermutung, z. B.:**

Gesucht wird die Gleichung einer Stammfunktion F, für die gilt $F'(x) = f(x)$, also

$F(x) = ?$
$f(x) = (4-4x)e^x$
$f'(x) = (0-4x)e^x$ ↓ ableiten
$f''(x) = (-4-4x)e^x$

Man führt einen Rückschluss durch und erkennt anhand der Terme:
e^x und $(-4x)$ bleiben erhalten, es ändert sich nur $4 \rightarrow 0 \rightarrow (-4)$.

Man kann vermuten:

$F(x) = (8-4x)e^x$, also $\quad u = 8-4x \quad u' = -4$

$\quad v = e^x \quad v' = e^x$

$F'(x) = -4e^x + (8-4x)e^x$

$F'(x) = e^x(-4+8-4x)$

$F'(x) = (4-4x)e^x = f(x)$

c) **Ermitteln einer Gleichung der Ortskurve der Hochpunkte:**

Hochpunkte:

Bilden der 1. Ableitung mit der Produktregel, also

$f_t(x) = (4-tx)\cdot e^x \quad u = 4-tx \quad u' = -t$

$\quad v = e^x \quad v' = e^x$

$f_t'(x) = -te^x + (4-tx)e^x$

$f_t'(x) = e^x(-t+4-tx)$

$f_t'(x) = 0, \quad e^x(-t+4-tx) = 0, \quad -t+4-tx = 0$, da $e^x \neq 0$, $\quad -tx = t-4, \quad x = \frac{t-4}{-t} = \frac{4-t}{t}$

eingesetzt:

$f_t\left(\frac{4-t}{t}\right) = \left(4-t\cdot\frac{4-t}{t}\right)\cdot e^{\frac{4-t}{t}}$

$f_t\left(\frac{4-t}{t}\right) = (4-4+t)e^{\frac{4-t}{t}} = te^{\frac{4-t}{t}}$

$H_t\left(\frac{4-t}{t} \,\middle|\, te^{\frac{4-t}{t}}\right)$

Ortskurve:

$x = \frac{4-t}{t}$ und $y = te^{\frac{4-t}{t}}$

Die Gleichung $x = \frac{4-t}{t}$ wird nach t umgestellt und in $y = te^{\frac{4-t}{t}}$ eingesetzt:

$x = \frac{4-t}{t}, \quad tx = 4-t, \quad tx+t = 4, \quad t(x+1) = 4, \quad t = \frac{4}{x+1}$ und damit

$y = \frac{4}{x+1}\cdot e^x$

Zeigen, dass der Punkt P auf keinem Graphen der Funktionen f_t liegt:

Punktprobe, also

$-2e^{-3} = (4-t(-3))e^{-3}$

$-2e^{-3} = (4+3t)e^{-3}$

$-2 = 4+3t$

$t = -2$ falsche Aussage, da $t > 0$, $t \in \mathbb{R}$.

Drei gleich hohe Masten M_1, M_2 und M_3 einer geplanten Seilbahn werden als Strecken $\overline{F_1S_1}$, $\overline{F_2S_2}$ bzw. $\overline{F_3S_3}$ betrachtet. Diese Strecken liegen in einer Ebene E und sind paarweise parallel zueinander (siehe Abbildung). Die Beschreibung der Lage erfolgt in einem kartesischen Koordinatensystem.
Eine Einheit entspricht 10 m und die xy-Ebene entspricht der Horizontalebene.

Gegeben sind die Punkte $F_1(5\,|\,3\,|\,1)$, $S_1(5\,|\,3\,|\,2)$ und $S_2(35\,|\,-7\,|\,42)$ sowie die Ebene E mit der Gleichung $x + 3y - 14 = 0$.

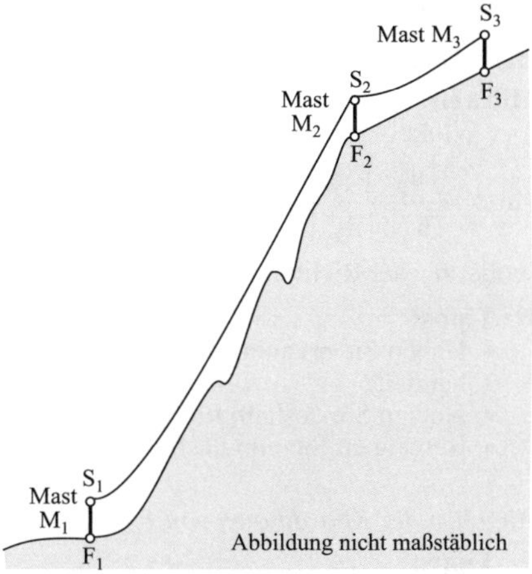

a) Begründen Sie, dass alle Masten senkrecht zur Horizontalebene sind.
Der durchschnittliche Anstieg der Seilbahn zwischen den Masten M_1 und M_2 wird durch den Winkel zwischen der Geraden S_1S_2 und der xy-Ebene beschrieben.
Berechnen Sie das Gradmaß dieses Winkels. (5 BE)

b) Die Masten M_2 und M_3 sollen auf ebenem Gelände errichtet werden, dessen Lage durch die Ebene H mit der Gleichung $x - 3y - 4z + 108 = 0$ beschrieben wird.
Geben Sie die Koordinaten des Punktes F_2 an und ermitteln Sie eine Gleichung der Geraden F_2F_3.
Die Punkte F_2 und F_3 der Masten M_2 und M_3 sollen einen Abstand von 140 m haben.
Berechnen Sie die Koordinaten des Punktes F_3. (10 BE)

(15 BE)

Tipps und Hinweise zum Lösen von Wahlpflichtaufgabe L4.2: Analytische Geometrie

a) *Begründen, dass alle Masten senkrecht sind*

Tipp: Haben Sie erkannt, dass der Richtungsvektor $\overrightarrow{F_1S_1}$ ein Vielfaches des Normalenvektors der xy-Ebene ist?

Berechnen des Gradmaßes des Winkels

Hinweis:
Der Winkel zwischen einer Geraden und der xy-Ebene lässt sich berechnen mit der Formel

$$\sin\alpha = \frac{|\vec{u}_g \circ \vec{n}_{xy}|}{|\vec{u}_g| \cdot |\vec{n}_{xy}|},$$

wobei $\vec{u}_g$ der Richtungsvektor der Geraden und $\vec{n}_{xy}$ der Normalenvektor der xy-Ebene ist.

Tipps:
- Haben Sie erkannt, dass es sich bei Gerade und Ebene um unterschiedliche Objekte handelt?
- Nutzen Sie deshalb für die Winkelberechnung den Sinus.
- Berechnen Sie nun nach obiger Formel das Gradmaß des Winkels.

b) *Angeben der Koordinaten von F_2*

Tipps:
- Stellen Sie die Geradengleichung durch S_2 mit dem Richtungsvektor $\overrightarrow{F_1S_1}$ auf.
- Die Gerade durchstößt die Ebene H im gesuchten Punkt.

Ermitteln einer Gleichung der Geraden F_2F_3

Tipps:
- Haben Sie erkannt, dass die Punkte F_2 und F_3 sowohl in der Ebene H als auch in der Ebene E liegen?
- Ziehen Sie eine Schlussfolgerung: Schnitt Ebene/Ebene

Berechnen der Koordinaten des Punktes F_3

Tipps:
- Fertigen Sie sich eine beschriftete Skizze an.
- Nutzen Sie den Ansatz $|\overrightarrow{F_2F_3}| = 14$.
- Schreiben Sie sich die Koordinaten von $F_3 \in g$ als Punktmenge auf.
- Nutzen Sie bei der Entscheidung die Überlegung, dass die z-Komponente von F_3 größer sein muss als diejenige von F_2.

Lösungen

a) **Begründen, dass alle Masten senkrecht sind, z. B.:**

(1) $\vec{v} = \overrightarrow{F_1S_1}$ und $\vec{v} = k \cdot \vec{n}_{xy}$

$$\begin{pmatrix} 0 \\ 0 \\ 1 \end{pmatrix} = k \begin{pmatrix} 0 \\ 0 \\ 1 \end{pmatrix}, \quad k = 1 \quad \text{w.A.}$$

(2) $\overline{F_1S_1} \parallel \overline{F_2S_2} \parallel \overline{F_3S_3}$

Masten paarweise parallel

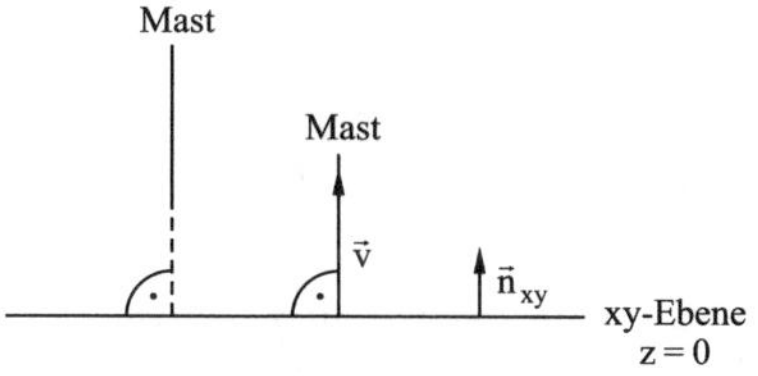

Aus (1) und (2) folgt: Alle Masten sind senkrecht zur Horizontalebene.

Berechnen des Gradmaßes des Winkels:

Es ist ein Winkel zwischen einer Geraden und einer Ebene, also unterschiedliche Objekte

$$\sin\alpha = \frac{|\vec{u}_{S_1S_2} \circ \vec{n}_{xy}|}{|\vec{u}_{S_1S_2}| \cdot |\vec{n}_{xy}|}$$

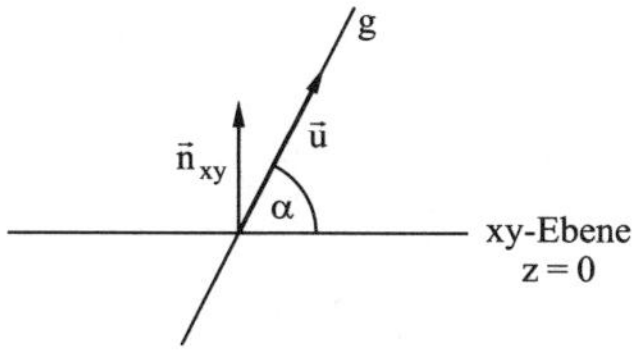

$$\sin\alpha = \frac{\left|\begin{pmatrix} 30 \\ -10 \\ 40 \end{pmatrix} \circ \begin{pmatrix} 0 \\ 0 \\ 1 \end{pmatrix}\right|}{\left|\begin{pmatrix} 30 \\ -10 \\ 40 \end{pmatrix}\right| \cdot \left|\begin{pmatrix} 0 \\ 0 \\ 1 \end{pmatrix}\right|} = \frac{40}{10\sqrt{26} \cdot 1} = \frac{4}{\sqrt{26}}$$

$\alpha \approx 51{,}7°$

b) **Angeben der Koordinaten von F_2, z. B.:**

Die Gerade $h(S_2, \overrightarrow{F_1S_1})$ durchstößt die Ebene H im Punkt F_2, also h in H einsetzen:

h: $\vec{x} = \overrightarrow{OS_2} + r\,\overrightarrow{F_1S_1}$

$$\vec{x} = \begin{pmatrix} 35 \\ -7 \\ 42 \end{pmatrix} + r \begin{pmatrix} 0 \\ 0 \\ 1 \end{pmatrix} \quad \text{in H}$$

$$35 \cdot 1 - 3(-7) - 4(42 + r) + 108 = 0$$

$$35 + 21 - 168 - 4r + 108 = 0$$

$$-4r = 4$$

$$r = -1 \quad \text{und damit}$$

$F_2(35\,|\,-7\,|\,41)$

Einfachere Möglichkeit:

Aus den drei Bedingungen (1) alle Masten gleich hoch,
(2) alle Masten parallel zueinander und
(3) alle Masten senkrecht zur xy-Ebene

lassen sich die Koordinaten von F_2 direkt angeben:

Länge der Masten $\hat{=}$ 1, also

$$\left.\begin{matrix} S_1(5\,|\,3\,|\,2) \\ F_1(5\,|\,3\,|\,1) \end{matrix}\right\} \Rightarrow \begin{matrix} S_2(35\,|\,-7\,|\,42) \\ F_2(35\,|\,-7\,|\,41) \end{matrix}$$

Ermitteln einer Gleichung der Geraden F_2F_3, z. B.:

Da F_2 und F_3 in der Ebene H und gleichzeitig in der Ebene E liegen, gilt $H \cap E = g(F_2, F_3)$, also Schnitt Ebene/Ebene:

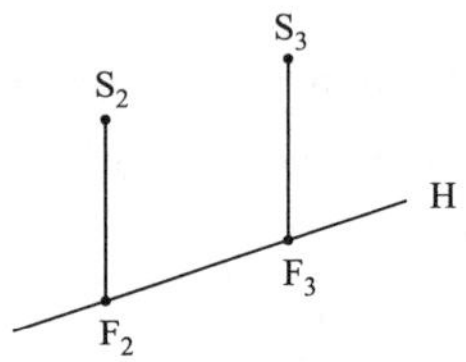

$$\begin{aligned} E:&\quad x + 3y \qquad\quad - 14 = 0 \\ H:&\quad x - 3y - 4z + 108 = 0 \\ \hline &\quad 2x \qquad\quad - 4z + \ \ 94 = 0 \end{aligned}$$

$$x = 2z - 47, \text{ setze } z = t$$

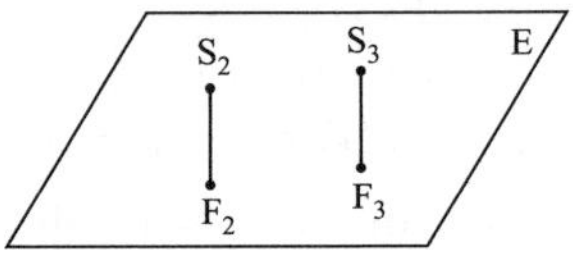

und damit ergibt sich für y (in H):

$$2t - 47 - 3y - 4t + 108 = 0$$

$$-3y - 2t + \ 61 = 0$$

$$y = -\frac{2}{3}t + \frac{61}{3}, \text{ also}$$

$$\begin{aligned} x &= 2t - 47 \\ y &= -\frac{2}{3}t + \frac{61}{3} \\ z &= t \end{aligned}$$

$$\vec{x} = \begin{pmatrix} x \\ y \\ z \end{pmatrix} = \begin{pmatrix} 2 \\ -\frac{2}{3} \\ 1 \end{pmatrix} t + \begin{pmatrix} -47 \\ \frac{61}{3} \\ 0 \end{pmatrix} \quad \text{oder}$$

$$g: \vec{x} = \begin{pmatrix} -47 \\ \frac{61}{3} \\ 0 \end{pmatrix} + r \begin{pmatrix} 6 \\ -2 \\ 3 \end{pmatrix}, \quad r \in \mathbb{R}$$

Berechnen der Koordinaten des Punktes F_3, z. B.:

$d = |\overrightarrow{F_2F_3}| = 14$ mit $F_3 \in g$, also

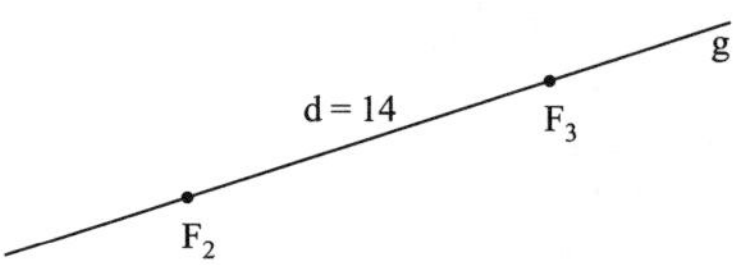

$$F_3\left(-47 + 6r \,\middle|\, \frac{61}{3} - 2r \,\middle|\, 3r\right)$$

$$14 = \left|\begin{pmatrix} -47 + 6r - 35 \\ \frac{61}{3} - 2r - (-7) \\ 3r - 41 \end{pmatrix}\right|$$

$$14 = \left|\begin{pmatrix} -82 + 6r \\ \frac{82}{3} - 2r \\ -41 + 3r \end{pmatrix}\right|$$

$$196 = (-82 + 6r)^2 + \left(\frac{82}{3} - 2r\right)^2 + (-41 + 3r)^2$$

$$196 = 6724 - 984r + 36r^2 + \frac{6724}{9} - \frac{328}{3}r + 4r^2 + 1681 - 246r + 9r^2$$

$$196 = 49r^2 - \frac{4018}{3}r + \frac{82369}{9}$$

$$r^2 - \frac{82}{3}r + \frac{1645}{9} = 0$$

$r_1 = \frac{47}{3}$, also $F_3(47\,|\,{-11}\,|\,47)$;

$r_2 = \frac{35}{3}$, Lösung $(23\,|\,{-3}\,|\,35)$ entfällt, da die z-Komponente von F_3 größer sein muss als die z-Komponente von $F_2(35\,|\,{-7}\,|\,41)$.

Kernfach Mathematik (Sachsen-Anhalt): Abiturprüfung 2011
Leistungskursniveau – Pflichtaufgabe L1: Analysis

Gegeben sind die Funktionen f_a durch

$$y = f_a(x) = -x^3 - ax^2 + a^2x + a^3 \quad \text{mit} \quad x \in \mathbb{R}, a \in \mathbb{R} \text{ und } a > 0.$$

Ihre Graphen seien G_a.

a) Ermitteln Sie die Art und Lage der lokalen Extrempunkte der Graphen G_a und eine Gleichung der Ortskurve ihrer lokalen Hochpunkte.

Untersuchen Sie das Verhalten der Funktionen f_a für $x \to \pm\infty$.

Zeigen Sie, dass $x = a$ Nullstellen der Funktionen f_a sind, und untersuchen Sie die Funktionen f_a auf weitere Nullstellen.

Zeichnen Sie den Graphen G_1 im Intervall $-2 \leq x \leq 1{,}5$ in ein kartesisches Koordinatensystem. (20 BE)

b) Die Graphen G_a schließen jeweils mit der x-Achse eine Fläche vollständig ein.

Ermitteln Sie den Wert des Parameters a, für den die Maßzahl des Inhaltes dieser Fläche $\frac{27}{4}$ ist. (6 BE)

c) Einer Kugel mit dem Radius r soll ein gerader Kreiskegel mit größtmöglichem Volumen so einbeschrieben werden, dass der Mittelpunkt der Kugel im Inneren des Kegels liegt.

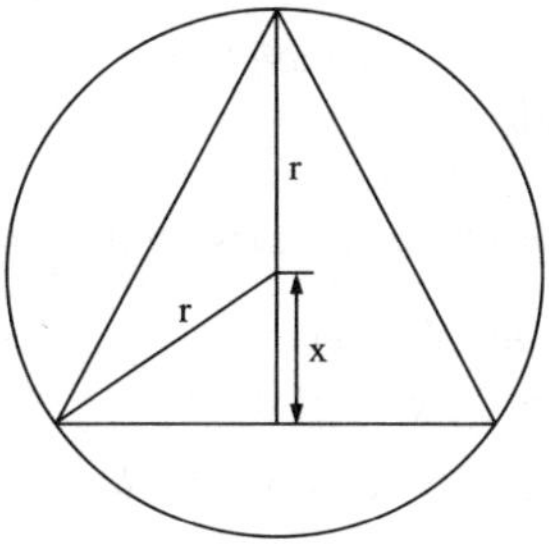

Die Abbildung zeigt von einem einbeschriebenen Kegel und der Kugel einen ebenen Schnitt durch die Kegelspitze und den Kugelmittelpunkt.

Zeigen Sie, dass

$$V(x) = \frac{1}{3}\pi \cdot f_r(x) = \frac{1}{3}\pi \cdot (-x^3 - rx^2 + r^2x + r^3)$$

Gleichung einer Zielfunktion zum Lösen dieser Extremwertaufgabe ist.

Begründen Sie, dass die Funktion V die gleichen lokalen Extremstellen wie die Funktion f_r hat, und geben Sie die Höhe des Kreiskegels, dessen Volumen maximal ist, an. (9 BE)

(35 BE)

Tipps und Hinweise zum Lösen von Pflichtaufgabe L1: Analysis

a) *Extrempunkte*

Hinweis:
Verwenden Sie beim Ableiten die Potenzregel und die Summenregel:
$f(x) = x^n \quad \Rightarrow \quad f'(x) = n \cdot x^{n-1}$
$f(x) = u(x) + v(x) \quad \Rightarrow \quad f'(x) = u'(x) + v'(x)$

Tipps:
- Hinreichende Bedingung für lokale Extrema:
  $f'(x) = 0 \;\wedge\; f''(x) \neq 0$
- Berechnen Sie die vollständigen Koordinaten der Extrempunkte, nicht nur die Extremstellen.

Gleichung der Ortskurve der lokalen Hochpunkte

Hinweis:
Auf der Ortskurve liegen alle lokalen Hochpunkte, die sich beim Einsetzen aller zulässigen a-Werte ergeben.

Tipps:
- Die lokalen Hochpunkte besitzen die Koordinaten
  $x = \frac{1}{3}a$ und $y = \frac{32}{27}a^3$.
- Stellen Sie die x-Gleichung nach a um.
- Einsetzen von $a = 3x$ in die y-Gleichung ergibt die gesuchte Ortskurve.

Verhalten im Unendlichen

Tipps:
- Klammern Sie x^3 aus.
- Beachten Sie, dass $\lim\limits_{x \to \pm\infty} \frac{1}{x} = 0$ ist.

Zeigen der Nullstellen

Tipp: Es gilt: $f_a(a) = 0$

Berechnen weiterer Nullstellen

Tipps:
- Führen Sie eine Polynomdivision durch.
- Denken Sie daran, dass der Divisor $(x - a)$ ist.
- Lösen Sie nun die Gleichung $-x^2 - 2ax - a^2 = 0$.

Wertetabelle und Graph für $f_1(x)$

Tipps:
- Erstellen Sie eine Wertetabelle, berechnen Sie auch die Funktionswerte an den Intervallgrenzen.
- Denken Sie beim Zeichnen des Graphen auch an den lokalen Hochpunkt.

b) *Ermitteln des Wertes des Parameters a*

Hinweis:
Der Inhalt der Fläche unter dem Graphen von Funktionen f_a lässt sich berechnen nach:

$$A = \left| \int_b^c f_a(x)\,dx \right|$$

Tipps:
- Haben Sie die Integrationsgrenzen erkannt?
- Ermitteln Sie eine Stammfunktion; nutzen Sie die Potenzregel der Integralrechnung.
- Setzen Sie den gegebenen Wert für die Fläche ein.
- Überlegen Sie, warum nur eine Lösung richtig ist.

c) *Nachweisen der Zielfunktion*

Tipps:
- Haben Sie die Hauptbedingung der Extremwertaufgabe erkannt?
- Das Volumen des geraden Kreiskegels soll maximal werden.
- Suchen Sie in der Skizze nach Nebenbedingungen für die Höhe und den Radius des Kegels.
- Setzen Sie die Nebenbedingungen in die Hauptbedingung ein und formen Sie um.

Begründen der Aussage

Tipps:
- Überlegen Sie, worin sich die beiden Funktionsterme V und f_r unterscheiden.
- Haben Sie den zusätzlichen Faktor $\frac{1}{3}\pi$ erkannt?
- Welche Bedeutung hat ein Faktor bzgl. Ableitungsfunktionen?

Angeben der Höhe

Tipp: Sie brauchen nur den x-Wert der lokalen Hochpunkte für $f_r(x)$ in die Nebenbedingung für die Höhe des Kreiskegels einsetzen.

Lösungen

$y = f_a(x) = -x^3 - ax^2 + a^2x + a^3, \quad x \in \mathbb{R}, a \in \mathbb{R}, a > 0$

$f_a'(x) = -3x^2 - 2ax + a^2$

$f_a''(x) = -6x - 2a$

a) **Extrempunkte:**

$f_a'(x) = 0, \quad -3x^2 - 2ax + a^2 = 0, \quad x^2 + \frac{2}{3}ax - \frac{1}{3}a^2 = 0$

$$x_{1,2} = -\frac{1}{3}a \pm \sqrt{\frac{1}{9}a^2 - \left(-\frac{1}{3}a^2\right)}$$

$$x_{1,2} = -\frac{1}{3}a \pm \frac{2}{3}a$$

$$x_1 = -a, \quad x_2 = \frac{1}{3}a$$

$f_a''(-a) = -6 \cdot (-a) - 2a = 4a > 0, \quad \text{da } a > 0 \Rightarrow T_a(-a \mid 0)$

$f_a''\left(\frac{1}{3}a\right) = -6 \cdot \frac{1}{3}a - 2a = -4a < 0, \quad \text{da } a > 0 \Rightarrow H_a\left(\frac{1}{3}a \;\middle|\; \frac{32}{27}a^3\right)$

Gleichung der Ortskurve der lokalen Hochpunkte:

I $x = \frac{1}{3}a$ und II $y = \frac{32}{27}a^3$

Gleichung I nach a umstellen und in II einsetzen:

$y = \frac{32}{27} \cdot (3x)^3, \quad y = 32x^3, \quad x \in \mathbb{R}, x > 0$

Die Gleichung der Ortskurve lautet $y = 32x^3$.

Verhalten im Unendlichen:

$$\lim_{x \to \pm\infty} f_a(x) = \lim_{x \to \pm\infty} (-x^3 - ax^2 + a^2x + a^3)$$

$$= \lim_{x \to \pm\infty} \left[x^3\left(-1 - \frac{a}{x} + \frac{a^2}{x^2} + \frac{a^3}{x^3}\right)\right] = \mp\infty, \quad \text{da } \lim_{x \to \pm\infty} \frac{1}{x} = 0$$

Zeigen, dass x = a Nullstellen von f_a sind:

Es gilt: $f_a(a) = 0, \quad 0 = -a^3 - a \cdot a^2 + a^2 \cdot a + a^3$ w. A.

Berechnen weiterer Nullstellen:

Polynomdivision

$$\begin{array}{l}(-x^3 - ax^2 + a^2x + a^3) : (x - a) = -x^2 - 2ax - a^2 \\ \underline{-(-x^3 + ax^2)} \\ \quad -2ax^2 + a^2x \\ \quad \underline{-(-2ax^2 + 2a^2x)} \\ \qquad\quad -a^2x + a^3 \\ \qquad\quad \underline{-(-a^2x + a^3)} \\ \qquad\qquad\quad 0\end{array}$$

Zu lösen ist die Gleichung: $-x^2 - 2ax - a^2 = 0$

$$x^2 + 2ax + a^2 = 0, \quad (x + a)^2 = 0, \quad x = -a$$

Die Nullstellen sind $x_1 = a$, $x_{2,3} = -a$.

Wertetabelle und Graph für $f_1(x)$:

$f_1(x) = -x^3 - x^2 + x + 1$

x	–2	–1,5	–1	–0,5	0	$\frac{1}{3}$	0,5	1	1,5
$f_1(x)$	3	0,625	0	0,375	1	$\frac{32}{27}$	1,125	0	–3,125

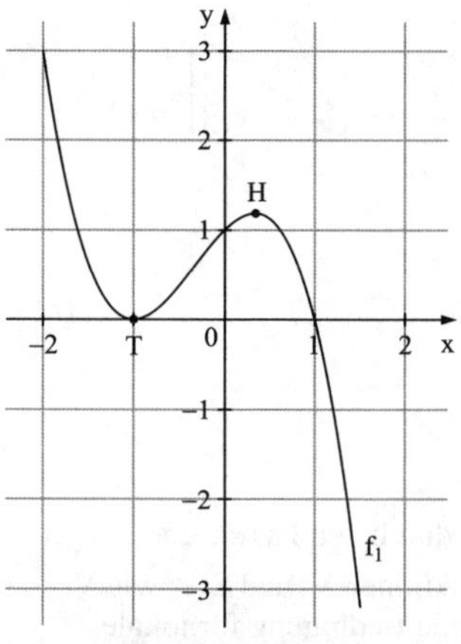

b) **Ermitteln des Wertes des Parameters a, z. B.:**

$$A = \int_{-a}^{a} f_a(x)\,dx \quad \text{und} \quad A = \frac{27}{4}$$

$$A = \int_{-a}^{a} (-x^3 - ax^2 + a^2x + a^3)\,dx$$

$$A = \left[-\frac{1}{4}x^4 - \frac{1}{3}ax^3 + \frac{1}{2}a^2x^2 + a^3x\right]_{-a}^{a}$$

$$A = -\frac{1}{4}a^4 - \frac{1}{3}a \cdot a^3 + \frac{1}{2}a^2 \cdot a^2 + a^3 \cdot a - \left(-\frac{1}{4}(-a)^4 - \frac{1}{3}a(-a)^3 + \frac{1}{2}a^2(-a)^2 + a^3(-a)\right)$$

$$A = \left(\cancel{-\frac{1}{4}} - \frac{1}{3} \cancel{+\frac{1}{2}} + 1 \cancel{+\frac{1}{4}} - \frac{1}{3} \cancel{-\frac{1}{2}} + 1\right)a^4$$

$$A = \frac{4}{3}a^4, \quad \text{also}$$

$$\frac{27}{4} = \frac{4}{3}a^4, \quad a^4 = \frac{81}{16}, \quad a_1 = \frac{3}{2}, \quad a_2 = -\frac{3}{2} \text{ entfällt, da } a > 0.$$

Der Wert des Parameters beträgt $a = \frac{3}{2}$.

c) **Nachweisen der Zielfunktion, z. B.:**

Der gerade Kreiskegel soll ein maximales Volumen besitzen, also

Hauptbedingung: $V = \frac{1}{3}\pi r_K^2 \cdot h_K$ mit

r_K Radius des Grundkreises des Kegels,
h_K Höhe des Kegels

Nebenbedingungen: $h_K = r + x$ und

$r^2 = x^2 + r_K^2$, also $r_K^2 = r^2 - x^2$

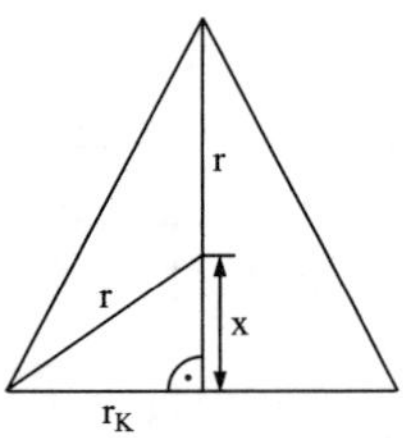

eingesetzt in die Hauptbedingung

$$V(x) = \frac{1}{3}\pi \cdot (r^2 - x^2)(r + x), \text{ umgeformt}$$

$$V(x) = \frac{1}{3}\pi \cdot (-x^3 - rx^2 + r^2x + r^3)$$

$$V(x) = \frac{1}{3}\pi \cdot f_r(x)$$

Begründen der Aussage, z. B.:

Die Funktionsterme von V und f_r unterscheiden sich nur durch den Faktor $\frac{1}{3}\pi$. Folglich unterscheiden sich die Terme der Ableitungsfunktionen V' und f_r' sowie V'' und f_r'' nur durch diesen Faktor. Damit ist die hinreichende Bedingung für lokale Extremstellen beider Funktionen für die gleichen x-Werte (Argumente) erfüllt.

Angeben der Höhe:

Da die Funktionen V die gleichen lokalen Extremstellen besitzen wie die Funktionen f_r, gilt $H_r\left(\frac{1}{3}r \,\middle|\, \frac{32}{27}r^3\right)$, also $x_{max} = \frac{1}{3}r$, $0 < x < r$ und damit:

$$h_{max} = r + \frac{1}{3}r = \frac{4}{3}r$$

Das lokale Maximum ist zugleich das globale Maximum.

Kernfach Mathematik (Sachsen-Anhalt): Abiturprüfung 2011
Leistungskursniveau – Pflichtaufgabe L2: Analytische Geometrie

Das Krüppelwalmdach eines Hauses hat die Form eines geraden dreiseitigen Prismas, von dem zwei zueinander kongruente dreiseitige Pyramiden abgeschnitten sind (siehe nicht maßstäbliche Abbildung).

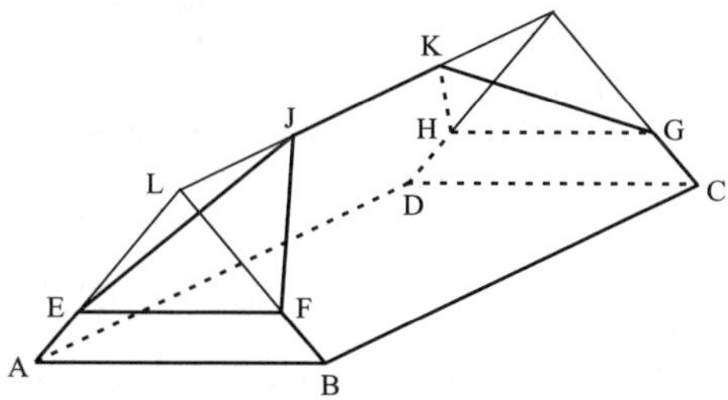

Durch die folgenden Punkte wird das Krüppelwalmdach in einem kartesischen Koordinatensystem beschrieben:

A(10 | 0 | 0); B(10 | 8 | 0); C(0 | 8 | 0);
E(10 | 1 | 1); F(10 | 7 | 1); J(8 | 4 | 4).

Eine Einheit entspricht einem Meter.

a) Stellen Sie eine Koordinatengleichung der Ebene auf, in der das Dreieck EFJ liegt, und berechnen Sie das Gradmaß des Winkels, den diese Ebene mit der xy-Ebene einschließt. (7 BE)

b) Der Punkt L ist der Schnittpunkt der Geraden AE und BF.

Berechnen Sie die Koordinaten des Punktes L und zeigen Sie, dass das Dreieck ABL gleichschenklig ist.

Zur Bewertung von Immobilien wird u. a. der sogenannte umbaute Raum eines Objektes, der seinem Volumen entspricht, herangezogen.

Berechnen Sie den umbauten Raum des Krüppelwalmdaches. (13 BE)

c) Das Dachgeschoss des Hauses soll vermietet werden. Als vollwertige Wohnfläche gilt nur die Fläche des Dachgeschosses, über der die Raumhöhe mindestens 2 m beträgt.

Berechnen Sie den Inhalt der vollwertigen Wohnfläche. (5 BE)

(25 BE)

Tipps und Hinweise zum Lösen von Pflichtaufgabe L2: Analytische Geometrie

a) *Aufstellen einer Koordinatengleichung der Ebene*

Hinweis:
Ermitteln Sie zunächst die Ebenengleichung in Parameterform und dann eine Koordinatengleichung der Form $ax + by + cz = d$.

Tipps:
- Ermitteln Sie einen Normalenvektor $\vec{n} = \begin{pmatrix} n_1 \\ n_2 \\ n_3 \end{pmatrix}$ aus dem Vektorprodukt der Spannvektoren der Ebene.
- Dann gilt: $n_1x + n_2y + n_3z = d$, wobei sich d durch Punktprobe mit E ermitteln lässt.

Berechnen des Gradmaßes des Winkels α

Hinweis:
Die Formel zur Berechnung des Gradmaßes des Winkels zwischen zwei Ebenen lautet:

$$\cos\alpha = \frac{|\vec{n}_\varepsilon \circ \vec{n}_{xy}|}{|\vec{n}_\varepsilon| \cdot |\vec{n}_{xy}|}$$

Dabei bezeichnen $\vec{n}_\varepsilon$ und $\vec{n}_{xy}$ die Normalenvektoren der beiden Ebenen.

b) *Berechnen des Schnittpunktes der Geraden*

Tipps:
- Stellen Sie die beiden Geradengleichungen auf.
- Der Schnittpunkt ist der Punkt, den beide Geraden gemeinsam haben.
  $\Rightarrow$ Geradengleichungen gleichsetzen
- Stellen Sie das Gleichungssystem auf und lösen Sie es.

Zeigen der Gleichschenkligkeit des Dreiecks ABL

Tipp: Berechnen Sie die Längen der Dreiecksseiten.

Berechnen des umbauten Raumes

Tipps:
- Nutzen Sie zur Berechnung den Ansatz $V = V_{Prisma} - 2V_{Pyramide}$.
- Die Grundfläche des Prismas lässt sich mithilfe des Kreuzprodukts berechnen.
- Haben Sie die Höhe des Prismas erkannt?
- Die Grundfläche der Pyramide lässt sich ebenfalls mit dem Kreuzprodukt berechnen.
- Haben Sie die Höhe der Pyramide als Abstand des Punktes L von der Ebene ε erkannt?
- Nutzen Sie zur Abstandsberechnung die Hesse'sche Normalenform der Ebene ε.
- Denken Sie auch an die Einheit.

c) *Berechnen des Inhalts der Wohnfläche*

Tipps:
- Fertigen Sie ein Schrägbild (Skizze) oder eine Draufsicht auf das Walmdach in der xy-Ebene (Koordinatensystem) an.
- Berechnen Sie die Koordinaten der Punkte S und T.
- Beachten Sie dabei, dass die z-Koordinate dieser Punkte 2 ist.
- Ergänzen Sie die Punkte im Koordinatensystem.
- Nutzen Sie jetzt Symmetrieeigenschaften, um die Punkte H, K und U zu erhalten.
- Zeichnen Sie die Rechteckfläche STVU ein.
- Denken Sie auch an die Einheit.

Lösungen

a) **Aufstellen einer Koordinatengleichung der Ebene, z. B.:**

Eine Parametergleichung der Ebene durch die Punkte E, F und J lautet:

ε: $\vec{x} = \overrightarrow{OE} + r \cdot \overrightarrow{EF} + s \cdot \overrightarrow{EJ}$

$$\vec{x} = \begin{pmatrix} 10 \\ 1 \\ 1 \end{pmatrix} + r \begin{pmatrix} 0 \\ 6 \\ 0 \end{pmatrix} + s \begin{pmatrix} -2 \\ 3 \\ 3 \end{pmatrix}, \quad r, s \in \mathbb{R}$$

1. Möglichkeit:

Einen Normalenvektor $\vec{n}$ von ε berechnet man mithilfe des Vektorprodukts aus den Spannvektoren der Ebene ε:

$$\begin{pmatrix} 0 \\ 6 \\ 0 \end{pmatrix} \times \begin{pmatrix} -2 \\ 3 \\ 3 \end{pmatrix} = \begin{pmatrix} 18 \\ 0 \\ 12 \end{pmatrix} = 6 \cdot \begin{pmatrix} 3 \\ 0 \\ 2 \end{pmatrix}$$

Mit dem Ansatz $3x + 2z = d$ und durch Einsetzen der Koordinaten des Punktes $E(10 \mid 1 \mid 1) \in \varepsilon$ ergibt sich

$3 \cdot 10 + 2 \cdot 1 = d, \quad d = 32, \quad$ also

ε: $3x + 2z = 32.$

2. Möglichkeit:

Der Normalenvektor $\vec{n}$ steht senkrecht auf den Spannvektoren der Ebene ε, also

$$\vec{n} \perp \begin{pmatrix} 0 \\ 6 \\ 0 \end{pmatrix} \text{ und } \vec{n} \perp \begin{pmatrix} -2 \\ 3 \\ 3 \end{pmatrix}, \text{ damit gilt: } \vec{n} \circ \begin{pmatrix} 0 \\ 6 \\ 0 \end{pmatrix} = 0 \text{ und } \vec{n} \circ \begin{pmatrix} -2 \\ 3 \\ 3 \end{pmatrix} = 0$$

$$\begin{aligned} 6n_2 \quad\quad\quad &= 0 \\ -2n_1 + 3n_2 + 3n_3 &= 0 \end{aligned}$$

Eine mögliche Lösung ist $n_2 = 0$, $n_1 = 3$, $n_3 = 2$, d. h. $\vec{n} = \begin{pmatrix} 3 \\ 0 \\ 2 \end{pmatrix}$.

Mit dem Ansatz $3x + 2z = d$ und durch Einsetzen der Koordinaten des Punktes $E(10 \mid 1 \mid 1) \in \varepsilon$ ergibt sich

$3 \cdot 10 + 2 \cdot 1 = d, \quad d = 32, \quad$ also

ε: $3x + 2z = 32.$

3. Möglichkeit:

Aus der Parametergleichung von ε

$$\vec{x} = \begin{pmatrix} x \\ y \\ z \end{pmatrix} = \begin{pmatrix} 10 \\ 1 \\ 1 \end{pmatrix} + r \begin{pmatrix} 0 \\ 6 \\ 0 \end{pmatrix} + s \begin{pmatrix} -2 \\ 3 \\ 3 \end{pmatrix}$$

folgt das Gleichungssystem:

$$\begin{aligned} &\text{I} \quad x = 10 - 2s \\ &\text{II} \quad y = 1 + 6r + 3s \\ &\text{III} \quad z = 1 + 3s \end{aligned}$$

Gleichung I nach s umstellen und in III einsetzen, also $s=-\frac{1}{2}x+5$ in III:

$$z=1+3\cdot\left(-\frac{1}{2}x+5\right)$$

$$z=1-\frac{3}{2}x+15$$

$$\frac{3}{2}x+z=16 \qquad |\cdot 2$$

ε: $3x+2z=32$

Berechnen des Gradmaßes des Winkels α, z. B.:

$\alpha=\sphericalangle(\varepsilon,\text{ xy-Ebene})$, also

$$\cos\alpha=\frac{|\vec{n}_{\varepsilon}\circ\vec{n}_{xy}|}{|\vec{n}_{\varepsilon}|\cdot|\vec{n}_{xy}|}=\frac{\left|\begin{pmatrix}3\\0\\2\end{pmatrix}\circ\begin{pmatrix}0\\0\\1\end{pmatrix}\right|}{\left|\begin{pmatrix}3\\0\\2\end{pmatrix}\right|\cdot\left|\begin{pmatrix}0\\0\\1\end{pmatrix}\right|}=\frac{2}{\sqrt{13}}=\frac{2}{13}\sqrt{13}$$

$$\alpha\approx 56{,}3°$$

b) **Berechnen des Schnittpunktes der Geraden, z. B.:**

g(A, E): $\vec{x}=\overrightarrow{OA}+t\cdot\overrightarrow{AE}$

$$\vec{x}=\begin{pmatrix}10\\0\\0\end{pmatrix}+t\begin{pmatrix}0\\1\\1\end{pmatrix},\quad t\in\mathbb{R}$$

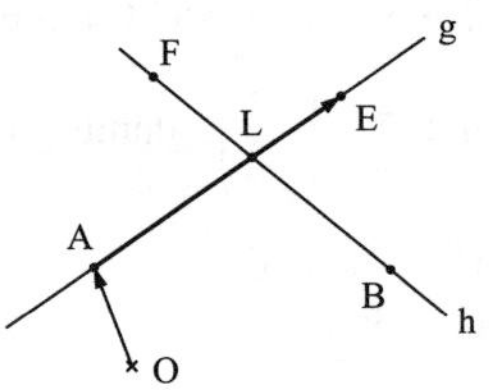

h(B, F): $\vec{x}=\overrightarrow{OB}+r\cdot\overrightarrow{BF}$

$$\vec{x}=\begin{pmatrix}10\\8\\0\end{pmatrix}+r\begin{pmatrix}0\\-1\\1\end{pmatrix},\quad r\in\mathbb{R}$$

$\{L\}=g(A, E)\cap h(B, F)$, also

$$\begin{pmatrix}10\\0\\0\end{pmatrix}+t\begin{pmatrix}0\\1\\1\end{pmatrix}=\begin{pmatrix}10\\8\\0\end{pmatrix}+r\begin{pmatrix}0\\-1\\1\end{pmatrix}$$

$$\begin{array}{rll} 10 &= 10 & \text{w. A.} \\ t &= 8-r & \\ t &= r & \Big|\,+ \\ \hline 2t &= 8, & t=4 \text{ eingesetzt} \end{array}$$

$$\overrightarrow{OL}=\begin{pmatrix}10\\0\\0\end{pmatrix}+4\begin{pmatrix}0\\1\\1\end{pmatrix};\quad L(10|4|4)$$

Zeigen der Gleichschenkligkeit des Dreiecks ABL, z. B.:

$|\overrightarrow{AL}| = |\overrightarrow{BL}|$

$\left|\begin{pmatrix}0\\4\\4\end{pmatrix}\right| = \left|\begin{pmatrix}0\\-4\\4\end{pmatrix}\right|$

$\sqrt{32} = \sqrt{32}$, w. A.

ΔABL ist gleichschenklig.

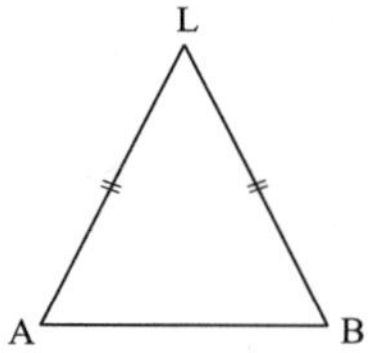

Berechnen des umbauten Raumes, z. B.:

Der umbaute Raum setzt sich laut Aufgabe aus einem geraden dreiseitigen Prisma und zwei zueinander kongruenten dreiseitigen Pyramiden (abgeschnitten) zusammen:

$V = V_{Prisma} - 2V_{Pyramide}$

$V_{Prisma} = A_G \cdot h$ mit $A_G = A_{\Delta ABL}$ und $h = \overline{BC}$

$V_{Prisma} = \frac{1}{2}|\overrightarrow{AB} \times \overrightarrow{AL}| \cdot |\overrightarrow{BC}|$

$V_{Prisma} = \frac{1}{2}\left|\begin{pmatrix}0\\8\\0\end{pmatrix} \times \begin{pmatrix}0\\4\\4\end{pmatrix}\right| \cdot \left|\begin{pmatrix}-10\\0\\0\end{pmatrix}\right|$

$V_{Prisma} = \frac{1}{2}\left|\begin{pmatrix}32\\0\\0\end{pmatrix}\right| \cdot \left|\begin{pmatrix}-10\\0\\0\end{pmatrix}\right| = \frac{1}{2} \cdot 32 \cdot 10$

$V_{Prisma} = 160$

$V_{Pyramide} = \frac{1}{3} \cdot \frac{1}{2}|\overrightarrow{EF} \times \overrightarrow{EJ}| \cdot d(L, \varepsilon)$ mit $d(L, \varepsilon) = h \mathrel{\hat{=}}$ Abstand von L zur Ebene ε

Hesse'sche Normalenform von ε:

$\frac{3x + 2z - 32}{\sqrt{3^2 + 2^2}} = 0$, $L(10|4|4)$ eingesetzt

$d(L, \varepsilon) = \frac{3 \cdot 10 + 2 \cdot 4 - 32}{\sqrt{13}} = \frac{6}{\sqrt{13}}$, also

$V_{Pyramide} = \frac{1}{3} \cdot \frac{1}{2}\left|\begin{pmatrix}0\\6\\0\end{pmatrix} \times \begin{pmatrix}-2\\3\\3\end{pmatrix}\right| \cdot \frac{6}{\sqrt{13}}$

$V_{Pyramide} = \frac{1}{3} \cdot \frac{1}{2}\left|\begin{pmatrix}18\\0\\12\end{pmatrix}\right| \cdot \frac{6}{\sqrt{13}}$

$V_{Pyramide} = \frac{1}{3} \cdot \frac{1}{2} \cdot 6 \cdot \sqrt{13} \cdot \frac{6}{\sqrt{13}} = 6$

$V = 160 - 2 \cdot 6$

$V = 148$

Das Volumen, und damit der umbaute Raum, beträgt 148 m^3.

c) **Berechnen des Inhalts der Wohnfläche $A_{Rechteck}$, z. B.:**

Skizze (Schrägbild):

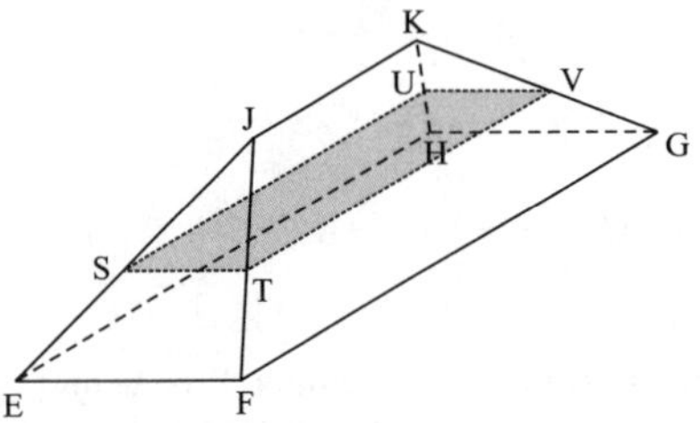

Draufsicht auf das Krüppelwalmdach:

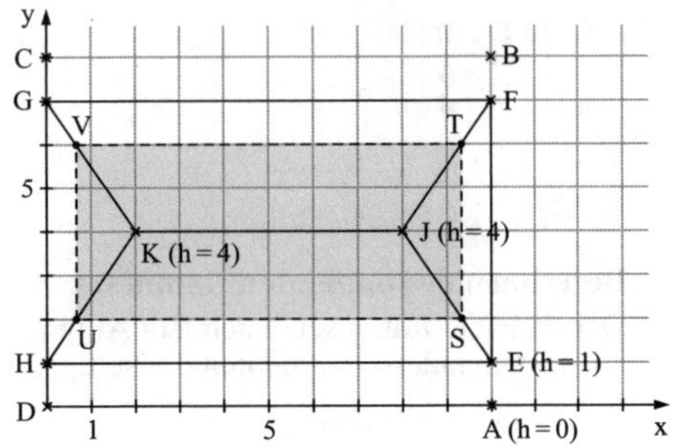

$A_{Rechteck} = |\overrightarrow{ST}| \cdot |\overrightarrow{SU}|$ mit $S \in \overline{EJ}, T \in \overline{FJ}, U \in \overline{HK}$

(1) $S \in \overline{EJ},\ S \in p(E, J)$ mit $z_S = 2$

$$p:\ \vec{x} = \begin{pmatrix} 10 \\ 1 \\ 1 \end{pmatrix} + t \begin{pmatrix} -2 \\ 3 \\ 3 \end{pmatrix},\quad 2 = 1 + 3t,\quad t = \frac{1}{3},\quad S\left(\frac{28}{3}\,\middle|\,2\,\middle|\,2\right)$$

(2) $T \in \overline{FJ},\ T \in q(F, J)$ mit $z_T = 2$

$$q:\ \vec{x} = \begin{pmatrix} 10 \\ 7 \\ 1 \end{pmatrix} + s \begin{pmatrix} -2 \\ -3 \\ 3 \end{pmatrix},\quad 2 = 1 + 3s,\quad s = \frac{1}{3},\quad T\left(\frac{28}{3}\,\middle|\,6\,\middle|\,2\right)$$

(3) Aufgrund von Symmetrieeigenschaften gilt: $H(0\,|\,1\,|\,1)$ und $K(2\,|\,4\,|\,4)$

$U \in \overline{HK},\ U \in k(H, K)$ mit $z_U = 2$

$$k:\ \vec{x} = \begin{pmatrix} 0 \\ 1 \\ 1 \end{pmatrix} + \ell \begin{pmatrix} 2 \\ 3 \\ 3 \end{pmatrix},\quad 2 = 1 + 3\ell,\quad \ell = \frac{1}{3},\quad U\left(\frac{2}{3}\,\middle|\,2\,\middle|\,2\right)$$

$$A_{Rechteck} = |\overrightarrow{ST}| \cdot |\overrightarrow{SU}|$$

$$A_{Rechteck} = \left|\begin{pmatrix} 0 \\ 4 \\ 0 \end{pmatrix}\right| \cdot \left|\begin{pmatrix} -\frac{26}{3} \\ 0 \\ 0 \end{pmatrix}\right|$$

$$A_{Rechteck} = 4 \cdot \frac{26}{3} = \frac{104}{3} \approx 34{,}67$$

Der Inhalt der Wohnfläche beträgt rund $34{,}67\ m^2$.

Kernfach Mathematik (Sachsen-Anhalt): Abiturprüfung 2011
Leistungskursniveau – Pflichtaufgabe L3: Stochastik

Für den Verkauf in Heimwerkermärkten werden Schrauben abgepackt. Die Anzahl der Schrauben in einer Packung schwankt bei der maschinellen Abpackung zufällig von 39 bis 43 Schrauben.

a) Die Zufallsgröße Y beschreibe die Anzahl der Schrauben in einer Packung. Aus langjähriger Erfahrung ergibt sich für die Zufallsgröße Y folgende Wahrscheinlichkeitsverteilung, die in der Tabelle unvollständig dargestellt ist.

$Y = i$	39	40	41	42	43
$P(Y = i)$		0,251	0,364	0,227	0,058

Berechnen Sie die Wahrscheinlichkeit $P(Y = 39)$ sowie den Erwartungswert $E(Y)$ und interpretieren Sie diesen. (5 BE)

b) In einer Stichprobe von 100 Packungen wird jeweils die Anzahl der Schrauben ermittelt. Eine Packung gilt als normgerecht, wenn sie mindestens 40 Schrauben enthält. Die Zufallsgröße X sei die Anzahl normgerechter Packungen in der Stichprobe.
Begründen Sie, dass die Zufallsgröße X als binomialverteilt mit $n = 100$ und 0,9 als Wahrscheinlichkeit angesehen werden kann, und berechnen Sie den Erwartungswert der Zufallsgröße X.

Ermitteln Sie die Wahrscheinlichkeiten folgender Ereignisse.
A: Genau 90 Packungen sind normgerecht.
B: Mindestens 90 Packungen sind normgerecht.

Ermitteln Sie die Wahrscheinlichkeit für das Ereignis, dass genau 90 Packungen normgerecht sind, unter der Bedingung, dass mindestens 90 Packungen normgerecht sind.

Ein Großhändler liefert die Schrauben in Kartons zu je 100 Packungen. Er will mit einer Sicherheit von mindestens 90 % eine Mindestzahl k an normgerechten Packungen je Karton garantieren.
Ermitteln Sie den größtmöglichen Wert für k. (14 BE)

c) Einem Heimwerkermarkt wird ein Mix von zwei Schraubensorten S_1 und S_2 angeboten. Der Heimwerkermarkt würde einen solchen Mix bestellen, wenn der Anteil der Sorte S_2 mehr als ein Viertel in diesem Mix beträgt.
Die Zufallsgröße Z beschreibe die Anzahl der Schrauben der Sorte S_2 in einer Stichprobe von 500 Schrauben des Mixes. Eine zufällig ausgewählte Schraube der Stichprobe sei mit der Wahrscheinlichkeit p eine Schraube der Sorte S_2.
Die Entscheidung über eine Bestellung soll anhand eines rechtsseitigen Signifikanztests mit der Hypothese H_0: $p \leq 0{,}25$ als Nullhypothese und dem Ablehnungsbereich $\overline{A} = \{140; 141; \ldots; 499; 500\}$ getroffen werden.

Beurteilen Sie die Eignung der Hypothese H_0 als Nullhypothese.
Berechnen Sie die Wahrscheinlichkeit, mit der irrtümlich eine Bestellung ausgelöst wird. (6 BE)

(25 BE)

Tipps und Hinweise zum Lösen von Pflichtaufgabe L3: Stochastik

a) *Berechnen der Wahrscheinlichkeit $P(Y = 39)$*

Hinweis:
Die Summe der Wahrscheinlichkeiten aller zur Zufallsgröße Y gehörenden Elementarereignisse muss 1 ergeben (Eigenschaft einer Wahrscheinlichkeitsverteilung).

Tipp: Haben Sie erkannt, dass $P(Y = 39) = 1 - P(Y \geq 40)$ gilt?

Berechnen und Interpretieren des Erwartungswertes E(Y)

Hinweise:
Für den Erwartungswert gilt: $E(Y) = y_1 \cdot P(Y = y_1) + y_2 \cdot P(Y = y_2) + \ldots + y_n \cdot P(Y = y_n)$
Interpretieren muss immer im Kontext mit dem gegebenen Sachverhalt erfolgen.

Tipps:
- Beachten Sie, dass der Wahrscheinlichkeitsverteilung der Zufallsgröße Y keine Binomialverteilung zugrunde liegt.
- Wichten (multiplizieren) Sie jeden Wert der Zufallsgröße Y mit der zugehörigen Wahrscheinlichkeit und bilden Sie die Summe aller so ermittelten Werte.
- Berücksichtigen Sie beim Interpretieren, dass der Erwartungswert ein statistischer Mittelwert ist.

b) *Begründen der Binomialverteilung der Zufallsgröße X (Vorliegen einer BERNOULLI-Kette der Länge $n = 100$ mit der Erfolgswahrscheinlichkeit $p = 0{,}9$)*

Hinweis:
Die zu einer BERNOULLI-Kette der Länge n mit der Erfolgswahrscheinlichkeit p gehörende Verteilung heißt Binomialverteilung mit den Parametern n und p. Die zugehörige Zufallsgröße wird als binomialverteilt bezeichnet.

Tipps:
- Überlegen Sie, unter welchen Bedingungen ein BERNOULLI-Experiment vorliegt (mögliche Versuchsausgänge, zugehörige Wahrscheinlichkeiten, Besonderheiten, …).
- Erfassen Sie für die Begründung die Bedingungen sachbezogen (siehe Aufgabentext).
- Stellen Sie fest, mit welchem Wert der Parameter n gegeben ist und wie sich rechnerisch die Erfolgswahrscheinlichkeit (Wert des Parameters p) ermitteln lässt.

Berechnen des Erwartungswertes E(X)

Hinweis:
Bei Binomialverteilung der Zufallsgröße X gilt: $E(X) = n \cdot p$

Tipp: Beachten Sie, mit welchen Parameterwerten n und p die Zufallsgröße X binomialverteilt ist.

Ermitteln der Wahrscheinlichkeiten der Ereignisse

Hinweise:
Prüfen Sie zunächst, ob die Nutzung von Tabellen zur Binomialverteilung möglich ist.
Es gilt die Beziehung: $P(X \geq k) = 1 - P(X \leq k - 1)$
Stellen Sie fest, ob an die beschriebenen Ereignisse besondere Bedingungen geknüpft sind. Achten Sie dabei auf entsprechende Signalworte.

Tipps:
- Entnehmen Sie dem Aufgabentext, mit welchen Parameterwerten die Zufallsgröße X als binomialverteilt angesehen wird.
- Haben Sie erkannt, dass auch eine bedingte Wahrscheinlichkeit zu ermitteln ist?

- Überlegen Sie, welche Gemeinsamkeit die Ereignisse A und B haben, um $P(A \cap B)$ geeignet zu ersetzen.
- Möglicher Lösungsansatz: $P_B(A) = \frac{P(A)}{P(B)}$

Ermitteln des größtmöglichen Wertes für k

Hinweise:
Schreiben Sie die Forderungen an k bzw. an die Zufallsgröße X in mathematischer Kurzform.
Beachten Sie, mit welchen Parameterwerten für n und p die Zufallsgröße X verteilt ist.

Tipps:
- Haben Sie erkannt, dass die Zufallsgröße X den Wert k als Mindestwert, also $X \geq k$, annehmen muss?
- Möglicher Lösungsansatz: $P(X \geq k) \geq 0{,}9$
- Beachten Sie $P(X \geq k) = 1 - P(X \leq k-1)$ und nutzen Sie eine entsprechende Tabelle der kumulierten (aufsummierten) Binomialverteilung.

c) *Beurteilen der Eignung der Nullhypothese*

Hinweis:
Die Nullhypothese ist stets so festzulegen, dass bei ihrer irrtümlichen Ablehnung der (im Vergleich zum Fehler 2. Art) schwerwiegendere Fehler, der Fehler 1. Art, vorliegt.

Tipp: Gehen Sie bei der Beurteilung von den möglichen Fehlentscheidungen und deren Schwere unter Beachtung des gegebenen Sachverhaltes aus.

Berechnen der gesuchten Wahrscheinlichkeit

Hinweise:
Durch die Nullhypothese ist festgelegt, mit welchem Parameterwert p die Zufallsgröße (bei wahrer Nullhypothese) binomialverteilt ist.
Die Wahrscheinlichkeit des Fehlers 1. Art ist $P(\overline{A}) = B_{n;\,p}(\overline{A})$, wobei der Parameterwert p der Nullhypothese zu entnehmen ist.
Die Näherungsformel nach dem Grenzwertsatz von De Moivre-Laplace lautet:

$$P(X \leq k) = B_{n;\,p}(\{0; 1; \ldots; k\}) \approx \Phi\left(\frac{k + 0{,}5 - \mu}{\sigma}\right) \text{ mit } \mu = E(X) \text{ und } \sigma = \sqrt{V(X)}$$

Ist das empirische Kriterium (Faustregel) $V(X) > 9$ erfüllt, gelten die Näherungswerte als hinreichend genau.

Tipps:
- Mit welchen Parameterwerten ist die Zufallsgröße Z binomialverteilt?
  Die Zufallsgröße Z ist $B_{n;\,p}$-verteilt mit $n = 500$ und $p = 0{,}25$.
- Haben Sie erkannt, dass die gesuchte Wahrscheinlichkeit die für den Fehler 1. Art ist? Beachten Sie den obigen Hinweis.
- Prüfen Sie, ob das empirische Kriterium (Faustregel) $V(Z) > 9$ erfüllt ist.
- Nutzen Sie eine Tabelle der Funktionswerte $\Phi(x)$ der Normalverteilung.
- Möglicher Lösungsansatz:

  $$P(\overline{A}) = P(Z \geq 140) = 1 - P(Z \leq 139)$$

  $$P(Z \leq 139) \approx \Phi\left(\frac{139 + 0{,}5 - 125}{\sqrt{93{,}75}}\right)$$

Lösungen

a) **Berechnen der Wahrscheinlichkeit $P(Y=39)$:**

$P(Y=39)=1-P(Y\geq 40)$

$P(Y=39)=1-[P(Y=40)+P(Y=41)+P(Y=42)+P(Y=43)]$

$\mathbf{P(Y=39)=0{,}1}$

Berechnen und Interpretieren des Erwartungswertes $E(Y)$:

$E(Y)=39\cdot 0{,}1+40\cdot 0{,}251+41\cdot 0{,}364+42\cdot 0{,}227+43\cdot 0{,}058=40{,}892$

$\mathbf{E(Y)\approx 40{,}9}$

Im statistischen Mittel ist mit 40,9 Schrauben je Packung zu rechnen.

b) **Begründen der Binomialverteilung der Zufallsgröße X (Vorliegen einer BERNOULLI-Kette der Länge $n=100$ mit der Erfolgswahrscheinlichkeit $p=0{,}9$):**

- Die Zufallsgröße X beschreibt in einer Stichprobe mit dem gegebenen Umfang $n=100$ Packungen die Anzahl der normgerechten Packungen und somit die „Anzahl der Treffer" in einer BERNOULLI-Kette der Länge $n=100$.
- Die Erfolgswahrscheinlichkeit lässt sich unter Beachtung der Wahrscheinlichkeitsverteilung der Zufallsgröße Y aus $P(Y\geq 40)=1-P(Y=39)$ zu $p=1-0{,}1=0{,}9$ erschließen, denn eine Packung gilt als normgerecht, wenn sie mindestens 40 Schrauben enthält.
- Für jede der 100 Packungen werden genau zwei Ereignisse unterschieden: das Ereignis „Packung normgerecht" und das zugehörige Gegenereignis „Packung *nicht* normgerecht".
- Die Wahrscheinlichkeiten der beiden Ereignisse bleiben (aufgrund der voneinander unabhängigen 100 Entscheidungen / Stufen des Zufallsversuchs) für jede Packung der Stichprobe unverändert.

Berechnen des Erwartungswertes $E(X)$:

$E(X)=n\cdot p=100\cdot 0{,}9=90$

$\mathbf{E(X)=90}$

Ermitteln der Wahrscheinlichkeiten der Ereignisse:

Für die Zufallsgröße X gilt: $X\sim B_{100;\,0,9}$

$P(A)=P(X=90)=B_{100;\,0,9}(\{90\})=0{,}13187$ (Tabellenwert)

$\mathbf{P(A)=0{,}13187\approx 13{,}2\,\%}$

$P(B)=P(X\geq 90)=1-P(X\leq 89)=1-B_{100;\,0,9}(\{0;\,1;\,\ldots;\,89\})=1-0{,}41684=0{,}58316$ (Tabellenwert)

$\mathbf{P(B)=0{,}58316\approx 58{,}3\,\%}$

Zu ermitteln ist die bedingte Wahrscheinlichkeit $P_B(A)$, wobei das Ereignis A im Ereignis B (echt) enthalten ist.

$$P_B(A)=\frac{P(A\cap B)}{P(B)}=\frac{P(A)}{P(B)}=\frac{0{,}13187}{0{,}58316}\approx 0{,}22613$$

$\mathbf{P_B(A)\approx 0{,}22613\approx 22{,}6\,\%}$

Ermitteln des größtmöglichen Wertes für k:

Es wird die folgende Bedingung gefordert:
Die Wahrscheinlichkeit dafür, dass die Zufallsgröße X einen Wert annimmt, der mindestens k ist, soll mindestens 0,9 betragen.

$P(X\geq k)=1-P(X\leq k-1)\geq 0{,}9$

Die Beziehung ist äquivalent mit $P(X\leq k-1)\leq 0{,}1$.

Die Ungleichung $P(X \leq k-1) \leq 0{,}1$ bzw. $B_{100;\,0,9}(\{0;\,1;\,\ldots;\,k-1\}) \leq 0{,}1$ ist letztmalig erfüllt für den Wert $k-1=85$ [Tabellenwert: $B_{100;\,0,9}(\{0;\,1;\,\ldots;\,85\})=0{,}07257$], also $k=86$.

Der größtmögliche Wert ist $k=86$.

c) **Beurteilen der Eignung der Nullhypothese:**

Die Hypothese H_0 ist als Nullhypothese geeignet, da ihre irrtümliche Ablehnung hier den schwerwiegenderen Fehler darstellt. Als Folge einer irrtümlichen Ablehnung von H_0 würde eine Bestellung ausgelöst werden, die vermutlich höchstens ein Viertel Schrauben der Sorte S_2 enthält. Dieses Risiko wird durch die Wahrscheinlichkeit für den Fehler 1. Art begrenzt.

Berechnen der gesuchten Wahrscheinlichkeit:

Die Zufallsgröße Z kann als binomialverteilt angenommen werden mit $n=500$ und $p=0{,}25$, d. h. $Z \sim B_{500;\,0,25}$ (bei wahrer Nullhypothese im ungünstigsten Fall).

Die Näherung der Binomialverteilung durch die Standardnormalverteilung ist hinreichend genau, da das empirische Kriterium $V(Z)>9$ mit

$V(Z)=n \cdot p \cdot (1-p)=500 \cdot 0{,}25 \cdot 0{,}75=93{,}75$

erfüllt ist.

Die gesuchte Wahrscheinlichkeit ist die Wahrscheinlichkeit α für den Fehler 1. Art; $\alpha=P(\overline{A})$.

$$P(\overline{A})=P(Z \geq 140)=1-P(Z \leq 139)$$

Zur Berechnung von $P(Z \leq 139)$ wird die Näherungsformel nach dem Grenzwertsatz von DE MOIVRE-LAPLACE verwendet.

$$P(Z \leq k)=B_{n;\,p}(\{0;1;\ldots;k\}) \approx \Phi\left(\frac{k+0{,}5-\mu}{\sigma}\right)$$

k – kritischer Wert $\quad k=139$

0,5 – Korrektursummand

μ – Erwartungswert $\quad \mu=E(Z)=n \cdot p=500 \cdot 0{,}25=125$

σ – Standardabweichung $\quad \sigma=\sqrt{V(Z)}=\sqrt{93{,}75}$

$$P(Z \leq 139) \approx \Phi\left(\frac{139+0{,}5-125}{\sqrt{93{,}75}}\right) \approx \Phi(1{,}50)$$

Aus einer Tabelle der Funktionswerte $\Phi(x)$ der Normalverteilung entnimmt man den Tabellenwert $\Phi(1{,}50)=0{,}9332$ und berechnet $P(Z \geq 140) \approx 1-0{,}9332=0{,}0668$.

Die Wahrscheinlichkeit, mit der irrtümlich eine Bestellung ausgelöst wird, beträgt etwa 6,7 %.

Kernfach Mathematik (Sachsen-Anhalt): Abiturprüfung 2011
Leistungskursniveau – Wahlpflichtaufgabe L4.1: Analysis

Gegeben sei eine Funktion f mit

$$y = f(x) = \frac{2}{1+e^{-x}} \quad \text{und} \quad x \in \mathbb{R}.$$

Der Punkt $W(0\,|\,f(0))$ ist der einzige Wendepunkt des Graphen der Funktion f.

a) Berechnen Sie den Funktionswert $f(-\ln 3)$ und untersuchen Sie die Funktion f auf Nullstellen.

Ermitteln Sie das Verhalten der Funktion f für $x \to \pm\infty$ und weisen Sie nach, dass die Funktion f für alle $x \in \mathbb{R}$ streng monoton wachsend ist.

Zeigen Sie, dass der Graph der Funktion f nicht symmetrisch zur y-Achse ist. (12 BE)

b) Schlussfolgern Sie aus Eigenschaften der Funktion f (oder aus Eigenschaften des Graphen von f) auf drei Eigenschaften der Ableitungsfunktion f' bzw. des Graphen von f'. (3 BE)

(15 BE)

Tipps und Hinweise zum Lösen von Wahlpflichtaufgabe L4.1: Analysis

a) *Berechnen des Funktionswertes*

Tipp: Setzen Sie das Argument, also den x-Wert, in die Funktionsgleichung ein.

Untersuchen auf Nullstellen

Hinweis:
Die Nullstelle einer Funktion ist die Abszisse des Schnittpunktes des Graphen der Funktion mit der x-Achse.

Tipp: Führen Sie den Ansatz zu einem Widerspruch und ziehen Sie eine Schlussfolgerung.

Verhalten im Unendlichen

Tipps:
- Wenden Sie die Grenzwertsätze an.
- Beachten Sie, dass $\lim\limits_{x \to +\infty} \frac{1}{e^x} = 0$ ist.

Nachweisen der Monotonie

Hinweis:
Eine differenzierbare Funktion ist genau dann streng monoton wachsend, wenn $f'(x) > 0$ für alle $x \in D_f$.

Tipps:
- Berechnen und untersuchen Sie f'(x).
- Nutzen Sie zum Bilden der 1. Ableitung die Quotientenregel.
- Weisen Sie unter Verwendung des obigen Hinweises die Monotonie nach.

Symmetrie zur y-Achse

Hinweis:
Der Graph einer Funktion f ist symmetrisch zur y-Achse, wenn für alle $x \in \mathbb{R}$ gilt:
$f(x) = f(-x)$

Tipps:
- Setzen Sie für x den Term (–x) ein.
- Führen Sie den Ansatz zu einem Widerspruch und ziehen Sie die Schlussfolgerung.

b) *Schlussfolgern auf Eigenschaften*

Tipps:
- Denken Sie an den Zusammenhang von Wende- und Extremstelle.
- Was ist aus der Monotonie der Funktion f zu folgern?
- Denken Sie auch an den Grenzwert im Unendlichen.

Lösungen

$$y = f(x) = \frac{2}{1+e^{-x}}, \quad x \in \mathbb{R}$$

$$f'(x) = \frac{2e^{-x}}{(1+e^{-x})^2}$$

a) **Berechnen des Funktionswertes:**

$$f(-\ln 3) = \frac{2}{1+e^{-(-\ln 3)}} = \frac{2}{1+e^{\ln 3}} = \frac{2}{1+3} = \frac{1}{2}$$

Untersuchen auf Nullstellen:

$$f(x) = 0, \quad \frac{2}{1+e^{-x}} = 0, \quad 2 = 0 \quad \text{Widerspruch}$$

$f(x) = 0$ ist für kein $x \in \mathbb{R}$ erfüllt. Die Funktion f hat keine Nullstellen.

Verhalten im Unendlichen, z. B.:

$$\lim_{x \to \pm\infty} f(x) = \lim_{x \to \pm\infty} \frac{2}{1+e^{-x}}, \text{ also}$$

$$\lim_{x \to +\infty} \frac{2}{1+e^{-x}} = \frac{\lim\limits_{x \to \infty} 2}{\lim\limits_{x \to \infty} 1 + \lim\limits_{x \to \infty} e^{-x}} = 2, \text{ da } \lim_{x \to \infty} \frac{1}{e^x} = 0$$

$$\lim_{x \to -\infty} \frac{2}{1+e^{-x}} = \lim_{x \to +\infty} \frac{2}{1+e^{x}} = \lim_{x \to +\infty} \frac{\frac{2}{e^x}}{\frac{1}{e^x}+1} = 0$$

Nachweisen der Monotonie, z. B.:
$m = f'(x) > 0 \Rightarrow$ streng monoton wachsend, also
Bilden der 1. Ableitung mit der Quotientenregel:

$$f'(x) = \frac{0 \cdot (1+e^{-x}) - 2(e^{-x}) \cdot (-1)}{(1+e^{-x})^2}$$

$f'(x) = \dfrac{2e^{-x}}{(1+e^{-x})^2} > 0,$ da Zähler $2e^{-x} = \dfrac{2}{e^x}$ und Nenner (ein quadratischer Term) stets größer null sind.

Die Funktion f ist für alle $x \in \mathbb{R}$ streng monoton wachsend.

Symmetrie zur y-Achse:
$f(x) = f(-x)$, also

$\dfrac{2}{1+e^{-x}} = \dfrac{2}{1+e^{-(-x)}} = \dfrac{2}{1+e^x}$ f. A., also

der Graph der Funktion f ist nicht symmetrisch zur y-Achse.

b) **Schlussfolgern auf Eigenschaften, z. B.:**

Eigenschaften von f	Eigenschaften von f'
$x = 0$ Wendestelle von f	$x = 0$ lokale Extremstelle von f'
f streng monoton wachsend	Wertebereich von f' enthält nur positive reelle Zahlen.
$\lim\limits_{x \to \infty} f(x) = 2$ und $\lim\limits_{x \to -\infty} f(x) = 0$	Funktionswerte von f' streben für $x \to \pm\infty$ gegen null.

Kernfach Mathematik (Sachsen-Anhalt): Abiturprüfung 2011
Leistungskursniveau – Wahlpflichtaufgabe L4.2: Analytische Geometrie

Gegeben sind die Vektoren $\vec{a}$, $\vec{b}$, $\vec{c}$, $\vec{d}$ und $\vec{e}$ des dreidimensionalen Raumes mit

$$\vec{a} = \begin{pmatrix} 1 \\ 0 \\ -2 \end{pmatrix},\ \vec{b} = \begin{pmatrix} 2 \\ 3 \\ -1 \end{pmatrix},\ \vec{c} = \begin{pmatrix} -1 \\ 4 \\ 2 \end{pmatrix},\ \vec{d} = \vec{a} - 2 \cdot \vec{c} \text{ und } \vec{e} = \begin{pmatrix} 1 \\ -1 \\ -5 \end{pmatrix}.$$

a) Berechnen Sie das Gradmaß des Winkels, den die Vektoren $\vec{a}$ und $\vec{b}$ einschließen.

Weisen Sie nach, dass die Vektoren $\vec{a}$, $\vec{b}$ und $\vec{c}$ linear unabhängig sind.

Berechnen Sie die Koordinaten des Vektors $\vec{d}$ und begründen Sie, dass die Vektoren $\vec{a}$, $\vec{c}$ und $\vec{d}$ komplanar sind. (8 BE)

b) Die Vektoren $\vec{a}$ und $\vec{b}$, $\vec{a}$ und $\vec{c}$ sowie $\vec{b}$ und $\vec{c}$ sind jeweils linear unabhängig.

Begründen Sie, dass die paarweise lineare Unabhängigkeit dreier beliebiger Vektoren des dreidimensionalen Raumes keine hinreichende Bedingung dafür ist, dass diese drei Vektoren linear unabhängig sind. (2 BE)

c) Zeigen Sie, dass gilt: $|\vec{a} \times \vec{e}| \neq 0$.

Schlussfolgern Sie daraus und unter Verwendung der Beziehung $|\vec{a} \times \vec{e}| = |\vec{a}| \cdot |\vec{e}| \cdot \sin \sphericalangle(\vec{a}, \vec{e})$ auf die lineare Abhängigkeit bzw. Unabhängigkeit der Vektoren $\vec{a}$ und $\vec{e}$. (5 BE)

(15 BE)

Tipps und Hinweise zum Lösen von Wahlpflichtaufgabe L4.2: Analytische Geometrie

a) *Berechnen des Gradmaßes des Winkels α*

Hinweis:
Zur Winkelberechnung bietet sich die Formel $\cos\alpha = \frac{\vec{a} \circ \vec{b}}{|\vec{a}| \cdot |\vec{b}|}$ an.

Nachweisen der linearen Unabhängigkeit

Hinweis:
Drei Vektoren sind genau dann linear unabhängig, wenn die Gleichung $r\vec{a} + s\vec{b} + t\vec{c} = \vec{o}$ nur die triviale Lösung $r = s = t = 0$ hat.

Tipp: Stellen Sie das entsprechende Gleichungssystem auf und lösen Sie es.

Berechnen der Koordinaten von $\vec{d}$ und Begründen der Komplanarität

Tipps:
- Setzen Sie die Vektoren in die Gleichung ein.
- Haben Sie erkannt, dass Vektor $\vec{d}$ Linearkombination aus den Vektoren $\vec{a}$ und $\vec{c}$ ist?

b) *Begründen der Aussage*

Tipp: Haben Sie erkannt, dass drei paarweise linear unabhängige Vektoren auch komplanar sein können?

c) *Zeigen der Gültigkeit der Ungleichung*

Tipp: Berechnen Sie das Kreuzprodukt.

Schlussfolgerung

Tipps:
- Untersuchen Sie jeden Faktor des Produkts.
- Wenn alle Faktoren ungleich null sind, sind die Vektoren linear unabhängig.

Lösungen

a) **Berechnen des Gradmaßes des Winkels $\alpha = \sphericalangle(\vec{a}, \vec{b})$:**

$$\cos\alpha = \frac{\vec{a} \circ \vec{b}}{|\vec{a}| \cdot |\vec{b}|} = \frac{\begin{pmatrix} 1 \\ 0 \\ -2 \end{pmatrix} \circ \begin{pmatrix} 2 \\ 3 \\ -1 \end{pmatrix}}{\left|\begin{pmatrix} 1 \\ 0 \\ -2 \end{pmatrix}\right| \cdot \left|\begin{pmatrix} 2 \\ 3 \\ -1 \end{pmatrix}\right|} = \frac{2+2}{\sqrt{5} \cdot \sqrt{14}} = \frac{4}{\sqrt{70}}$$

$$\alpha \approx 61{,}4^\circ$$

Nachweisen der linearen Unabhängigkeit, z. B.:

$$r\vec{a} + s\vec{b} + t\vec{c} = \vec{o}$$

$$r\begin{pmatrix} 1 \\ 0 \\ -2 \end{pmatrix} + s\begin{pmatrix} 2 \\ 3 \\ -1 \end{pmatrix} + t\begin{pmatrix} -1 \\ 4 \\ 2 \end{pmatrix} = \begin{pmatrix} 0 \\ 0 \\ 0 \end{pmatrix}$$

$$\begin{array}{llr|l} \text{I} & r + 2s - t = 0 & & \cdot 2 \\ \text{II} & 3s + 4t = 0 & & \\ \text{III} & -2r - s + 2t = 0 & & \leftarrow + \text{ I} \\ \hline & 3s = 0, & s = 0 & \text{in II} \\ & 3 \cdot 0 + 4t = 0, & t = 0 & \text{und in I} \\ & r + 2 \cdot 0 - 0 = 0, & r = 0, & \text{also } r = s = t = 0. \end{array}$$

Daraus folgt: Die Vektoren $\vec{a}$, $\vec{b}$ und $\vec{c}$ sind linear unabhängig.

Berechnen der Koordinaten von $\vec{d}$ und Begründen der Komplanarität:

$$\vec{d} = \vec{a} - 2\vec{c}$$

$$\vec{d} = \begin{pmatrix} 1 \\ 0 \\ -2 \end{pmatrix} - 2 \cdot \begin{pmatrix} -1 \\ 4 \\ 2 \end{pmatrix} = \begin{pmatrix} 1 \\ 0 \\ -2 \end{pmatrix} - \begin{pmatrix} -2 \\ 8 \\ 4 \end{pmatrix}$$

$$\vec{d} = \begin{pmatrix} 3 \\ -8 \\ -6 \end{pmatrix}$$

Der Vektor $\vec{d}$ ist Linearkombination aus den Vektoren $\vec{a}$ und $\vec{c}$. Deshalb sind die Vektoren $\vec{a}$, $\vec{c}$ und $\vec{d}$ komplanar.

b) **Begründen der Aussage, z. B.:**

Drei paarweise linear unabhängige Vektoren können auch komplanar sein und sind damit linear abhängig.

c) **Zeigen der Gültigkeit der Ungleichung:**

$$|\vec{a}\times\vec{e}| \neq 0$$

$$\left|\begin{pmatrix}1\\0\\-2\end{pmatrix}\times\begin{pmatrix}1\\-1\\-5\end{pmatrix}\right| \neq 0$$

$$\left|\begin{pmatrix}0\cdot(-5)-(-2)\cdot(-1)\\-2\cdot 1-1\cdot(-5)\\1\cdot(-1)-0\cdot 1\end{pmatrix}\right| \neq 0$$

$$\left|\begin{pmatrix}-2\\3\\-1\end{pmatrix}\right| \neq 0$$

$$\sqrt{(-2)^2+3^2+(-1)^2} \neq 0$$

$$\sqrt{14} \neq 0 \quad \text{w. A.}$$

Schlussfolgerung:

Da $|\vec{a}\times\vec{e}| = |\vec{a}|\cdot|\vec{e}|\cdot\sin\sphericalangle(\vec{a},\vec{e}) \neq 0$ und $|\vec{a}| \neq 0$ und $|\vec{e}| \neq 0$

$\Rightarrow \quad \sin\sphericalangle(\vec{a},\vec{e}) \neq 0$, also $\sphericalangle(\vec{a},\vec{e}) \neq 0°$ und $\sphericalangle(\vec{a},\vec{e}) \neq 180°$.

Damit sind die Vektoren $\vec{a}$ und $\vec{e}$ linear unabhängig.

Kernfach Mathematik (Sachsen-Anhalt): Abiturprüfung 2012
Leistungskursniveau – Pflichtaufgabe L1: Analysis

Gegeben sind die Funktionen f und g durch

$$f:\ y = f(x) = \frac{8}{11}(4x^3 - x^4),\quad x \in \mathbb{R},$$

$$g:\ y = g(x) = (4 - x)e^x,\quad x \in \mathbb{R}.$$

Die Graphen dieser Funktionen seien F bzw. G.

a) Berechnen Sie die Nullstellen und die lokalen Extremstellen der Funktion f. (8 BE)

b) Ermitteln Sie eine Gleichung der Tangente an den Graphen G in seinem Schnittpunkt mit der y-Achse.

Begründen Sie, dass der Graph G für $x < 0$ die x-Achse nicht schneidet.

Zeigen Sie, dass der Punkt P(3 | 20) kein Hochpunkt des Graphen G ist.

Untersuchen Sie den Graphen G auf Wendepunkte und geben Sie deren Koordinaten an.

In der Abbildung sind Ausschnitte der Graphen F und G dargestellt. Geben Sie an, welche der Kurven zum Graphen F und welche zum Graphen G gehört.

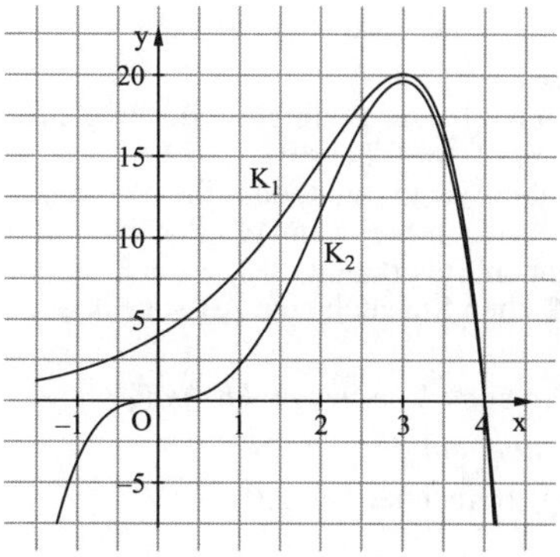

(14 BE)

c) Weisen Sie nach, dass die Funktion h mit $y = h(x) = (5 - x)e^x$, $x \in \mathbb{R}$, eine Stammfunktion von g ist.

Die Graphen F und G, die y-Achse und die Gerade mit der Gleichung $x = 3$ schließen eine Fläche vollständig ein.
Berechnen Sie mithilfe des Hauptsatzes der Differenzial- und Integralrechnung die Maßzahl des Inhalts dieser Fläche. (7 BE)

d) Die Funktion f beschreibe im Intervall [0; 3] die Bewegung eines Körpers. Ihr Argument x entspricht der Zeit (eine Abszisseneinheit beträgt 60 Sekunden). Der Funktionswert y entspricht dem zurückgelegten Weg (eine Ordinateneinheit beträgt 100 Meter).

Ermitteln Sie aus der grafischen Darstellung der Funktion f näherungsweise die Zeit, zu der der Körper die maximale Geschwindigkeit hat, und berechnen Sie mithilfe dieses Näherungswertes die maximale Geschwindigkeit sowie den bis dahin zurückgelegten Weg.
Begründen Sie jeweils Ihr Vorgehen. (6 BE)

(35 BE)

Tipps und Hinweise zum Lösen von Pflichtaufgabe L1: Analysis

a) *Nullstellen der Funktion f*

Hinweis:
Die Nullstelle einer Funktion ist die Abszisse des Schnittpunktes des Graphen der Funktion mit der x-Achse.

Tipps:
- Haben Sie erkannt, dass Sie x^3 ausklammern können?
- Überlegen Sie, wann ein Produkt null ist.
- Sie können die Nullstellen sofort ablesen.

Extremstellen

Hinweis:
Verwenden Sie beim Ableiten die Potenzregel und die Summenregel:
$f(x) = x^n \quad \Rightarrow \quad f'(x) = n \cdot x^{n-1}$
$f(x) = u(x) + v(x) \quad \Rightarrow \quad f'(x) = u'(x) + v'(x)$

Tipps:
- Hinreichende Bedingung für lokale Extrema:
  $f'(x) = 0 \wedge f''(x) \neq 0$
- Haben Sie erkannt, dass Sie $4x^2$ ausklammern können?
- Überlegen Sie, wann ein Produkt null ist.
- Haben Sie erkannt, dass Sie nur die x-Werte berechnen sollen?
- Machen Sie auch eine Aussage über $f''(0) = 0$.

b) *Ermitteln einer Tangentengleichung*

Schnittpunkt mit der y-Achse

Tipp: Berechnen Sie g(0).

Aufstellen der Tangentengleichung

Hinweis:
Verwenden Sie beim Ableiten die Produktregel
$g(x) = u(x) \cdot v(x) \quad \Rightarrow \quad g'(x) = u'(x) \cdot v(x) + u(x) \cdot v'(x)$
und die Ableitung der e-Funktion:
$g(x) = e^x \quad \Rightarrow \quad g'(x) = e^x$

Tipps:
- Eine Tangentengleichung hat die Form $y = mx + n$.
- Der Anstieg ergibt sich aus $m = g'(0)$.
- Die 1. Ableitung erhalten Sie mit der Produktregel.

Begründen der Aussage

Tipps:
- Betrachten Sie für $x < 0$ die einzelnen Faktoren von g(x).
- Ziehen Sie eine Schlussfolgerung daraus.
- Alternativ können Sie auch die Nullstelle von g(x) berechnen und eine Schlussfolgerung für $x < 0$ ziehen.

Zeigen, dass der Punkt P kein Hochpunkt ist

Tipps:
- Hinreichende Bedingung für lokale Hochpunkte:
  $g'(x) = 0 \wedge g''(x) < 0$
- Berechnen Sie nicht nur die Extremstelle, sondern die Koordinaten des Hochpunktes.
- Vergleichen Sie den berechneten y-Wert mit dem y-Wert des Punktes P.

Wendepunkte

Hinweis:
Verwenden Sie beim Ableiten die Produktregel und die Ableitung der e-Funktion (s. oben).

Tipps:
- Hinreichende Bedingung für Wendepunkte:
  $g''(x) = 0 \wedge g'''(x) \neq 0$
- Berechnen Sie die vollständigen Koordinaten des Wendepunktes, nicht nur die Wendestelle.

Zuordnen der Kurven

Tipp: Betrachten Sie die schon nachgewiesenen Eigenschaften der Funktionen bzw. der Graphen der Funktionen.

c) *Nachweisen der Stammfunktion durch Ableiten*

Tipp: Leiten Sie die Funktion h(x) mit der Produktregel ab.

Berechnen der Maßzahl des Inhalts der Fläche

Hinweis:
Die Fläche zwischen den Graphen zweier Funktionen f und g mit $f(x) - g(x) \geq 0$ oder $f(x) - g(x) \leq 0$ für alle $x \in [a; b]$ lässt sich berechnen nach der Formel:

$$A = \left| \int_a^b (f(x) - g(x))\, dx \right|$$

Tipps:
- Nutzen Sie die vorgegebene Stammfunktion von g(x) und für f(x) die Potenzregel der Integration.
- Vergessen Sie notwendige Klammern nicht.
- Denken Sie daran, dass $e^0 = 1$ ist.

d) *Ermitteln, Berechnen und Begründen*

Tipps:
- Die Wendestelle entspricht dem Zeitpunkt der maximalen Geschwindigkeit.
- Lesen Sie näherungsweise die Wendestelle des Graphen F ab.
- Die 1. Ableitung gibt die Augenblicksgeschwindigkeit an.
- Berechnen Sie f'(2) und schließen Sie mit den Einheiten auf die maximale Geschwindigkeit.
- Haben Sie erkannt, dass der zurückgelegte Weg $f(2) \cdot 100$ m ist?

Lösungen

$$y = f(x) = \frac{8}{11}(4x^3 - x^4), \qquad x \in \mathbb{R}$$

$$f'(x) = \frac{8}{11}(12x^2 - 4x^3)$$

$$f''(x) = \frac{8}{11}(24x - 12x^2)$$

$$y = g(x) = (4 - x)e^x, \quad x \in \mathbb{R}$$

$$g'(x) = (3 - x)e^x$$

$$g''(x) = (2 - x)e^x$$

$$g'''(x) = (1 - x)e^x$$

a) **Nullstellen der Funktion f:**

$f(x) = 0, \quad \frac{8}{11}(4x^3 - x^4) = 0, \quad 4x^3 - x^4 = 0, \quad x^3(4 - x) = 0, \quad x_1 = 0, \ x_2 = 4$

Extremstellen:

$f'(x) = 0, \quad \frac{8}{11}(12x^2 - 4x^3) = 0, \quad 12x^2 - 4x^3 = 0, \quad 4x^2(3 - x) = 0, \quad x_1 = 0, \ x_2 = 3$

$f''(0) = \frac{8}{11}(24 \cdot 0 - 12 \cdot 0^2) = 0 \qquad \Rightarrow$ keine lokale Extremstelle (da $f'''(0) \neq 0$)

$f''(3) = \frac{8}{11}(24 \cdot 3 - 12 \cdot 3^2) = -\frac{288}{11} < 0 \quad \Rightarrow \ x_2 = 3$ ist lokale Extremstelle

b) **Ermitteln einer Tangentengleichung:**

Schnittpunkt mit der y-Achse S_y, also $x = 0$ eingesetzt
$g(0) = (4 - 0)e^0 = 4 \ \Rightarrow \ S_y(0\,|\,4)$
Bilden der 1. Ableitung mit der Produktregel:
$g'(x) = -1 \cdot e^x + (4 - x) \cdot e^x = (3 - x)e^x$
Aufstellen der Tangentengleichung $y = mx + n$ mit
$m = g'(0) = (3 - 0)e^0 = 3$
$y = 3x + n$ mit $S_y(0\,|\,4)$ gilt
$y = 3x + 4$

Begründen der Aussage, z. B.:

Es gilt für $x < 0$, dass $4 - x > 0$ und $e^x > 0$. Daher ist $g(x) = (4 - x)e^x$ für $x < 0$ stets positiv, also kann der Graph G die x-Achse für $x < 0$ nicht schneiden.

Andere Möglichkeit:
Berechnen der Nullstellen von g(x), also
$g(x) = 0, \quad (4 - x)e^x = 0, \quad 4 - x = 0$, da $e^x > 0, \quad x = 4 > 0$.
Der Graph G schneidet die x-Achse nur an dieser Stelle und nicht an einer Stelle für $x < 0$.

Zeigen, dass der Punkt P kein Hochpunkt ist:

$g'(x)=0, \quad (3-x)e^x=0, \quad 3-x=0$, da $e^x \neq 0$, also $x=3$

Bilden der 2. Ableitung mit der Produktregel:

$g''(x)=e^x \cdot (3-x)+e^x \cdot (-1)=(2-x)e^x$

$g''(3)=(2-3)e^3=-e^3<0 \Rightarrow H(3\,|\,g(3))$ mit $g(3)=(4-3)e^3=e^3 \approx 20{,}09 \neq 20$

Der y-Wert des Punktes P stimmt nicht mit dem y-Wert des Hochpunktes von G überein, also ist P kein Hochpunkt von G.

Andere (einfachere) Möglichkeit:

$g(3)=(4-3)e^3=e^3 \approx 20{,}09 \neq 20$,

somit gilt $P \notin G$ und damit ist P auch kein Hochpunkt des Graphen G.

Wendepunkt:

$g''(x)=0, \quad (2-x)e^x=0, \quad 2-x=0$, da $e^x \neq 0$, also $x=2$

$g'''(2)=(1-2)e^2=-e^2 \neq 0$

$\Rightarrow W(2\,|\,g(2))$ mit $g(2)=(4-2)e^2=2e^2$, also $W(2\,|\,2e^2)$, $W(2\,|\,14{,}8)$.

Zuordnen der Kurven:

K_1 gehört zum Graphen G und
K_2 gehört zum Graphen F.

c) **Nachweisen der Stammfunktion durch Ableiten:**

Es muss gelten $h'(x)=g(x)$, also mit Produktregel:

$h'(x)=-1 \cdot e^x+(5-x)\cdot e^x=(4-x)e^x=g(x)$, w. A.

Berechnen der Maßzahl des Inhalts der Fläche:

untere Grenze: $x=0$, obere Grenze: $x=3$

$$A=\left|\int_0^3 (g(x)-f(x))\,dx\right|=\left|\int_0^3\left[(4-x)e^x-\left(\frac{8}{11}(4x^3-x^4)\right)\right]dx\right|$$

$$A=\left|\left[(5-x)e^x-\left(\frac{8}{11}\left(\cancel{4}\cdot\frac{x^4}{\cancel{4}}-\frac{x^5}{5}\right)\right)\right]_0^3\right|$$

$$A=\left|\left[(5-x)e^x-\frac{8}{11}\left(x^4-\frac{1}{5}x^5\right)\right]_0^3\right|$$

$$A=\left|(5-3)e^3-\frac{8}{11}\left(3^4-\frac{1}{5}\cdot 3^5\right)-\left((5-0)e^0\right)\right|$$

$A \approx 11{,}6$

d) **Ermitteln, Berechnen und Begründen:**

Die Wendestelle von f(x) entspricht dem Zeitpunkt der maximalen Geschwindigkeit.
Abgelesen aus der grafischen Darstellung: $x_W \approx 2$, also 2 Minuten

Berechnen der maximalen Geschwindigkeit:

f'(x) gibt die Augenblicksgeschwindigkeit an.

$$f'(2) = \frac{8}{11}(12 \cdot 2^2 - 4 \cdot 2^3) = \frac{128}{11}$$

$$v_{max} = f'(2) \cdot \frac{100 \text{ m}}{60 \text{ s}} \approx 19{,}4 \frac{\text{m}}{\text{s}}$$

Berechnen des zurückgelegten Weges:

$$f(2) = \frac{8}{11}(4 \cdot 2^3 - 2^4) = \frac{128}{11}$$

$$s = f(2) \cdot 100 \text{ m} \approx 1163{,}6 \text{ m} \approx 1{,}2 \text{ km}$$

Die maximale Geschwindigkeit beträgt 19,4 $\frac{\text{m}}{\text{s}}$ und der zurückgelegte Weg 1,2 km.

Kernfach Mathematik (Sachsen-Anhalt): Abiturprüfung 2012
Leistungskursniveau – Pflichtaufgabe L2: Analytische Geometrie

In einem kartesischen Koordinatensystem sind die Punkte $A(1\,|\,-1\,|\,-1)$ und $B(-3\,|\,0\,|\,2)$, die Gerade g mit der Gleichung

$$\vec{x} = \begin{pmatrix} 3 \\ 5 \\ -5 \end{pmatrix} + r \cdot \begin{pmatrix} 0 \\ 1 \\ 1 \end{pmatrix}, \quad r \in \mathbb{R},$$

sowie die Ebene E_1 mit der Gleichung $8x + 11y + 7z + 10 = 0$ gegeben.

a) Es sei h die Gerade durch die Punkte A und B.
Geben Sie eine Gleichung der Geraden h an.

Weisen Sie nach, dass die Geraden g und h zueinander windschief sind.

Berechnen Sie das Gradmaß des spitzen Winkels, den die Richtungsvektoren der Geraden g und h einschließen. (9 BE)

b) Die Ebene, die die Gerade h enthält und zu der die Gerade g parallel verläuft, sei die Ebene E_2.
Ermitteln Sie eine Koordinatengleichung der Ebene E_2.

[Ergebnis zur Kontrolle: $x - 2y + 2z - 1 = 0$]

Zeigen Sie, dass die Ebenen E_1 und E_2 zueinander senkrecht stehen und auch die Ebene E_1 die Gerade h enthält.

Der Punkt $T(3\,|\,5\,|\,-5)$ liegt auf der Geraden g.
Berechnen Sie den Abstand des Punktes T von der Ebene E_2. (10 BE)

c) Unter allen Punkten der Geraden g und h gibt es genau ein Paar von Punkten $Q \in g$ und $R \in h$, für welches die Länge der Strecke $\overline{QR}$ minimal ist.

Begründen Sie, dass die Länge dieser Strecke gleich dem Abstand des Punktes T von der Ebene E_2 ist, und berechnen Sie die Koordinaten des Punktes Q. (6 BE)

(25 BE)

Tipps und Hinweise zum Lösen von Pflichtaufgabe L2: Analytische Geometrie

a) *Aufstellen einer Gleichung der Geraden h*

Tipps:
- Stellen Sie die Zweipunktegleichung auf.
- Ansatz: $\vec{x} = \overrightarrow{OA} + t\overrightarrow{AB},\ t \in \mathbb{R}$

Nachweisen, dass die Geraden windschief zueinander liegen

Tipps:
- Untersuchen Sie die Richtungsvektoren der Geraden g und h auf lineare Unabhängigkeit.
- Untersuchen Sie die Geraden auf gemeinsame Punkte.
- Stellen Sie das dazugehörige Gleichungssystem auf und lösen Sie es.
- Schlussfolgern Sie nun auf die gesuchte Eigenschaft.

Berechnen des Gradmaßes des spitzen Winkels

Hinweis:
Die Formel für die Berechnung des spitzen Winkels zwischen den Richtungsvektoren $\vec{u}$ und $\vec{v}$ zweier Geraden lautet:

$$\cos\alpha = \frac{|\vec{u} \circ \vec{v}|}{|\vec{u}| \cdot |\vec{v}|}$$

Tipp: Überprüfen Sie, ob Sie einen spitzen Winkel berechnet haben.

b) *Ermitteln einer Koordinatengleichung der Ebene E_2*

Tipps:
- Ein Teil der Parametergleichung der Ebene E_2 ist durch die Lage der Geraden h schon gegeben.
- Haben Sie erkannt, dass der Richtungsvektor von g gleichzeitig ein Spannvektor der Ebene E_2 ist?
- Ermitteln Sie einen Normalenvektor $\vec{n} = \begin{pmatrix} n_1 \\ n_2 \\ n_3 \end{pmatrix}$ aus dem Vektorprodukt der Spannvektoren der Ebene E_2.
- Dann gilt: E_2: $n_1x + n_2y + n_3z = d$, wobei sich d durch Punktprobe mit A ermitteln lässt.

Zeigen, dass die Ebenen senkrecht zueinander stehen

Tipps:
- Eine Skizze ist hilfreich.
- Bilden Sie das Skalarprodukt der beiden Normalenvektoren.

Zeigen, dass die Gerade h in E_1 liegt

Tipp: Setzen Sie die Gerade h in die Ebene E_1 ein.

Berechnen des Abstandes des Punktes T von E_2

Hinweis:
Der Abstand eines Punktes von einer Ebene kann durch Einsetzen des Punktes in die Hesse'sche Normalenform ermittelt werden.

Tipps:
- Stellen Sie aus der ermittelten Koordinatengleichung der Ebene die Hesse'sche Normalenform auf.
- Setzen Sie zur Abstandsbestimmung die Koordinaten des Punktes T ein.
- Denken Sie daran, dass der Abstand immer positiv ist.

c) *Begründen der Aussage*

Tipps:
- Tragen Sie die bekannten und ermittelten Eigenschaften in einer Skizze zusammen.
- Haben Sie im Problem den Abstand zweier windschiefer Geraden erkannt?

Berechnen der Koordinaten des Punktes Q

Tipps:
- Haben Sie erkannt, dass sich die Koordinaten von Q als Durchstoßpunkt der Geraden g durch die Ebene E_1 ermitteln lassen?
- Setzen Sie die Gerade g in die Ebene E_1 ein.

Lösungen

a) **Aufstellen einer Gleichung der Geraden h, z. B.:**

h: $\vec{x} = \overrightarrow{OA} + t\overrightarrow{AB}$

$$\vec{x} = \begin{pmatrix} 1 \\ -1 \\ -1 \end{pmatrix} + t\begin{pmatrix} -3-1 \\ 0-(-1) \\ 2-(-1) \end{pmatrix}$$

$$\vec{x} = \begin{pmatrix} 1 \\ -1 \\ -1 \end{pmatrix} + t\begin{pmatrix} -4 \\ 1 \\ 3 \end{pmatrix}, \quad t \in \mathbb{R}$$

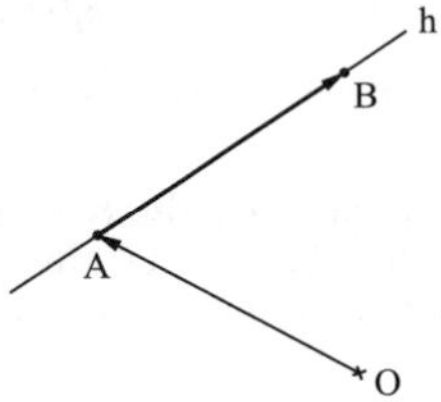

Nachweisen, dass die Geraden windschief zueinander liegen, z. B.:

(1) Richtungsvektoren müssen linear unabhängig sein, also

$$\begin{pmatrix} 0 \\ 1 \\ 1 \end{pmatrix} = k\begin{pmatrix} -4 \\ 1 \\ 3 \end{pmatrix}, \quad \begin{matrix} 0 = -4k, & k = 0 \\ 1 = 1k, & k = 1 \\ 1 = 3k, & k = \frac{1}{3} \end{matrix}$$

Widerspruch, also Richtungsvektoren linear unabhängig.

(2) Geraden g und h haben keine gemeinsamen Punkte, also das dazugehörige Gleichungssystem besitzt keine Lösung, also

$$\begin{pmatrix} 3 \\ 5 \\ -5 \end{pmatrix} + r\begin{pmatrix} 0 \\ 1 \\ 1 \end{pmatrix} = \begin{pmatrix} 1 \\ -1 \\ -1 \end{pmatrix} + t\begin{pmatrix} -4 \\ 1 \\ 3 \end{pmatrix}$$

$$\begin{array}{lrcl} \text{I} & 3 & = & 1-4t \\ \text{II} & 5+r & = & -1+t \\ \text{III} & -5+r & = & -1+3t \end{array}$$

aus I folgt $t = -\frac{1}{2}$, eingesetzt

in II $\quad 5+r = -1-\frac{1}{2}, \qquad r = -\frac{13}{2}$

in III $\quad -5+r = -1+3\cdot\left(-\frac{1}{2}\right), \qquad r = \frac{5}{2}$

Widerspruch, Gleichungssystem nicht lösbar, also g und h haben keine Punkte gemeinsam.

Aus (1) und (2) folgt windschief.

Berechnen des Gradmaßes des spitzen Winkels:

Spitzer Winkel zwischen den Richtungsvektoren von g und h

$$\cos\alpha = \frac{\left|\begin{pmatrix} 0 \\ 1 \\ 1 \end{pmatrix} \circ \begin{pmatrix} -4 \\ 1 \\ 3 \end{pmatrix}\right|}{\left|\begin{pmatrix} 0 \\ 1 \\ 1 \end{pmatrix}\right| \cdot \left|\begin{pmatrix} -4 \\ 1 \\ 3 \end{pmatrix}\right|} = \frac{4}{\sqrt{2}\cdot\sqrt{26}} = \frac{2\sqrt{13}}{13}$$

$\alpha \approx 56{,}31°$

b) **Ermitteln einer Koordinatengleichung der Ebene E_2**

Eine mögliche Parametergleichung der Ebene lautet:

$$E_2\colon \vec{x} = \begin{pmatrix} 1 \\ -1 \\ -1 \end{pmatrix} + t\begin{pmatrix} -4 \\ 1 \\ 3 \end{pmatrix} + s\begin{pmatrix} 0 \\ 1 \\ 1 \end{pmatrix}; \quad t, s \in \mathbb{R}$$

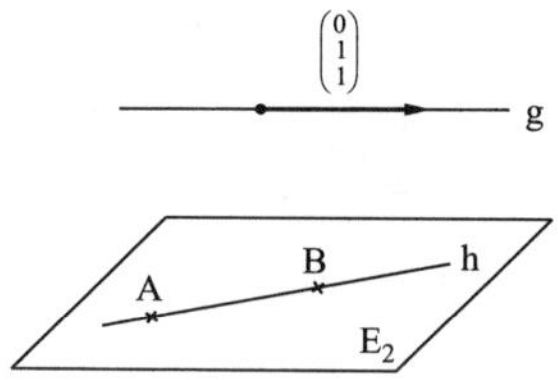

1. Möglichkeit:

Einen Normalenvektor $\vec{n}$ von E_2 berechnet man mithilfe des Vektorprodukts aus den Spannvektoren der Ebene:

$$\begin{pmatrix} -4 \\ 1 \\ 3 \end{pmatrix} \times \begin{pmatrix} 0 \\ 1 \\ 1 \end{pmatrix} = \begin{pmatrix} 1\cdot 1 - 1\cdot 3 \\ 3\cdot 0 - 1\cdot(-4) \\ -4\cdot 1 - 0\cdot 1 \end{pmatrix} = \begin{pmatrix} -2 \\ 4 \\ -4 \end{pmatrix} = -2\cdot\begin{pmatrix} 1 \\ -2 \\ 2 \end{pmatrix}$$

Mit dem Ansatz $x - 2y + 2z = d$ und durch Einsetzen der Koordinaten des Punktes $A(1\,|-1\,|-1) \in E_2$ ergibt sich

$1 - 2\cdot(-1) + 2\cdot(-1) = d, \quad d = 1, \quad$ also

$E_2\colon\ x - 2y + 2z = 1.$

2. Möglichkeit:

Der Normalenvektor $\vec{n}$ steht senkrecht auf den Spannvektoren der Ebene E_2:

$$\vec{n} \perp \begin{pmatrix} -4 \\ 1 \\ 3 \end{pmatrix} \text{ und } \vec{n} \perp \begin{pmatrix} 0 \\ 1 \\ 1 \end{pmatrix}, \text{ damit gilt: } \vec{n} \circ \begin{pmatrix} -4 \\ 1 \\ 3 \end{pmatrix} = 0 \text{ und } \vec{n} \circ \begin{pmatrix} 0 \\ 1 \\ 1 \end{pmatrix} = 0$$

$$\begin{array}{rcl|l} -4n_1 + n_2 + 3n_3 &=& 0 & \\ n_2 + n_3 &=& 0 & \cdot(-1) \quad + \\ \hline -4n_1 \qquad + 2n_3 &=& 0 & \end{array}$$

Eine mögliche Lösung ist $n_3 = 2$, $n_1 = 1$, $n_2 = -2$, d. h. $\vec{n} = \begin{pmatrix} 1 \\ -2 \\ 2 \end{pmatrix}$.

Mit dem Ansatz $x - 2y + 2z = d$ und durch Einsetzen der Koordinaten des Punktes $A(1\,|-1\,|-1) \in E_2$ ergibt sich

$1 - 2\cdot(-1) + 2\cdot(-1) = d, \quad d = 1, \quad$ also

$E_2\colon\ x - 2y + 2z = 1.$

3. Möglichkeit:

Aus der Parametergleichung von E_2

$$\vec{x} = \begin{pmatrix} x \\ y \\ z \end{pmatrix} = \begin{pmatrix} 1 \\ -1 \\ -1 \end{pmatrix} + t\begin{pmatrix} -4 \\ 1 \\ 3 \end{pmatrix} + s\begin{pmatrix} 0 \\ 1 \\ 1 \end{pmatrix}$$

folgt das Gleichungssystem:

$$\begin{array}{ll} \text{I} & x = 1 - 4t \\ \text{II} & y = -1 + t + s \\ \text{III} & z = -1 + 3t + s \end{array}$$

Aus Gleichung I wird der Parameter t berechnet und in Gleichungen II und III eingesetzt:

$x = 1 - 4t, \quad x - 1 = -4t, \quad t = -\frac{1}{4}x + \frac{1}{4}$ in

$$\text{II} \quad y = -1 - \frac{1}{4}x + \frac{1}{4} + s$$

$$\text{III} \quad z = -1 + 3\left(-\frac{1}{4}x + \frac{1}{4}\right) + s \qquad \text{umgeformt}$$

$$\text{II}^* \quad y = -\frac{3}{4} - \frac{1}{4}x + s$$

$$\text{III}^* \quad z = -\frac{1}{4} - \frac{3}{4}x + s \qquad \Big| \cdot (-1) \quad +$$

$$y - z = -\frac{1}{2} + \frac{1}{2}x$$

$$-\frac{1}{2}x + y - z = -\frac{1}{2} \qquad \Big| \cdot (-2)$$

E_2: $x - 2y + 2z = 1$

Zeigen, dass die Ebenen senkrecht zueinander stehen:

Es gilt:

$$\vec{n}_1 \circ \vec{n}_2 = 0$$

$$\begin{pmatrix} 8 \\ 11 \\ 7 \end{pmatrix} \circ \begin{pmatrix} 1 \\ -2 \\ 2 \end{pmatrix} = 0$$

$8 \cdot 1 + 11 \cdot (-2) + 7 \cdot 2 = 0$, w. A.

Die Ebenen stehen senkrecht aufeinander.

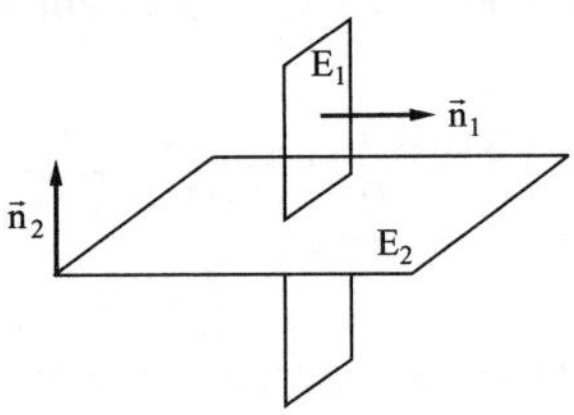

Zeigen, dass die Gerade h in E_1 liegt:

Die Gerade h in Ebene E_1 einsetzen, also

$$8 \cdot (1 - 4t) + 11 \cdot (-1 + t) + 7 \cdot (-1 + 3t) + 10 = 0$$

$$8 - 32t - 11 + 11t - 7 + 21t + 10 = 0$$

$$0 = 0 \quad \text{w. A., also h liegt in } E_1.$$

Andere Möglichkeit:

$h \subset E_1$, wenn A und B in E_1 liegen, also

Punktprobe:

$A \in E_1$: $8 \cdot 1 + 11 \cdot (-1) + 7 \cdot (-1) + 10 = 0, \quad 8 - 11 - 7 + 10 = 0,$ w. A.

$B \in E_1$: $8 \cdot (-3) + 11 \cdot 0 + 7 \cdot 2 + 10 = 0, \quad -24 + 14 + 10 = 0,$ w. A.

Berechnen des Abstandes des Punktes T von E_2:

$d(T, E_2)$, also

$$E_2\colon \frac{x-2y+2z-1}{\sqrt{1^2+(-2)^2+2^2}}=0 \quad \text{(Hesse'sche Normalenform)}$$

und T eingesetzt

$$d=\left|\frac{3-2\cdot 5+2\cdot(-5)-1}{3}\right|=\left|\frac{-18}{3}\right|=6$$

Der Abstand des Punktes T von E_2 beträgt 6.

c) **Begründen der Aussage:**

Die Gerade g verläuft echt parallel zur Ebene E_2. Damit hat jeder Punkt der Geraden g den gleichen Abstand zur Ebene E_2, der gleich dem Abstand des Punktes T von der Ebene E_2 ist. Die zur Geraden g windschiefe Gerade h liegt in der Ebene E_2.

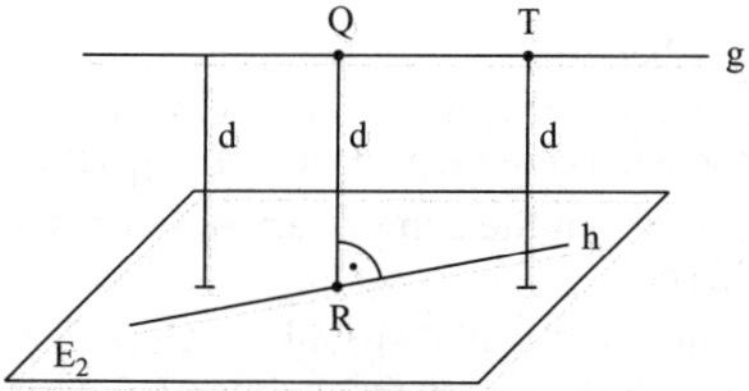

Somit gibt es genau einen Punkt R auf der Geraden h, der Fußpunkt des Lotes von einem Punkt Q der Geraden g auf die Gerade h ist.

Damit ist die so bestimmte Strecke $\overline{QR}$ von minimaler Länge und ihre Maßzahl gleich dem Abstand des Punktes T von der Ebene E_2.

Berechnen der Koordinaten des Punktes Q:

$g \cap E_1=\{Q\}$, g in E_1 einsetzen

$$8\cdot 3+11\cdot(5+r)+7\cdot(-5+r)+10=0$$
$$24+55+11r-35+7r+10=0$$
$$18r=-54$$
$$r=-3$$

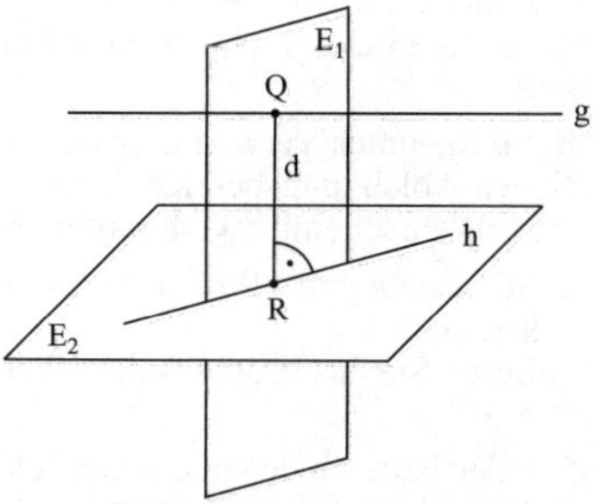

und damit

$$\vec{x}=\begin{pmatrix}x\\y\\z\end{pmatrix}=\begin{pmatrix}3\\5\\-5\end{pmatrix}+(-3)\cdot\begin{pmatrix}0\\1\\1\end{pmatrix}=\begin{pmatrix}3\\2\\-8\end{pmatrix},$$

also $Q(3\,|\,2\,|\,-8)$.

Kernfach Mathematik (Sachsen-Anhalt): Abiturprüfung 2012
Leistungskursniveau – Pflichtaufgabe L3: Stochastik

Der Verband der europäischen Airlines ermittelte durch eine Umfrage unter Fluggesellschaften, wie viele Gepäckstücke fehlgeleitet wurden. Als fehlgeleitet wird ein Gepäckstück angesehen, das nicht zeitgleich mit dem Passagier, der es aufgegeben hat, am Zielflughafen ankommt. Der ermittelte Anteil fehlgeleiteter Gepäckstücke beträgt 1,7 %.

a) Die Zufallsgröße X beschreibe die Anzahl fehlgeleiteter Gepäckstücke von 100 zufällig ausgewählten Gepäckstücken.
Begründen Sie, dass die Zufallsgröße X als binomialverteilt angenommen werden kann.

Berechnen Sie die Wahrscheinlichkeit dafür, dass von 100 Gepäckstücken höchstens ein Gepäckstück fehlgeleitet wird.

Berechnen Sie den Erwartungswert der Zufallsgröße X und interpretieren Sie diesen.

Ermitteln Sie die Anzahl der Gepäckstücke, bei der mit zwei fehlgeleiteten Gepäckstücken gerechnet werden muss.

Berechnen Sie die Mindestanzahl der Gepäckstücke, unter denen mit einer Wahrscheinlichkeit von mindestens 99 % mindestens ein fehlgeleitetes Gepäckstück ist. (13 BE)

b) Es wird vermutet, dass sich bei einer Fluggesellschaft der Anteil fehlgeleiteter Gepäckstücke auf 2,0 % erhöht hat. Diese Vermutung soll mittels eines Alternativtests mit einem Stichprobenumfang von 1 000 Gepäckstücken überprüft werden.

Ermitteln Sie unter Verwendung der Standardnormalverteilung den größtmöglichen Ablehnungsbereich dafür, dass die Nullhypothese H_0: $p = 0{,}017$ mit einer Wahrscheinlichkeit von höchstens 5 % irrtümlich abgelehnt wird.

In der Stichprobe mit 1 000 Gepäckstücken ergaben sich 22 fehlgeleitete Gepäckstücke.
Formulieren Sie das Ergebnis der Überprüfung der Vermutung. (9 BE)

c) In 85 % der Fälle, in denen ein Gepäckstück fehlgeleitet worden ist, kommt dieses Gepäckstück nach spätestens 48 Stunden am Zielflughafen an.

Untersuchen Sie, ob davon ausgegangen werden kann, dass ein beliebiges Gepäckstück mit mindestens 99 %iger Wahrscheinlichkeit nach spätestens 48 Stunden am Zielflughafen angekommen ist. (3 BE)

(25 BE)

Tipps und Hinweise zum Lösen von Pflichtaufgabe L3: Stochastik

a) *Begründen der Binomialverteilung der Zufallsgröße X (Vorliegen einer BERNOULLI-Kette der Länge n)*

Hinweis:
Die zu einer BERNOULLI-Kette der Länge n mit der Erfolgswahrscheinlichkeit p gehörende Verteilung heißt Binomialverteilung mit den Parametern n und p. Die zugehörige Zufallsgröße wird als binomialverteilt bezeichnet.

Tipps:
- Überlegen Sie, unter welchen Bedingungen ein BERNOULLI-Experiment vorliegt (mögliche Versuchsausgänge, zugehörige Wahrscheinlichkeiten, Besonderheiten, …).
- Erfassen Sie für die Begründung die Bedingungen sachbezogen (siehe Aufgabentext).

Berechnen der gesuchten Wahrscheinlichkeit

Hinweise:
Prüfen Sie zunächst, ob die Nutzung von Tabellen zur Binomialverteilung möglich ist.

Die BERNOULLI-Formel lautet: $P(X=k)=\binom{n}{k}\cdot p^k\cdot(1-p)^{n-k};\ \ 0\le k\le n$

Tipps:
- Überlegen Sie, was durch die Zufallsgröße beschrieben wird und wie diese verteilt ist.
- Die Zufallsgröße X ist $B_{n;\,p}$-verteilt; die Parameterwerte sind $n=100$ und $p=0{,}017$.
- Haben Sie erkannt, welche Bedingung (Text: „höchstens") für die Zufallsgröße gefordert wird?
- Möglicher Lösungsansatz:
  $P(X\le 1)=P(X=0)+P(X=1)$, BERNOULLI-Formel zur Berechnung nutzen!

Berechnen und Interpretieren des Erwartungswertes

Hinweise:
Die Formel zur Berechnung des Erwartungswertes einer binomialverteilten Zufallsgröße X lautet: $E(X)=n\cdot p$
Interpretationen sind sachbezogene Aussagen/Erklärungen.

Tipps:
- Haben Sie beachtet, dass die Zufallsgröße binomialverteilt ist und die Werte der Parameter n und p für die Verteilung gegeben sind?
- Stellen Sie bei der Interpretation einen Bezug zu dem Sachverhalt her, der dem Erwartungswert zugrunde liegt. (Was wird erwartet?)
- Vermeiden Sie Aussagen allein unter Verwendung von Dezimalbrüchen, wenn der Sachbezug eine Anzahl (z. B. Anzahl von Gepäckstücken) ist.

Ermitteln der gesuchten Anzahl Gepäckstücke

Hinweis:
Die Formulierung „gerechnet werden muss" wird synonym für „erwartet werden muss" gebraucht.

Tipps:
- Haben Sie erkannt, dass die Zufallsgröße X_n binomialverteilt mit unbekanntem n und $p=0{,}017$ ist?
- Ermitteln Sie n unter Beachtung des Erwartungswertes $E(X_n)=2$ (geforderte Bedingung).

Berechnen der Mindestanzahl der Gepäckstücke (Mindestumfang n der Stichprobe/Mindestlänge einer BERNOULLI-Kette)

Hinweis:
Für $k=0$ vereinfacht sich die BERNOULLI-Formel zu $P(X=0)=(1-p)^n$.

Tipps:
- Mit welchen Parameterwerten ist die Zufallsgröße X_n binomialverteilt?
- Die Zufallsgröße X_n ist $B_{n;\,p}$-verteilt, wobei n der unbekannte Stichprobenumfang (Mindestanzahl der Gepäckstücke) und $p=0{,}017$ der Parameterwert für die Wahrscheinlichkeit ist.
- Haben Sie erkannt, dass zu der geforderten Bedingung $P(X_n \geq 1) \geq 0{,}99$ die Bedingung $P(X_n=0) \leq 0{,}01$ äquivalent ist?
- Ermitteln Sie n mithilfe der BERNOULLI-Formel und Umformungen unter Beachtung der Logarithmengesetze sowie der Umkehrung des Relationszeichens.

b) *Ermitteln des größtmöglichen Ablehnungsbereichs und Formulieren des Ergebnisses der Überprüfung*

Hinweise:
Die Approximation der Binomialverteilung soll mithilfe der Standardnormalverteilung erfolgen. Die zugehörige Näherungsformel nach dem Grenzwertsatz von DE MOIVRE-LAPLACE lautet:

$$P(X \leq k) = B_{n;\,p}(\{0; 1; \ldots; k\}) \approx \Phi\left(\frac{k+0{,}5-\mu}{\sigma}\right)$$

Die näherungsweise Berechnung ist im Allgemeinen bei genügend großen n-Werten sinnvoll. Ist das empirische Kriterium (Faustregel) $V(X)>9$ erfüllt, gelten die Näherungswerte als hinreichend genau.
Durch die Nullhypothese ist festgelegt, mit welchen Parameterwerten n und p die Zufallsgröße (bei wahrer Nullhypothese) binomialverteilt ist.
Durch die Alternativhypothese (Gegenhypothese) ist festgelegt, welche Verteilung im Falle der Ablehnung der Nullhypothese vorliegen soll.
Formulieren Sie das Ergebnis der Überprüfung sachbezogen unter Beachtung der festgestellten Anzahl fehlgeleiteter Gepäckstücke und des ermittelten Ablehnungsbereichs.

Tipps:
- Legen Sie die Zufallsgröße fest. (Was wird durch sie beschrieben und mit welchen Werten für die Parameter n und p ist sie binomialverteilt?)
- Haben Sie erkannt, dass ausschließlich große Werte der Zufallsgröße gegen die Nullhypothese (und somit für die Alternativhypothese) sprechen? Wie ist dann die Richtung des Alternativtests?
- Führen Sie einen rechtsseitigen Alternativtest durch, da große Werte der Zufallsgröße gegen die Nullhypothese sprechen.
- Der Ablehnungsbereich ist rechtsseitig: $\overline{A}=\{k; k+1; \ldots; n\}$. Warum gilt zum Ermitteln des kritischen Werts k die Beziehung $P(X \leq k-1) \geq 0{,}95$?
- Verwenden Sie zur Ermittlung von k die Näherungsformel nach dem Grenzwertsatz von DE MOIVRE-LAPLACE und eine Tabelle der Funktionswerte $\Phi(x)$ der Normalverteilung.
- Möglicher Lösungsansatz:

  $$P(X \leq k-1) = B_{1\,000;\,0{,}017}(\{0; 1; \ldots; k-1\}) \approx \Phi\left(\frac{k-17{,}5}{\sqrt{16{,}711}}\right) \geq 0{,}95$$

  Warum ist die Beziehung $\frac{k-17{,}5}{\sqrt{16{,}711}} \geq 1{,}65$ äquivalent nach k umzuformen?

c) *Untersuchen der Annahme*

Hinweise:

Bei der Untersuchung ist zu entscheiden, ob die geforderte Bedingung für ein *beliebiges Gepäckstück*, also sowohl für ein *fehlgeleitetes* als auch für ein *nicht fehlgeleitetes*, erfüllt wird.

Berechnen Sie die Wahrscheinlichkeit entsprechend und vergleichen Sie diese mit der geforderten Mindestwahrscheinlichkeit 0,99.

Tipps:

- Beachten Sie bei Ihren Überlegungen sowohl die fehlgeleiteten als auch die nicht fehlgeleiteten Gepäckstücke.
- Haben Sie erkannt, dass jedes nicht fehlgeleitete Gepäckstück die geforderte 48-Stunden-Frist erfüllt? Ein Gepäckstück wird mit der Wahrscheinlichkeit $1-0{,}017=0{,}983$ nicht fehlgeleitet.
- Haben Sie erkannt, dass die Wahrscheinlichkeit dafür, dass ein fehlgeleitetes Gepäckstück die 48-Stunden-Frist (noch) erfüllt, eine bedingte Wahrscheinlichkeit ist? Ein Gepäckstück wird mit der Wahrscheinlichkeit 0,017 fehlgeleitet und erfüllt dann mit der Wahrscheinlichkeit 0,85 (noch) die 48-Stunden-Frist.
- Veranschaulichen Sie den Zusammenhang an einem Baumdiagramm.

Lösungen

a) **Begründen der Binomialverteilung der Zufallsgröße X (Vorliegen einer BERNOULLI-Kette der Länge n):**

- Die Zufallsgröße X beschreibt in einer Stichprobe mit dem Umfang n Gepäckstücke die Anzahl fehlgeleiteter Gepäckstücke und somit die „Anzahl der Treffer" in einer BERNOULLI-Kette der Länge n, wobei $n = 100$.
- Für jedes der 100 Gepäckstücke werden genau zwei Ereignisse unterschieden: das Ereignis „Gepäckstück fehlgeleitet" und das zugehörige Gegenereignis „Gepäckstück *nicht* fehlgeleitet".
- Die Wahrscheinlichkeiten der beiden Ereignisse bleiben (aufgrund der voneinander unabhängigen 100 Entscheidungen/Stufen des Zufallsversuchs) für jedes Gepäckstück der Stichprobe unverändert.

Berechnen der gesuchten Wahrscheinlichkeit:

Die Zufallsgröße X_{100} ist binomialverteilt mit $n = 100$ und $p = 0{,}017$; $X_{100} \sim B_{100;\,0{,}017}$.

$P(X_{100} \le 1) = P(X_{100} = 0) + P(X_{100} = 1)$

$$P(X_{100} \le 1) = \binom{100}{0} \cdot 0{,}017^0 \cdot 0{,}983^{100} + \binom{100}{1} \cdot 0{,}017^1 \cdot 0{,}983^{99} \quad \text{(Anwenden der BERNOULLI-Formel)}$$

$$= 0{,}983^{100} + 100 \cdot 0{,}017 \cdot 0{,}983^{99} \approx 0{,}49138$$

$\mathbf{P(X_{100} \le 1) \approx 0{,}49138 \approx 49{,}1\,\%}$

Berechnen und Interpretieren des Erwartungswertes:

$E(X_{100}) = n \cdot p = 100 \cdot 0{,}017 = 1{,}7$

$\mathbf{E(X_{100}) = 1{,}7}$

Im statistischen Mittel ist mit 1,7 (also fast 2) fehlgeleiteten Gepäckstücken je 100 Gepäckstücken bzw. mit 17 fehlgeleiteten je 1 000 Gepäckstücken zu rechnen.

Ermitteln der gesuchten Anzahl Gepäckstücke:
Die Zufallsgröße X_n ist binomialverteilt mit unbekanntem n und $p=0{,}017$, also $X_n \sim B_{n;\,0{,}017}$.
Es soll gelten: $E(X_n)=2$
Aus $E(X_n)=n\cdot 0{,}017=2$ folgt $n=117{,}6\ldots$
Die gesuchte Anzahl der Gepäckstücke beträgt 118.

Berechnen der Mindestanzahl der Gepäckstücke (Mindestumfang n der Stichprobe / Mindestlänge einer BERNOULLI-Kette):
Die Zufallsgröße X_n gebe die Anzahl der fehlgeleiteten Gepäckstücke in der Stichprobe an.
Die Zufallsgröße X_n ist binomialverteilt mit unbekanntem n und $p=0{,}017$, also $X_n \sim B_{n;\,0{,}017}$.
Es wird die Bedingung $P(X_n \geq 1) \geq 0{,}99$ gefordert.
Wegen $P(X_n \geq 1) = 1 - P(X_n = 0)$ ist diese Bedingung äquivalent mit $P(X_n=0) \leq 0{,}01$.

Mit $P(X_n=0)=\binom{n}{0}\cdot 0{,}017^0 \cdot 0{,}983^n = 0{,}983^n$ (Anwenden der BERNOULLI-Formel) folgt:

$$0{,}983^n \leq 0{,}01$$

$$n\cdot \ln 0{,}983 \leq \ln 0{,}01 \quad \text{(Logarithmieren, Logarithmengesetz)}$$

$$n \geq \frac{\ln 0{,}01}{\ln 0{,}983} \quad \text{(Umkehrung des Relationszeichens wegen } \ln 0{,}983 < 0\text{)}$$

$$n \geq 268{,}5\ldots \quad \Rightarrow \quad \mathbf{n \geq 269}$$

Es sind mindestens 269 Gepäckstücke.

b) **Ermitteln des größtmöglichen Ablehnungsbereichs und Formulieren des Ergebnisses der Überprüfung:**
Die Zufallsgröße X_n gebe die Anzahl der fehlgeleiteten Gepäckstücke in der Stichprobe an.
Die Zufallsgröße X_n kann als binomialverteilt angenommen werden mit $n=1\,000$ und $p=0{,}017$, d. h. $X_{1\,000} \sim B_{1\,000;\,0{,}017}$ (bei wahrer Nullhypothese).

(1) Nullhypothese H_0: $p=0{,}017$; Alternativ-/Gegenhypothese H_1: $p=0{,}02$

(2) Stichprobenumfang n: $n=1\,000$; Signifikanzniveau α: $\alpha=0{,}05$

Es soll mittels Alternativtest überprüft werden. Da ausschließlich große Werte der Zufallsgröße $X_{1\,000}$ gegen die Nullhypothese (und somit für die Alternativhypothese) sprechen, ist ein *rechtsseitiger Alternativtest* durchzuführen mit dem größtmöglichen Ablehnungsbereich $\overline{A}=\{k;\,k+1;\ldots;\,1\,000\}$.

(3) Ermitteln des kritischen Werts k und des größtmöglichen Ablehnungsbereichs $\overline{A}$:
Es gilt $P(X_{1\,000} \geq k) = 1 - P(X_{1\,000} \leq k-1) \leq 0{,}05$.
Die Beziehung ist äquivalent mit $P(X_{1\,000} \leq k-1) \geq 0{,}95$.
Die Approximation der Binomialverteilung soll durch die Standardnormalverteilung, also mittels der Näherungsformel nach dem Grenzwertsatz von DE MOIVRE-LAPLACE erfolgen.

$$P(X \leq k) = B_{n;\,p}(\{0;1;\ldots;k\}) \approx \Phi\left(\frac{k+0{,}5-\mu}{\sigma}\right)$$

k – kritischer Wert — 0,5 – Korrektursummand

μ – Erwartungswert — $\mu = E(X_{1\,000}) = n\cdot p = 1\,000 \cdot 0{,}017 = 17$

σ – Standardabweichung — $\sigma = \sqrt{V(X_{1\,000})} = \sqrt{n\cdot p\cdot(1-p)}$

$$= \sqrt{1\,000\cdot 0{,}017\cdot 0{,}983} = \sqrt{16{,}711}$$

Mit der Näherungsformel erhält man wegen $V(X_{1\,000}) = 16{,}711 > 9$ (empirisches Kriterium erfüllt) den hinreichend genauen Näherungswert:

$$P(X_{1\,000} \le k-1) = B_{1\,000;\,0{,}017}(\{0; 1; \ldots; k-1\}) \approx \Phi\left(\frac{k-1+0{,}5-17}{\sqrt{16{,}711}}\right) \ge 0{,}95$$

Das Argument der Φ-Funktion liest man aus einer Tabelle der Funktionswerte $\Phi(x)$ der Normalverteilung ab. Die Ungleichung $\Phi(x) \ge 0{,}95$ ist erstmalig erfüllt für das Argument $x = 1{,}65$, folglich gilt:

$$\frac{k-1+0{,}5-17}{\sqrt{16{,}711}} \ge 1{,}65 \quad \text{bzw.} \quad \frac{k-17{,}5}{\sqrt{16{,}711}} \ge 1{,}65$$

Diese Ungleichung wird zu $k \ge 1{,}65 \cdot \sqrt{16{,}711} + 17{,}5$ äquivalent umgeformt, woraus $k \ge 24{,}2\ldots$ folgt, also $\mathbf{k \ge 25}$.

Für den größtmöglichen **Ablehnungsbereich** $\overline{A}$ folgt somit $\mathbf{\overline{A} = \{25; 26; \ldots; 1\,000\}}$.

(4) Formulieren des Ergebnisses der Überprüfung (Entscheidung):
Da $22 \notin \overline{A}$, kann die Nullhypothese (H_0: $p = 0{,}017$) nicht abgelehnt werden. Die Vermutung, dass sich der Anteil fehlgeleiteter Gepäckstücke erhöht hat (Alternativhypothese H_1: $p = 0{,}02$), ist nicht aufrechtzuerhalten bei einer Irrtumswahrscheinlichkeit von höchstens 5 %.

c) **Untersuchen der Annahme:**
Ein beliebiges Gepäckstück wird nicht fehlgeleitet (Wahrscheinlichkeit $1 - 0{,}017 = 0{,}983$), trifft somit sicher vor Ablauf der 48-Stunden-Frist am Zielflughafen ein, oder es wird fehlgeleitet (Wahrscheinlichkeit 0,017). Ist es fehlgeleitet worden, trifft das Gepäckstück mit der Wahrscheinlichkeit 0,85 noch vor Ablauf der 48-Stunden-Frist ein. Die Wahrscheinlichkeit für die Einhaltung der 48-Stunden-Frist beträgt somit:

$0{,}983 + 0{,}017 \cdot 0{,}85 = 0{,}99745$ (Anwenden von Additions- und Multiplikationssatz)

Da $0{,}99745 \ge 0{,}99$ ist, ist die Annahme einer Mindestwahrscheinlichkeit von 99 % für die Einhaltung der 48-Stunden-Frist gerechtfertigt.

Der Zusammenhang lässt sich auch gut an einem Baumdiagramm erkennen:

$P(\overline{F}) = 0{,}983$

$P_{\overline{F}}(A) = 1$

P(A) gesuchte Wahrscheinlichkeit

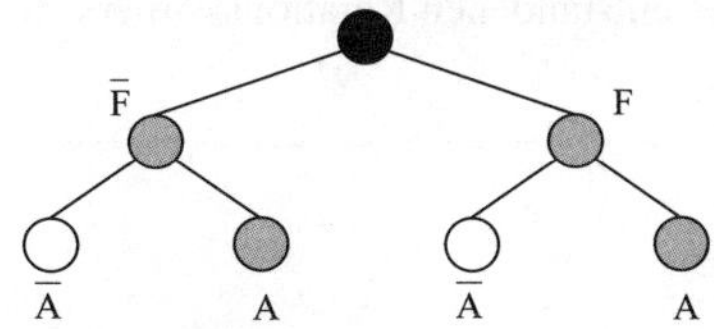

$P(F) = 0{,}017$

$P_F(A) = 0{,}85$

F – fehlgeleitet
$\overline{F}$ – nicht fehlgeleitet
A – 48-Stunden-Frist eingehalten
$\overline{A}$ – 48-Stunden-Frist nicht eingehalten
($\overline{F}$ bedeutet 48-Stunden-Frist eingehalten!)

(1) $P(F \cap A) = P(F) \cdot P_F(A)$ — $P(F \cap A) = 0{,}017 \cdot 0{,}85 = 0{,}01445$
Anwenden der ersten Pfadregel
(Produktregel bzw. allgemeiner Multiplikationssatz)

(2) $P(A) = P(\overline{F}) + P(F \cap A)$ — $P(A) = 0{,}983 + 0{,}01445 = 0{,}99745$
Anwenden der zweiten Pfadregel
(Summenregel bzw. allgemeiner Additionssatz)

Kernfach Mathematik (Sachsen-Anhalt): Abiturprüfung 2012
Leistungskursniveau – Wahlpflichtaufgabe L4.1: Analysis

Gegeben sind die Funktionen f_a durch

$$y = f_a(x) = \frac{1}{2x^2} + \frac{1}{2a}, \quad x \in \mathbb{R},\ x \neq 0,\ a \in \mathbb{R},\ a \neq 0.$$

Ihre Graphen seien G_a.

a) Zeigen Sie, dass die Graphen G_a bezüglich der y-Achse symmetrisch sind und dass die Funktionen f_a für $a > 0$ keine Nullstellen besitzen.
Untersuchen Sie das Verhalten der Funktionen f_a für $x \to \pm\infty$.
Zeichnen Sie den Graphen G_1 im Intervall $-4 \leq x \leq 4$. (9 BE)

b) Der Graph G_1, die Gerade mit der Gleichung $y = 1$, die Gerade mit der Gleichung $y = 2{,}5$ sowie die y-Achse begrenzen im I. Quadranten eine Fläche vollständig.
Bei der Rotation dieser Fläche um die y-Achse entsteht ein Körper.
Berechnen Sie das bestimmte Integral

$$\int_1^{2{,}5} \frac{dx}{2x - 1}$$

mithilfe des Hauptsatzes der Differenzial- und Integralrechnung und begründen Sie, dass

$$\pi \cdot \int_1^{2{,}5} \frac{dx}{2x - 1}$$

die Maßzahl des Volumens des entstandenen Rotationskörpers ist. (6 BE)

(15 BE)

Tipps und Hinweise zum Lösen von Wahlpflichtaufgabe L4.1: Analysis

a) *Symmetrie zur y-Achse*

Hinweis:
Der Graph einer Funktion f ist symmetrisch zur y-Achse, wenn für alle $x \in \mathbb{R}$ gilt: $f(x) = f(-x)$

Tipp: Setzen Sie für x den Term (–x) ein.

Zeigen, dass für a > 0 keine Nullstellen existieren

Hinweis: Die Nullstelle einer Funktion ist die Abszisse des Schnittpunktes des Graphen der Funktion mit der x-Achse.

Tipps:
- Formen Sie die Gleichung $f_a(x) = 0$ nach x um.
- Überlegen Sie, wann die Gleichung $x^2 = -a$ lösbar ist.

Verhalten im Unendlichen

Tipp: Beachten Sie, dass $\lim\limits_{x \to \pm\infty} \frac{1}{x^2} = 0$ ist.

Wertetabelle und Graph

Tipps:
- Erstellen Sie eine Wertetabelle, berechnen Sie auch die Funktionswerte an den Intervallgrenzen.
- Wählen Sie eine passende Einteilung der Achsen.

b) *Berechnen des bestimmten Integrals*

Tipp: Ermitteln Sie eine Stammfunktion, denken Sie daran, dass gilt:

$$\int \frac{1}{mx+n}\,dx = \frac{1}{m} \cdot \ln|mx+n|$$

Begründen der Aussage

Tipps:
- Haben Sie erkannt, dass Sie die Umkehrfunktion betrachten müssen?
- Beachten Sie, dass die Funktion nur für $x > 0$ umkehrbar ist.
- Denken Sie an die Formel für die Rotation um die x-Achse.

Lösungen

$$y = f_a(x) = \frac{1}{2x^2} + \frac{1}{2a}, \quad x \in \mathbb{R},\ x \neq 0,\ a \in \mathbb{R},\ a \neq 0$$

a) **Symmetrie zur y-Achse:**

$f_a(x) = f_a(-x)$, also

$$\frac{1}{2x^2} + \frac{1}{2a} = \frac{1}{2(-x)^2} + \frac{1}{2a} = \frac{1}{2x^2} + \frac{1}{2a} \quad \text{w. A.,}$$

die Graphen G_a sind symmetrisch zur y-Achse.

Zeigen, dass für a > 0 keine Nullstellen existieren:

$$f_a(x) = 0, \quad \frac{1}{2x^2} + \frac{1}{2a} = 0, \quad \frac{1}{2x^2} = -\frac{1}{2a}, \quad -2x^2 = 2a, \quad x^2 = -a, \quad x_{1,2} = \pm\sqrt{-a}$$

ist nur lösbar für $a < 0$, also existieren für $a > 0$ keine Nullstellen.

Verhalten im Unendlichen:

$$\lim_{x \to \pm\infty} f_a(x) = \lim_{x \to \pm\infty} \left(\frac{1}{2x^2} + \frac{1}{2a} \right) = \lim_{x \to \pm\infty} \frac{1}{2x^2} + \lim_{x \to \pm\infty} \frac{1}{2a} = \frac{1}{2a}$$

Wertetabelle und Graph für $f_1(x) = \frac{1}{2x^2} + \frac{1}{2}$:

x	−4	−3	−2	−1	0	1	2	3	4
$f_1(x)$	0,53	0,56	0,625	1	–	1	0,625	0,56	0,53

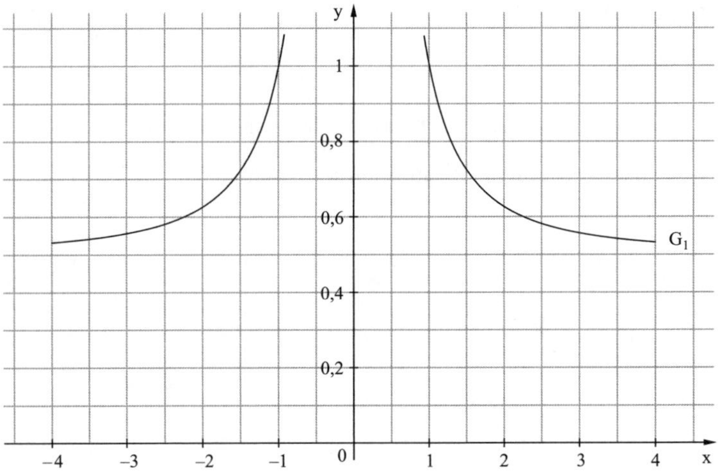

b) **Berechnen des bestimmten Integrals:**

$$\int_1^{2,5} \frac{dx}{2x-1} = \int_1^{2,5} \frac{1}{2x-1}\,dx$$

$$= \left[\frac{1}{2}\ln|2x-1|\right]_1^{2,5}$$

$$= \frac{1}{2}\left(\ln(2\cdot 2{,}5-1) - \ln(2\cdot 1-1)\right)$$

$$= \frac{1}{2}(\ln 4 - \ln 1) = \frac{1}{2}\ln 4 = \ln 2 \approx 0{,}69$$

Begründen der Aussage:

(1) Die Rotation der beschriebenen Fläche um die y-Achse erzeugt einen Körper gleichen Volumens wie die Rotation des Graphen G_1^{-1} der Umkehrfunktion f_1^{-1} im Intervall [1; 2,5] um die x-Achse.

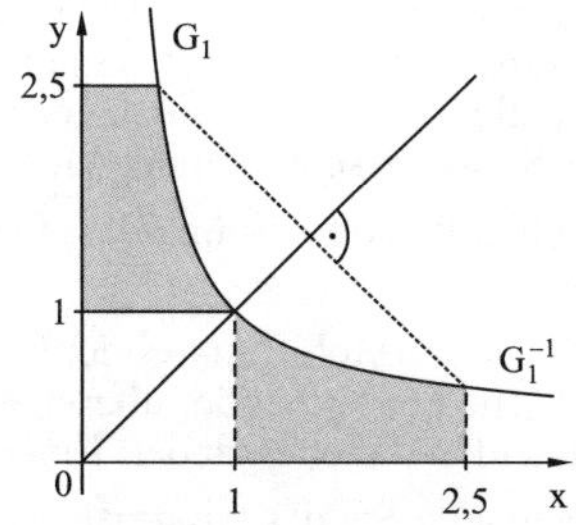

(2) Für $x > 0$ ist $f_1(x)$ umkehrbar, denn

$$y = f_1(x) = \frac{1}{2x^2} + \frac{1}{2} \qquad \text{umstellen nach x}$$

$$y - \frac{1}{2} = \frac{1}{2x^2} \qquad |\cdot 2$$

$$2y - 1 = \frac{1}{x^2}$$

$$x^2 = \frac{1}{2y-1}$$

$$x = \sqrt{\frac{1}{2y-1}}, \quad x > 0$$

$$\overline{y} = f_1^{-1}(x) = \frac{1}{\sqrt{2x-1}}$$

Rotation um die x-Achse:

$$V = \pi \cdot \int_1^{2,5} \left(f_1^{-1}(x)\right)^2 dx \quad \text{mit} \quad \left(f_1^{-1}(x)\right)^2 = \left(\frac{1}{\sqrt{2x-1}}\right)^2 = \frac{1}{2x-1}$$

$$V = \pi \cdot \int_1^{2,5} \frac{1}{2x-1}\,dx$$

Kernfach Mathematik (Sachsen-Anhalt): Abiturprüfung 2012
Leistungskursniveau – Wahlpflichtaufgabe L4.2: Analytische Geometrie

Die Positionen zweier Mobilfunksender gleicher maximaler Reichweite werden vereinfacht durch Punkte in einem kartesischen Koordinatensystem der Ebene mit dem Punkt O als Koordinatenursprung beschrieben (eine Einheit entspricht 10 km).

a) Der Kreis k_1 mit der Gleichung $x^2 + 10x + y^2 - 4y - 71 = 0$ beschreibt die Punkte maximaler Reichweite eines der Sender.

Ermitteln Sie die Position M_1 sowie die maximale Reichweite des Senders und untersuchen Sie, ob man sich im Punkt $P(2\,|\,5)$ im Sendebereich des Senders befindet.

Eine Gerade beschreibe den Verlauf einer Straße. Von einem Punkt dieser Straße verlässt man bei jeder Bewegung längs der Straße den Sendebereich des Senders. Charakterisieren Sie die gegenseitige Lage des Kreises k_1 und der den Verlauf der Straße beschreibenden Geraden und berechnen Sie die Koordinaten eines solchen Punktes, wenn $\vec{v} = \begin{pmatrix} 7 \\ -1 \end{pmatrix}$ ein Richtungsvektor der Geraden ist. (9 BE)

b) Der andere Mobilfunksender befindet sich im Punkt $M_2(9\,|\,0)$. Die Sendebereiche beider Sender überlagern einander. Die sie beschreibenden Kreise schneiden daher einander. Einer der Schnittpunkte ist $S(3\,|\,8)$.

Berechnen Sie das Gradmaß des Winkels $\sphericalangle M_1SM_2$ und den Inhalt der Fläche, die dem gemeinsamen Sendebereich entspricht. (6 BE)

(15 BE)

Tipps und Hinweise zum Lösen von Wahlpflichtaufgabe L4.2: Analytische Geometrie

a) *Ermitteln der Position M_1 und der maximalen Reichweite des Senders*

Tipps:
- Nutzen Sie beim Umformen der Kreisgleichung die quadratische Ergänzung.
- Lesen Sie die Koordinaten des Mittelpunktes und den Radius ab.
- Denken Sie an die gegebene Einheit.

Untersuchen, ob der Punkt P im Sendebereich liegt

Tipp: Führen Sie eine Punktprobe durch.

Charakterisierung der gegenseitigen Lage

Tipps:
- Haben Sie erkannt, dass die Gerade Tangente an den Kreis sein muss?
- Eine Skizze ist hier hilfreich.

Berechnen der Koordinaten eines solchen Punktes B

Tipps:
- Haben Sie erkannt, dass die Tangente senkrecht zum Radius verläuft?
- Nutzen Sie die Beziehung $\overrightarrow{BM_1} \circ \vec{v} = 0$.
- Formen Sie die Gleichung nach y um und setzen Sie den Term $(7x + 37)$ in die Kreisgleichung ein.
- Sie brauchen nur die Koordinaten eines Punktes angeben.

b) *Berechnen des Gradmaßes des Winkels*

Hinweis:
Zur Winkelberechnung bietet sich die Formel $\cos\alpha = \frac{|\vec{a} \circ \vec{b}|}{|\vec{a}| \cdot |\vec{b}|}$ an.

Tipp: Haben Sie erkannt, dass die Radien senkrecht aufeinanderstehen?

Berechnen des Inhalts der Fläche

Tipps:
- Fertigen Sie eine Zeichnung an; markieren Sie die gesuchte Fläche.
- Zeichnen Sie die Verbindungslinie der Schnittpunkte beider Kreise ein.
- Die gesuchte Fläche besteht aus zwei Kreisabschnitten.
- Haben Sie erkannt, dass die beiden Kreisabschnitte kongruent sind?
- Nutzen Sie die Formel für den Kreisabschnitt aus dem Tafelwerk.
- Vergessen Sie nicht die Einheit; denken Sie daran, dass es sich um eine Flächeneinheit handelt.

Lösungen

a) **Ermitteln der Position M_1 und der maximalen Reichweite des Senders:**

Umformen der gegebenen Kreisgleichung:

k_1: $x^2 + 10x + y^2 - 4y - 71 = 0$

$(x+5)^2 - 25 + (y-2)^2 - 4 - 71 = 0$ (quadratische Ergänzung)

$(x+5)^2 + (y-2)^2 = 100$ Kreisgleichung mit $M_1(-5 \mid 2)$, $r_1 = 10$

Die Position des Senders ist $M_1(-5 \mid 2)$ und die maximale Reichweite beträgt 100 km.

Untersuchen, ob der Punkt P im Sendebereich liegt, z. B.:

P in k_1 einsetzen, also

$2^2 + 10 \cdot 2 + 5^2 - 4 \cdot 5 - 71 = 0, \quad -42 = 0,$ P liegt im Sendebereich.

Andere Möglichkeit (zeichnerisch):

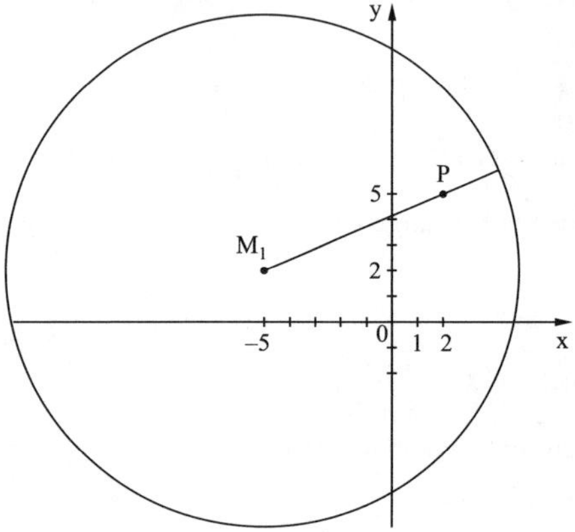

Andere Möglichkeit über Abstandsberechnung:

$|\overline{M_1P}| < r_1$, also $\left|\begin{pmatrix}7\\3\end{pmatrix}\right| < 10$, $\sqrt{49+9} < 10$, $7{,}6 < 10$, w. A., also P im Sendebereich.

Charakterisierung der gegenseitigen Lage:

Skizze:

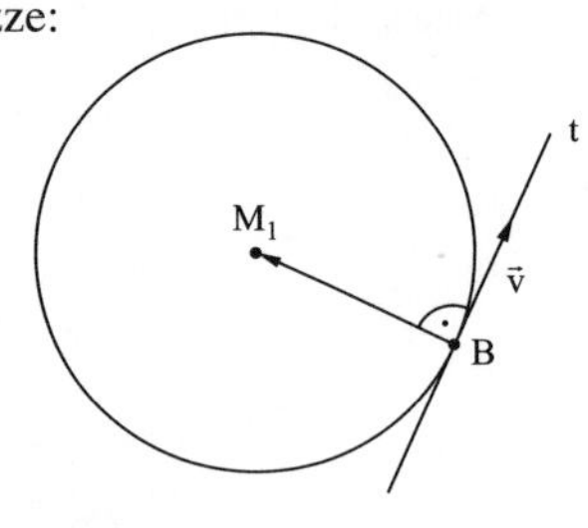

Die Bedingungen sind erfüllt, wenn die Straße den Sendebereich im Punkt B tangiert; nur dann verlässt man bei jeder Bewegung den Sendebereich.

Berechnen der Koordinaten eines solchen Punktes B:

Es gilt: $B \in k_1$ und $t \perp r$, also $\vec{v} \perp \overrightarrow{BM_1}$

$\vec{v} \perp \overrightarrow{BM_1}$ bedeutet, dass das Skalarprodukt null ist:

$$\overrightarrow{BM_1} \circ \vec{v} = 0$$

$$\begin{pmatrix} -5-x \\ 2-y \end{pmatrix} \circ \begin{pmatrix} 7 \\ -1 \end{pmatrix} = 0$$

$$(-5-x)\cdot 7 + (2-y)\cdot(-1) = 0$$

$$-7x - 35 + y - 2 = 0$$

$$y = 7x + 37$$

eingesetzt in k_1:

$$x^2 + 10x + (7x+37)^2 - 4(7x+37) - 71 = 0$$

$$x^2 + 10x + 49x^2 + 518x + 1369 - 28x - 148 - 71 = 0$$

$$50x^2 + 500x + 1150 = 0$$

$$x^2 + 10x + 23 = 0$$

$x_1 = -5 + \sqrt{2}, \quad x_2 = -5 - \sqrt{2}$

$y_1 = 2 + 7\sqrt{2}, \quad y_2 = 2 - 7\sqrt{2}$

Die Koordinaten für einen solchen Punkt lauten $B(-5+\sqrt{2} \mid 2+7\sqrt{2})$.

b) **Berechnen des Gradmaßes des Winkels:**

$$\cos(\sphericalangle M_1SM_2) = \cos\alpha = \frac{|\overrightarrow{SM_1} \circ \overrightarrow{SM_2}|}{|\overrightarrow{SM_1}| \cdot |\overrightarrow{SM_2}|} = \frac{\left|\begin{pmatrix} -8 \\ -6 \end{pmatrix} \circ \begin{pmatrix} 6 \\ -8 \end{pmatrix}\right|}{\left|\begin{pmatrix} -8 \\ -6 \end{pmatrix}\right| \cdot \left|\begin{pmatrix} 6 \\ -8 \end{pmatrix}\right|} = 0, \text{ also } \sphericalangle M_1SM_2 = 90°.$$

Die beiden Radien stehen senkrecht aufeinander.

Berechnen des Inhalts der Fläche:

Skizze:

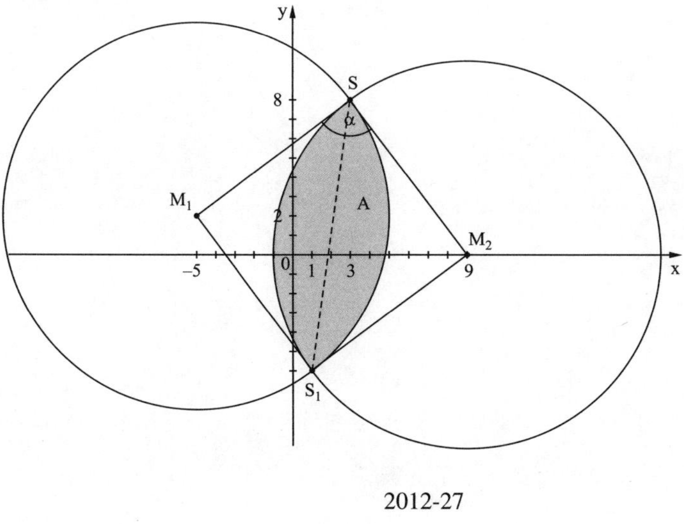

Das Dreieck M_1M_2S ist rechtwinklig und gleichschenklig, da auch $r_2 = |\overrightarrow{SM_2}| = \left|\begin{pmatrix} 6 \\ -8 \end{pmatrix}\right| = 10.$

Der zweite Schnittpunkt der beiden Kreise sei S_1. Dann gilt $\overline{M_1S_1} = \overline{M_2S_1} = r_1 = 10$ und mit $\alpha = 90°$ ist auch $\sphericalangle S_1M_1S = 90°$.

Die gesuchte Fläche A setzt sich aus zwei kongruenten Kreisabschnitten zusammen.

Formel für den Kreisabschnitt (aus Tafelwerk):

$$A_{Abschnitt} = \frac{1}{2}r^2\left(\frac{\pi \cdot \alpha}{180°} - \sin\alpha\right) \quad \text{mit } \alpha = 90°$$

$$A_{Abschnitt} = \frac{1}{2}r^2\left(\frac{\pi \cdot 90°}{180°} - \sin 90°\right)$$

$$A_{Abschnitt} = \frac{1}{2}r^2\left(\frac{1}{2}\pi - 1\right), \quad \text{also mit } r = 10$$

$$A = 2 \cdot \left(\frac{1}{2} \cdot 10^2\left(\frac{1}{2}\pi - 1\right)\right) = 50\pi - 100 \approx 57{,}08$$

Da eine Einheit 10 km entspricht, hat der gemeinsame Sendebereich eine Fläche von 5 708 km^2.

Ihre Meinung ist uns wichtig!

Ihre Anregungen sind uns immer willkommen. Bitte informieren Sie uns mit diesem Schein über Ihre Verbesserungsvorschläge!

Titel-Nr.	Seite	Vorschlag

Bitte hier abtrennen

Lernen • Wissen • Zukunft
STARK

Bitte hier abtrennen

Zutreffendes bitte ankreuzen!

Die Absenderin/der Absender ist:

- ☐ Lehrer/in in den Klassenstufen: ______
- ☐ Fachbetreuer/in
  Fächer: ______
- ☐ Seminarlehrer/in
  Fächer: ______
- ☐ Regierungsfachberater/in
  Fächer: ______
- ☐ Oberstufenbetreuer/in
- ☐ Schulleiter/in
- ☐ Referendar/in, Termin 2. Staatsexamen: ______
- ☐ Leiter/in Lehrerbibliothek
- ☐ Leiter/in Schülerbibliothek
- ☐ Sekretariat
- ☐ Eltern
- ☐ Schüler/in, Klasse: ______
- ☐ Sonstiges: ______

Unterrichtsfächer: (Bei Lehrkräften!)

______

STARK Verlag
Postfach 1852
85318 Freising

22-VMN

Bitte ausfüllen und im frankierten Umschlag an uns einsenden. Für Fensterkuverts geeignet.

Kennen Sie Ihre Kundennummer?
Bitte hier eintragen.

Absender (Bitte in Druckbuchstaben!)

Name/Vorname

Straße/Nr.

PLZ/Ort/Ortsteil

Telefon privat

Geburtsjahr

E-Mail

Schule/Schulstempel (Bitte immer angeben!)

(Bitte blättern Sie um)

Abitur-Prüfungsaufgaben

Von den Kultusministerien zentral gestellte Abitur-Prüfungsaufgaben der letzten Jahre.
Mit schülergerechten Lösungen.

Sachsen

Abiturprüfung Mathematik – LK Sachsen .... Best.-Nr. 145000
Abiturprüfung Mathematik – GK Sachsen .... Best.-Nr. 145100
Abiturprüfung Deutsch – GK/LK Sachsen .... Best.-Nr. 145400
Abiturprüfung Englisch – LK Sachsen .... Best.-Nr. 145460
Abiturprüfung Physik – LK Sachsen .... Best.-Nr. 145300
Abiturprüfung Chemie – GK/LK Sachsen .... Best.-Nr. 145730
Abiturprüfung Biologie – GK Sachsen .... Best.-Nr. 145700
Abiturprüfung Geschichte – GK/LK Sachsen ..... Best.-Nr. 145760

Sachsen-Anhalt

Abiturprüfung Mathematik – LKN Sachsen-Anhalt .... Best.-Nr. 155000
Abiturprüfung Mathematik – GKN Sachsen-Anhalt .... Best.-Nr. 155100
Abiturprüfung Deutsch – GKN/LKN Sachsen-Anhalt .... Best.-Nr. 155400
Abiturprüfung Englisch – GKN/LKN Sachsen-Anhalt .... Best.-Nr. 155460
Abiturprüfung Physik – LKN Sachsen-Anhalt .... Best.-Nr. 155300
Abiturprüfung Chemie – GKN/LKN Sachsen-Anhalt .... Best.-Nr. 155730
Abiturprüfung Biologie – GKN/LKN Sachsen-Anhalt .... Best.-Nr. 155700

Thüringen

Abiturprüfung Mathematik – Thüringen .... Best.-Nr. 165100
Abiturprüfung Deutsch – Thüringen .... Best.-Nr. 165400
Abiturprüfung Englisch – eA Thüringen mit Audio-Dateien zum Downloaden .... Best.-Nr. 165460
Abiturprüfung Physik – Thüringen .... Best.-Nr. 165300
Abiturprüfung Biologie – gA/eA Thüringen ...... Best.-Nr. 165700
Abiturprüfung Geschichte – eA Thüringen .... Best.-Nr. 165760

Mecklenburg-Vorpommern

Abiturprüfung Mathematik Mecklenburg-Vorpommern .... Best.-Nr. 135000
Abiturprüfung Englisch mit Audio-Dateien zum Downloaden – Mecklenburg-Vorpommern ...... Best.-Nr. 135460
Abiturprüfung Biologie Mecklenburg-Vorpommern .... Best.-Nr. 135700

Berlin/Brandenburg

Abiturprüfung Mathematik mit CD-ROM – LK Berlin/Brandenburg .... Best.-Nr. 125000
Abiturprüfung Mathematik mit CD-ROM – GK Berlin/Brandenburg .... Best.-Nr. 125100
Abiturprüfung Deutsch Berlin/Brandenburg .... Best.-Nr. 125400
Abiturprüfung Englisch Berlin/Brandenburg .... Best.-Nr. 125460
Abiturprüfung Biologie – GK/LK Berlin/Brandenburg .... Best.-Nr. 125700

Studi-Kompass

Wie geht es nach dem Abitur weiter?

Die Reihe **Studi-Kompass** gibt Antworten auf Fragen zum Studium:

- ➜ Detaillierte Informationen zu jeder Hochschule – und Hochschulstadt – in Deutschland sowie alle wichtigen Adressen und Ansprechpartner
- ➜ Zahlreiche Berufsbilder, mögliche Tätigkeitsfelder und Arbeitsmarktprognosen für Absolventen
- ➜ Online-SelfAssessment zur Unterstützung der Schülerinnen und Schüler bei der persönlichen Studienentscheidung

Wirtschaftswissenschaften und Wirtschaftsingenieurwesen, Ausgabe Nord .... Best.-Nr. 20088A
Wirtschaftswissenschaften und Wirtschaftsingenieurwesen, Ausgabe Süd .... Best.-Nr. 20088B
Ingenieurwissenschaften, Ausgabe Nord .... Best.-Nr. 20010A
Ingenieurwissenschaften, Ausgabe Süd .... Best.-Nr. 20010B
Psychologie und Pädagogik .... Best.-Nr. 20094
Biologie, Chemie, Pharmazie .... Best.-Nr. 20073
Mathematik und Physik, Ausgabe Nord .... Best.-Nr. 20030A
Mathematik und Physik, Ausgabe Süd .... Best.-Nr. 20030B
Rechtswissenschaften, Ausgabe Nord .... Best.-Nr. 20085A
Rechtswissenschaften, Ausgabe Süd .... Best.-Nr. 20085B
Sprach- und Literaturwissenschaften .... Best.-Nr. 20040
Kulturwissenschaften .... Best.-Nr. 20076
Politik- und Sozialwissenschaften .... Best.-Nr. 20020
Medien, Ethnologie und Journalistik .... Best.-Nr. 20080
„So finde ich das passende Studienfach!“ Leitfaden zum Online-SelfAssessment inkl. Aktivierungs-Code .... Best.-Nr. 20000
Aktivierungs-Code zum Online-SelfAssessment ... Best.-Nr. 20000C

__**Bestellungen bitte direkt an:**__
STARK Verlagsgesellschaft mbH & Co. KG · Postfach 1852 · 85318 Freising
Tel. 0180 3 179000* · Fax 0180 3 179001* · www.stark-verlag.de · info@stark-verlag.de
*9 Cent pro Min. aus dem deutschen Festnetz, Mobilfunk bis 42 Cent pro Min.
Aus dem Mobilfunknetz wählen Sie die Festnetznummer: 08167 9573-0

Lernen • Wissen • Zukunft
STARK

22-VMN